地震作用下挡墙土压力非线性分布的计算理论与方法

林宇亮 著

科学出版社
北京

内 容 简 介

本书在已有研究成果之上，基于 Mononobe-Okabe 理论的基本假设，综合多种因素推导黏性土地震主动和被动土压力非线性分布的通用公式。求解地震主动和被动土压力临界破裂角的显式解；研究黏性土主动土压力裂缝深度的计算方法；获得地震土压力及其非线性分布较完备的理论解答。通过参数简化，验证 Mononobe-Okabe、Coulomb、Rankine 等经典土压力公式为本书公式的特例。通过与已有试验结果的对比，验证公式的正确性和有效性。对地震主动和被动土压力进行参数分析。为便于理论成果的推广应用，开发地震土压力计算软件，完成土压力计算软件的参数输入模块、计算结果输出模块，以及土压力非线性分布的绘图模块，实现土压力计算结果的界面输出和文件输出。研究成果是对抗震规范地震土压力计算理论的补充和拓展，具有显著的工程意义和广泛的应用前景。

本书可供从事岩土工程、道路与铁道工程的广大工程技术人员借鉴，也可供相关大专院校和科研院所的研究人员参考。

图书在版编目（CIP）数据

地震作用下挡墙土压力非线性分布的计算理论与方法 / 林宇亮著. —北京：科学出版社，2017.6

ISBN 978-7-03-053100-1

Ⅰ.①地… Ⅱ.①林… Ⅲ.①挡土墙-地震时土压力-压力分布-计算方法 Ⅳ.①TU432-32

中国版本图书馆 CIP 数据核字（2017）第 124062 号

责任编辑：刘凤娟 / 责任校对：彭 涛
责任印制：张 伟 / 封面设计：正典设计

科 学 出 版 社 出版
北京东黄城根北街 16 号
邮政编码：100717
http://www.sciencep.com

北京虎彩文化传播有限公司 印刷
科学出版社发行 各地新华书店经销

*

2017 年 6 月第 一 版 开本：720×1000 B5
2018 年 6 月第三次印刷 印张：12
字数：221 000

定价：78.00 元
（如有印装质量问题，我社负责调换）

前　言

　　土压力计算是岩土工程领域一个经典而又复杂的问题。在地震土压力方面，目前应用最为广泛的是基于极限平衡理论的 Mononobe-Okabe 理论。尽管如此，Mononobe-Okabe 公式没有考虑填土黏聚力的影响，只适用于无黏性土的地震土压力计算；另一方面，Mononobe-Okabe 公式只能获得土压力合力大小，无法得到土压力非线性分布和土压力合力作用点位置。因此，对于无黏性土，Mononobe-Okabe 公式隐含假设地震土压力为直线分布，土压力合力作用点位置在距离墙底 1/3 墙高处。这种"直线"分布的假设与实际情况往往存在较大的差异，可能使挡墙抗震检算得到的安全稳定性系数偏高，在工程应用上安全性偏低。

　　本书基于 Mononobe-Okabe 理论的基本假设，综合多种因素推导黏性土地震主动和被动土压力非线性分布的通用公式。求解地震主动和被动土压力临界破裂角的显式解；研究黏性土主动土压力裂缝深度的计算方法；获得地震土压力及其非线性分布较完备的理论解答。通过参数简化，验证 Mononobe-Okabe、Coulomb、Rankine 等经典土压力公式为本书公式的特例。通过与已有试验结果的对比，验证公式的正确性和有效性。对地震主动和被动土压力进行参数分析。为便于理论成果的推广应用，开发地震土压力计算软件，完成土压力计算软件的参数输入模块、计算结果输出模块，以及土压力非线性分布的绘图模块，实现土压力计算结果的界面输出和文件输出。对比于 Mononobe-Okabe 理论，本书主要补充和拓展工作体现在以下四个方面：

　　(1)综合考虑填土黏聚力、墙土黏结力、水平和垂直地震系数、墙背倾角、墙背填土面倾角、填土内摩擦角、墙土摩擦角、均布超载等多种因素的影响，将地震土压力公式拓展为可适用于黏性土、不同填土面倾角和不同墙背倾角的地震主动和被动土压力计算。

　　(2)基于条分法的思想，推导了复杂条件下地震主动和被动土压力非线性分布以及土压力合力作用点位置的解析解，弥补了线性分布假设的缺陷和不足。

　　(3)提出了黏性土地震主动土压力裂缝深度的迭代计算方法。结果表明，裂缝深度受填土黏聚力、填土内摩擦角、水平和垂直地震系数、墙土黏结力等多种因素的影响。对比于 Rankine 主动土压力裂缝深度计算公式，本书计算结果更为合理。

(4)通过将土压力合力与破裂角的三角函数关系式转换为土压力合力与几何边长的关系式，突破了超越方程求解等数学难题，获得了复杂条件下地震主动和被动土压力临界破裂角的显式解析解。

本书是在已有研究成果基础上做的补充和拓展工作。书中给出了地震土压力计算公式的详细推导过程，并附上了地震土压力计算软件的源程序代码。如能对科学工作者或工程技术人员有所借鉴或裨益，作者将倍感欣慰。

本书的出版得到了国家自然科学基金面上项目"高边坡复合支挡结构抗震设计方法与试验研究"（编号：51678571）、"高速铁路膨胀土路堑新型防排水基床结构研究"（编号：51478484），国家自然科学基金青年项目"挡墙黏性土地震土压力非线性分布的分析方法研究"（编号：51308551），深部岩土力学与地下工程国家重点实验室开放基金项目"地震作用下组合式边坡支挡结构计算理论与分析方法"（编号：SKLGDUEK1705）等项目的资助，在此深表感谢。研究生石峰、汤兵等做了整理、校对等工作，在此一并致谢。

限于知识水平，书中难免有疏漏和不足之处，敬请广大读者批评指正。

林宇亮

2017 年 3 月 24 日

主 要 符 号

H　挡墙墙高（m）

h_c　主动土压力裂缝深度（m）

H'　$H'=H-h_c$（m）

k_h　水平地震系数

k_v　垂直地震系数

η　地震角（°）

γ　土体重度（kN/m³）

α　挡墙墙背与垂直面的夹角（°）

β　墙背填土面与水平面的夹角（°）

c　填土黏聚力（kPa）

c'　墙背与填土之间的黏结力（kPa）

φ　填土内摩擦角（°）

δ　墙背与填土之间的摩擦角（°）

q_0　挡墙墙背填土面的均布超载（kPa）

q_1　裂缝深度处墙背填土面的上覆压力（kPa）

θ　土压力破裂角（°）

θ_{acr}　主动土压力临界破裂角（°）

θ_{pcr}　被动土压力临界破裂角（°）

E_a　地震主动土压力合力（kN/m）

E_p　地震被动土压力合力（kN/m）

z_0　土压力合力作用点位置至墙底的距离（m）

z_0/H'　归一化处理后土压力合力作用点位置至墙底的距离

W　墙后土楔体自重（kN/m）

dW　微元土体单元自重（kN/m）

$p(h)$　距墙顶 h 深度处的墙背土压力强度（kPa）

$q(h)$　距墙顶 h 深度处微元体单元的上覆压力（kPa）

R　滑动面以下土体对滑动土楔体的支持反力（kN/m）

$r(h)$　距墙顶 h 深度处微元体单元在滑动面处的支持反力 (kPa)

K_{1a}、K_{2a}、K_{3a}、K_{4a}　分别指与填土自重、均布超载、填土黏聚力和墙土黏结力相关的地震主动土压力系数

K_{1p}、K_{2p}、K_{3p}、K_{4p}　分别指与填土自重、均布超载、填土黏聚力和墙土黏结力相关的地震被动土压力系数

目　　录

第1章 绪 论

1.1 研究背景

我国是地震多发国家。纵观近两千多年，我国的地震活动具有频次高、强度大、分布广的特点。在 20 世纪的 100 年间，我国共发生 6 级以上破坏性地震 650余次，其中，1920 年 12 月 16 日的海原地震和 1976 年 7 月 28 日的唐山大地震造成的死亡人数均达到了 20 万以上。进入 21 世纪以来，尤其是 2008 年四川汶川地震，其震级大、破坏力强、破坏面广，造成了大量的人员伤亡和巨大的经济财产损失。汶川地震是新中国成立以来破坏力最大的地震，也是唐山大地震后伤亡最严重的一次地震。汶川地震中，超过 19.7 万的边坡发生破坏[1, 2]，大量的路基及边坡挡墙发生破坏，其中较大规模的垮塌多达 1736 处[3, 4]。

巨大的地震灾害给现行抗震设防技术带来了挑战。在边坡及支挡结构抗震设计方面，我国的《铁路工程抗震设计规范》(GB50111—2006)在 2008 年汶川地震后进行了局部修订，并于 2009 年 12 月颁布实施。在考虑支挡结构地震作用时，主要参考资料为 1980 年四川省建筑科学研究院《模拟地震荷载作用重力式挡土墙土压力的模型试验》的研究成果。在确定边坡与支挡结构地震力时，采用了拟静力法；在验算支挡结构地震稳定性时，采用的是 Mononobe-Okabe(M-O)地震土压力分析理论。在公路抗震设计方面，我国交通运输部于 2013 年 12 月颁布了《公路工程抗震规范》(JTGB02—2013)。在进行挡墙抗震设计时，则沿用了铁路抗震规范的设计思想，采用 Mononobe-Okabe 理论来确定挡墙墙背的地震土压力。

Mononobe-Okabe 理论是在 Coulomb 土压力基础上发展而来的，并假定挡墙后填土处于主动和被动土压力极限平衡状态。因此，一方面，Mononobe-Okabe公式推导时延续了 Coulomb 理论中无黏性填土的假定，使得公式的适用范围有限。另一方面，Mononobe-Okabe 公式取墙后土楔体进行整体受力平衡分析，只能求解土压力合力而无法获得土压力分布规律以及土压力合力作用点位置，因此Mononobe-Okabe 公式隐含假设土压力为直线分布，土压力合力作用点位置在距墙底 1/3 墙高处。已有研究成果表明，地震土压力合力大小与 Mononobe-Okabe 公式计算结果比较接近，但土压力通常为非线性分布，且在很多工况下，地震主动土压力的作用点位置要比线性分布假设的更高。也就是说，土压力分布采用"直线型"假设是存在较大缺陷的，这将使挡墙抗震检算得到的安全稳定性系数偏高，在工程应用上是偏不安全的。因此，地震条件下土压力分布规律及土压力合力作用点位置是一个亟待解决的重要问题。

1.2　国内外研究现状

1.2.1　极限平衡状态下的挡墙地震动土压力

土压力计算是岩土工程领域一个经典而又复杂的问题。挡墙土压力的类型和大小与墙身位移等因素有关，随着挡墙位移量的变化，土压力的大小可能变化于主动和被动土压力两个极限值之间，土压力方向也随之变化。尽管如此，现有的土压力理论仍主要是研究极限状态下的土压力，Rankine 土压力理论和 Coulomb 土压力理论是极限状态下静土压力计算的两个经典理论。

地震作用下挡墙土压力计算是支挡结构抗震设计的重要内容。地震动土压力研究是在 1923 年日本关东大地震后才开始的，日本学者首先提出了适用于土体极限平衡状态下地震主动土压力计算的 Mononobe-Okabe 公式[5-7]。随后，Kapila[8] 发展了与 Mononobe-Okabe 主动土压力公式相对应的地震被动土压力公式。Mononobe-Okabe 土压力公式是基于 Coulomb 理论假定，地震作用按拟静力法考虑，并通过对挡墙后滑动土楔体建立极限状态平衡方程来求解主动和被动土压力的。尽管在地震作用下挡墙与土体的实际受力情况要比 Mononobe-Okabe 理论假设复杂得多，但 Mononobe-Okabe 公式仍被推荐为侧向动土压力计算的标准方法。Mononobe-Okabe 公式的贡献，在岩土工程领域被认为与 Coulomb 公式、Terzaghi 固结方程并列[9]。

尽管如此，Mononobe-Okabe 公式的诸多假定使得公式的适用范围有限：①公式推导时没有考虑黏聚力的影响，只适用于无黏性土的地震土压力计算；②公式只适用于 $\alpha+\delta+\eta<90°$（α 为墙背倾角，δ 为挡墙墙背与填土的外摩擦角，η 为地震角）和 $\beta+\eta+\varphi$（β 为墙背填土坡角，φ 为填土内摩擦角）的情况。因此，很多学者对其进行补充、拓展和简化。王云球[10]、陈国祝[11]、冯震等[12]、Kim 等[13]、Ghosh 等[14, 15]、Shukla 和 Habibi[16]分别采用不同的方法研究了考虑黏聚力的地震动土压力计算公式。Caltabiano 等[17]研究了不同超载条件下挡墙的地震动土压力。Wang 等[18, 19]研究了渗流和超载条件下地震被动土压力计算方法。应宏伟等[20, 21]、涂兵雄和贾金青[22]

研究了考虑土拱作用的土压力计算方法。Morrison 和 Ebeling[23] 在假设挡墙墙后土体为对数螺旋破裂面的条件下对 Mononobe-Okabe 公式进行了改进。Seed 和 Whitman[24] 在"填料为非黏性土、墙背平直、光滑、填土面水平、挡墙加速度与土楔体加速度相同"等假设条件下简化了 Mononobe-Okabe 公式，仅需知道内摩擦角和地震动峰值加速度就可以求出地震动土压力。李涛[25] 针对铁路桥台采用水平地震系数法导出了非黏性土地震土压力简化计算公式，避免了 Mononobe-Okabe 公式中地震角的概念。梁波[26] 在考虑铁路荷载特点以及墙背仰斜较大时土压力计算可能产生误差的基础上，提出了计算地震土压力的简化公式，突破了 Mononobe-Okabe 公式在填土水平、内摩擦角小于地震角时无法计算的局限。

另一方面，在推导地震动土压力时取挡墙后土楔体进行整体受力平衡分析，只能获得土压力合力大小而无法得到土压力非线性分布情况和土压力合力作用点位置，因此对于无黏性土，Mononobe-Okabe 公式隐含假设地地震动土压力为直线型分布，土压力合力作用点位置在距离墙底 1/3 墙高处。而大量的研究成果表明[27-30]，地震土压力合力大小与 Mononobe-Okabe 公式计算结果非常接近，但土压力分布通常是非线性的，而且作用点位置比线性分布假设的要高。欧洲规范规定，一般情况下，土压力合力作用点在 1/2 墙高处；新西兰规范规定，对于刚性墙，合力作用点在 1/2 墙高处，对于完全刚性墙，合力作用点在 0.58 墙高处。也就是说，采用拟静力法可以有效地获得地震动土压力合力大小，但土压力分布采用"直线型"假设存在较大缺陷，其降低了挡土结构物的抗震稳定性，在工程应用上是偏不安全的。因此，地震条件下土压力分布情况及土压力合力作用点位置是一个亟待解决的重要问题。

鉴于此，很多学者将薄层微元分析法引入土压力计算中[31-36]。薄层微元分析法的思想是由 Lo 和 Xu[37] 较早提出来的，该方法通常将土体划分为若干水平微元体，通过建立水平微元体的极限平衡方程来求解岩土构筑物强度及稳定性问题。目前水平层分析法已广泛应用于土坡和挡墙等结构的稳定性分析中[38-42]。在进行地震动土压力计算时，薄层微元分析法能很好地解决土压力分布和作用点位置的问题。薄层微元分析法不需要事先假定土压力合力作用点的位置，通过选取挡墙后土体微元建立极限状态平衡方程即可求解挡墙后土压力分布规律、土压力合力及作用点位置的表达式，薄层微元分析法也因此被称为土压力的非线性分布解法[43]。Wang[44] 在墙背直立、填土面水平等条件下通过选取墙后水平土体微元建立水平和垂直两个方向的极限平衡状态方程，得到了无黏性土土压力分布的理论公式。王立强等[45] 推导了地震作用下无黏性土土压力公式。杨剑等[46] 在填土面水平条件下，通过水平层分析法获得了地震作用下非黏性土被动土压力公式，并给出了临界破裂角的数值解答。Zhu 等[47, 48]在极限平衡法的框架内采用条分法获得了静土压力和地震土压力的计算流程。林宇亮等[49, 50]基于 Mononobe-Okabe 基本假设，在墙背填土面水平的条件下采用水平层分析法研究了黏性土地震动土压力及其非线性分布解答，采用图解法给出了主动和被动土压力临界破裂角的显式解答，讨论了复杂条件下黏性土主动土压力裂缝深度计算方法，并对地震动土压力进行了参数分析。尽管如此，现有的研究成果多没有综合考虑水平和垂直地震加速度、墙背倾角、填土面倾角、墙背与填土黏结力和外摩擦角、填土黏聚力和内摩擦角、均布超载等多种因素的影响，使得公式应用存在局限性。同时，在综合考虑多种因素的复杂条件下，地震动土压力临界破裂角求解问题也是一个迫切需要解决的难题。通常情况下，求解土压力临界破裂角可根据主动和被动土压力存在的原理[51]："在所有可能的破裂角中，正好存在一个主动（被动）土压力临界破裂角，使得主动（被动）土压力达到极大值（极小值）。"为此，只需将土压力合力对破裂角求极值便可得到土压力合力和临界破裂角的解答。常采用数学中"求导数"的方法，但采用该方法求解复杂条件下土压力临界破裂角时往往会遇到难以求解的超越方程，从而无法得到土压力合力和临界破裂角的显式解答，因此一些学者采用了数值解法[46]。另外，地震作用下黏性土主动土压力计算也应考虑裂缝深度的影响，而国内外这方面的研究成果很少，尤其是在复杂条件下黏性土主动土压力裂缝深度的研究成果更是少见。针对上述不足，综合考虑多种因素研究复杂条件下黏性土地震主动和被动土压力及其非线性分布通用解答具有十分重要的意义。

1.2.2 不同位移模式下的挡墙地震动土压力

上述讨论的主动和被动土压力是假设挡墙产生了足够位移使得墙后填土达到了主动和被动极限平衡状态而得到的。主动和被动土压力分别是墙体移离填土和墙体挤压填土使得填土发生主动和被动破坏时墙上受到的最小土压力和最大土压力。实际上，作用在墙背上的土压力是和墙体的位移大小有很大关系的，当挡墙墙背在地震作用下没有达到主动和被动极限平衡状态所需的位移量时，墙背土压力会有很大的差别。另一方面，目前国内外学者已充分意识到挡墙抗震设防不仅仅是强度问题，还应考虑墙体位移对其抗震设防的要求，基于位移控制标准的设计思想也越来越受到重视，甚至在一些国家的抗震设计规范中已将变形控制标准作为岩土结构物抗震设防的基本方法[52, 53]。在不同位移模式下，挡墙地震动土压力计算倘若依旧采用土体极限平衡状态假设的 Mononobe-Okabe 理论，显然是存在较大缺陷的。由此，不同位移模式挡墙地震动土压力研究的意义显得十分重要。

不同位移模式土压力方面的研究已受到国内外学者的关注和重视。当填土介于主动和被动两个极限平衡状态时，除静土压力这一特殊情况外，填土处于弹性或弹塑性平衡状态，这种情况下的土压力计算是比较复杂的，通常情况下涉及挡墙和填土等变形强度特性和共同作用等问题。Bang[54]认为土体从静止状态到极限主动状态是一个渐变的过程，提出中间主动状态的概念，指出土压力计算应考虑墙体位移大小和模式。当挡墙位移大小和位移模式改变时，挡墙系统的内、外摩擦角发挥程度也会随之变化，当内、外摩擦角达到最大值时，墙后塑性滑动楔体形成，土压力便达到极限状态[55]。因此，一些学者建立了内、外摩擦角与位移之间的关系公式，并由此将土压力系数或土压力分布强度同挡墙位移联系起来，得到考虑位移效应的非极限状态土压力计算公式[56-58]。张永兴等[59]基于水平微分单元法的思想得到对应于不同内、外摩擦角和挡土墙位移的侧土压力系数，由此求解挡土墙平移模式下非极限状态土压力公式。这些研究成果都有力地推动了不同位移模式挡墙土压力计算理论的发展。

除此之外，Zhang 等[60, 61]基于"中间滑楔体"的概念，提出了能用于评价挡墙从主动到被动土压力状态之间的任意侧向位移条件下的地震动土压力理论，该理论根据地震土压力形成机理将其划分为土体有效重度分量、惯性作用分量、附加荷载分量和残余土压力分量，并给出了各分量合力及其作用点的公式，为不同位移模式挡墙地震动土压力计算提供了新的思路和方法。

1.2.3 地震动土压力的其他计算方法

基于 Mononobe-Okabe 理论的土压力计算方法依旧是地震动土压力计算的标准方法。尽管如此，国内外学者研究和发展了地震动土压力计算的其他方法，包括极限位移理论、拟动力法、考虑土体-结构相互作用的动力分析法、能量法(极限分析上限法)、特征线法(也称滑移线法)等。

Richards 等[62]结合 Mononobe-Okabe 理论和 Newmark 滑块模型，取最大加速度、最大速度以及容许位移作为控制量，从而计算挡土墙的地震土压力，但该方法忽略了竖直加速度的影响、挡墙倾斜位移以及地震土压力的时变性。随后，一些学者对其进行了改进和补充。Zarrabi-Kashani[63]研究了在水平和竖直加速度作用下且破裂面倾角发生变化时的动态地震土压力计算。Nadim[64]、Wong[65]等将 Richards 的方法扩展到可考虑竖直加速度、挡土墙的滑动和倾斜等复杂情况的地震土压力计算。

拟动力法考虑地震波传播时水平和垂直加速度放大系数沿墙高的分布情

况，通过建立墙后土体极限平衡方程来求解地震动土压力，考虑了包括土体振动频率在内的诸多动力参数的影响。Choudhury 和 Nimbalkar[66] 采用拟动力法研究了非黏性土地震动土压力分布情况，并对地震动土压力进行了参数分析。Kolathayar 和 Ghosh[67] 等采用拟动力法研究了当挡墙墙背折线变化时的地震主动土压力分布情况。Azad 等[34] 将拟动力法同水平层分析法结合，得到了地震土压力合力达到峰值前后土压力沿墙背分布的变化情况。Sima 和 Richi[68, 69] 采用拟动力法研究了挡墙墙背倾斜、填土面倾斜时的地震动土压力。Ahmad 和 Choudhury[70] 将拟动力法运用到加筋土挡墙地震土压力的计算之中。然而，拟动力法在理论上存在一些不足，例如，拟动力法直接将弹性波动理论应用于考虑塑性屈服的土体中；也没有考虑土体边界弹性波的反射、折射等现象的影响。

基于土体-结构动力相互作用的动土压力分析法在理论上是比较严谨的。该方法须解决地震波输入机制、土体-结构系统初始状态及动力相互作用模型、土的动力本构模型及参数选取以及动力数值计算模型与方法等诸多问题[71, 72]。周健等[73] 采用一种能考虑软土振动孔压变化以及土体-结构动力相互作用等因素的软土地下建筑物抗震稳定分析方法，对上海地铁一号线典型地铁车站结构进行地震动土压力计算。Navarro 和 Samartin[74] 通过建立 Rayleigh 波作用下土体-结构相互作用时域控制方程来求解刚性挡墙的动土压力，并研究了激振频率对地震土压力的影响。

基于能量守恒定理，根据外力做功与内部能耗相等的原则来求解土压力的方法已经得到很大的应用[75]。在采用能量法计算地震动土压力时，地震作用也多采用拟静力法来考虑。Yang 和 Yin[76-78]、Soubra 等[79]、陈昌富等[80] 基于非线性破坏准则和极限分析上限法，研究了地震作用下的被动土压力公式。

Cheng[81] 采用特征线法并通过旋转坐标轴来求解地震作用下的侧向土压力。Panos 等[82]、Santolo 和 Evangelista[83]、彭明祥[84-88] 考虑挡墙墙背土体塑性应力区的方法来求解挡墙土压力也具有新意。

1.2.4 地震动土压力的数值分析方法

Nadim 和 Whitman[89, 90] 采用有限元方法进行挡土墙运动模式研究时指出，地震作用引起的应力重分布使得挡土墙墙背产生的残余应力可能会比静态主动土压力大 30%左右。Jung 和 Bobet[91] 通过数值模拟研究了不同位移模式下挡墙的地震动土压力。Psarropoulos 等[92] 采用有限元法研究了刚性和柔性挡墙地震土压力的分布情况。Zeng 和 Madabhushi 等[93-96] 结合离心模型试验，在进行挡墙土压力有限元分析时考虑了土体的非线性反应特性以及孔隙水压力的影响，结果表明，数值模拟与试验结果吻合得比较好。另外，在有限元边界效应的处理方面，陈学良和袁一凡[97-101]运用解耦的近场波动数值模拟技术成功处理了数值模拟中无限域条件的模拟，并研究了地震波输入时动土压力和动土剪力的大小、合力作用点、土压力分布规律等，为改进挡土墙的抗震设计提供了有益的资料。

1.2.5　地震动土压力的试验研究

在试验研究方面，地震动土压力的研究手段主要包括振动台试验和离心机试验等。在离心试验研究方面，Linda 和 Nicholas[102]通过离心试验研究了动土压力的分布情况，并指出动土压力最大值沿着挡墙墙高逐渐增大，在墙底达到最大，土压力分布可近似为三角形分布。Dewoolkar 等[103]对悬臂式挡墙后液化土土压力开展了动力离心机试验，并成功测试了静土压力和动土压力。张连卫和张建民[104]开展了考虑各向异性土压力的离心模型试验，并指出墙后主动土压力受填土强度各向异性影响的程度可能达到 40%。Woodward 和 Griffitas[105]提到 Ortiz 等进行了悬臂式挡墙的离心试验，并指出地震土压力分布是非线性的。

在振动台试验研究方面，Koseki 等[106]、Watanbe 等[107]通过开展一系列加筋土挡墙、重力式挡墙及悬臂式挡墙的振动台试验来分析不同形式挡墙的地震稳定性及墙背土压力。Tamura 和 Tokimatsu[108]采用振动台试验对比了存在液化现象和无液化现象时的墙背土压力。刘昌清等[109]对重力式路肩墙、重力式路堤墙和衡重式挡墙三种挡墙的动土压力分布开展了足尺试验研究。陈学良等[110]提到 Neelakantan 对变幅正弦输入下的 L 形挡墙的动土压力进行了振动台试验分析。这些试验成果都极大程度地推动了地震土压力的发展，并为地震土压力的后续试验研究提供了重要佐证。尽管如此，在地震动激励下挡墙可能发生的位移具有随机性，墙后土体所处的状态也具有不确定性，倘若将非极限状态下的地震土压力试验结果同极限状态假设下的土压力理论进行对比分析，在理论上是不严谨的。为解决这个问题，一些学者制作了活动挡墙，通过控制挡墙位移来测试不同应力状态下的墙后土压力，并通过观测土体变位及滑裂面形成情况来定性判断土体的极限平衡状态[111]，或结合挡墙位移和土压力的测试结果进行定量判断[112-114]。这种试验方法在静土压力测试中已经得到了广泛的应用[115-117]。在地震土压力试验方面，Sherif、Ishibashi 和 Fang[112, 113]在正弦波激励下通过控制挡墙移离土体的位移，测试了不同位移模式下无黏性土地震土压力的分布结果，并将达到主动极限状态时的地震土压力试验结果同 Mononobe-Okabe 公式进行了对比。Ichihara 和 Matsuzawa[114]制作了活动挡墙，测试了正弦波激励下的挡墙土压力合力、合力作用点位置以及墙背外摩擦角，并结合测试结果判断土体的主动土压力极限平衡状态。然而，这些试验成果主要是针对无黏性土的主动土压力情况，受当时试验条件的限制，施加的激励加速度较小，且为水平方向的单向激励。地震作用下挡墙动土压力的试验研究成果有待于进一步补充和拓展。

另外，周应英等[118-120]，章瑞文和徐日庆等[56, 121-125]对静态挡土结构土压力问题开展了大量的试验研究，这些研究方法和成果在一定程度上可借鉴开展挡墙地震动土压力研究。

1.3 主要研究工作

结合目前地震土压力的研究状况，在已有的研究成果之上，补充和拓展极限平衡状态下的地震主动和被动土压力的计算方法[31]。综合考虑多种因素获得地震主动和被动土压力非线性分布计算的通用解答；求解主动和被动土压力临界破裂角的显式解析解；研究黏性土地震主动土压力裂缝深度的计算方法；并结合研究成果，基于 Visual Basic 语言开发地震动土压力计算软件。主要研究内容可概括为如下三个方面：

(1)求解极限平衡状态下地震主动土压力及其非线性分布的通用解答。基于 Mononobe-Okabe 理论的基本假设，综合考虑水平和垂直地震系数、墙背倾角、填土面倾角、墙背与填土黏结力和外摩擦角、填土黏聚力和内摩擦角、均布超载等多种因素，引入薄层微元分析法求解地震主动土压力及其非线性分布情况，采用图解法求解主动临界破裂角的显式解析解，通过迭代计算求解黏性土主动土压力裂缝深度，并对地震主动土压力公式进行特例分析、对比验证和参数分析。

(2)求解极限平衡状态下地震被动土压力及其非线性分布的通用解答。综合考虑水平和垂直地震加速度、墙背倾角、填土面倾角、墙背与填土黏结力、外摩擦角、填土黏聚力、内摩擦角、均布超载等，通过薄层微元分析法求解地震被动土压力非线性分布、土压力合力及作用点位置，通过图解法求解被动土压力临界破裂角的显式解，对地震被动土压力公式进行对比验证和参数分析。

(3)设计和开发地震土压力计算软件。结合地震土压力的理论研究成果，基于 Visual Basic 语言开发土压力计算软件。软件拥有良好的工作界面，具有参数输入功能、计算结果界面输出功能和文件输出功能，并具备一定的容错功能、人机对话功能。

研究内容与 Mononobe-Okabe 地震土压力理论相比，补充和拓展的理论工作主要体现在以下四个方面[126, 127]：

(1)综合考虑填土黏聚力、墙土黏结力、水平和垂直地震系数、墙背倾角、墙背填土面倾角、填土内摩擦角、墙土摩擦角、均布超载等多种因素的影响,将地震土压力公式拓展为可适用于黏性土、不同填土面倾角和不同墙背倾角的地震主动和被动土压力计算。

(2)基于条分法的思想,得到了复杂条件下地震主动和被动土压力非线性分布以及土压力合力作用点位置的解析解,弥补了线性分布假设的缺陷和不足。

(3)提出了黏性土地震主动土压力裂缝深度的计算方法。不同于 Rankine 土压力理论,裂缝深度的计算结果受填土黏聚力、填土内摩擦角、水平和垂直地震系数、墙土黏结力等多种因素的影响,计算结果更为合理。

(4)通过将土压力合力与破裂角的三角函数关系式转换为土压力合力与几何边长的关系式,突破了超越方程求解等数学难题,获得了复杂条件下地震主动和被动土压力临界破裂角的显式解析解。

第2章 地震作用下挡墙主动土压力解答

2.1 概　述

挡墙墙背地震动土压力计算是挡土结构抗震设计的重要内容。目前，地震动土压力的计算方法主要有两大类[45]：第一类方法是考虑墙、土相互作用和土体实际应力应变性质[128-131]；第二类方法是假设挡墙与墙后填土的相对位移较大，土体达到了极限平衡状态，其典型代表为著名的 Mononobe-Okabe 地震土压力理论。尽管在地震作用下挡墙与土的实际受力情况要比 Mononobe-Okabe 理论假设复杂得多，但 Mononobe-Okabe 公式仍被推荐为挡墙侧向地震土压力计算的标准方法。

Mononobe-Okabe 理论是在 Coulomb 土压力理论基础上发展而来的。Mononobe-Okabe 公式在推导时假定墙后填土为无黏性土，使得公式适用范围有限。另外，Mononobe-Okabe 理论取墙后土楔体进行整体受力平衡分析，只能求解土压力合力大小而无法得到土压力合力作用点位置和土压力强度非线性分布情况。为补充和拓展地震动土压力计算理论和方法，本章采用薄层微元分析法推导地震条件下挡墙主动土压力及其非线性分布的解答。公式考虑水平和垂直地震加速度、墙背倾角、填土面倾角、填土黏聚力和内摩擦角、墙背与填土存在黏结力和外摩擦角、均布超载等诸多因素的影响。本章主要内容包括：

（1）综合考虑多种可能因素，引入薄层微元分析法推导地震作用下挡墙后黏性土主动土压力及其非线性分布的通用公式，并通过图解法求解黏性土主动土压力临界破裂角的显式解析解；

（2）研究考虑裂缝深度的黏性土地震主动土压力及其非线性分布的计算方法，联合图解法和迭代计算求解黏性土地震主动土压力的临界破裂角和裂缝深度；

（3）将地震主动土压力公式同已有试验数据和公式进行对比分析，验证地震主动土压力公式的正确性和有效性；

（4）对地震主动土压力进行参数分析。

在公式推导时，地震作用采用拟静力法考虑。拟静力法是采用静力分析法近似解决动力学问题的一种简易方法。设地震时水平地震系数为 k_h，垂直地震系数为 k_v，则产生的水平地震加速度和垂直地震加速度分别为 $k_h g$ 和 $k_v g$（其中，

g 为重力加速度)。考虑到垂直地震加速度的方向通常是向上的,因此 $k_v g$ 以垂直向上的方向为正,地震时垂直方向的加速度为 $(1-k_v)g$。水平加速度和垂直加速度的合成加速度与竖直线的夹角定义为地震角 η,满足

$$\tan \eta = \frac{k_h}{1-k_v} \tag{2-1}$$

在公式推导时,挡墙和墙后土体作如下假定:

(1)挡墙为刚性,土体为单一、均匀和各向同性的,土体符合 Mohr-Coulomb 屈服准则;

(2)当墙身向前偏移时,墙后滑动土楔体沿墙背和一个过墙踵的平面发生滑动;

(3)与墙背填土平行的截面上水平剪切力可忽略不计;

(4)填土黏聚力 c 和墙土黏结力 c' 分别沿破裂面和墙背面均匀分布;

(5)不考虑微元土条之间的剪切力和摩擦力;

(6)地震作用不会影响土体的基本物理力学特性。

2.2　地震主动土压力公式推导

2.2.1　地震主动土压力极限平衡方程

某刚性挡墙墙后填土为黏性土。假设墙后土楔体 ABC 处于主动土压力极限平衡状态,其中,主动土压力破裂角为 θ。设挡墙墙高为 H,墙背倾角为 α,挡墙墙后填土面倾角为 β,填土黏聚力为 c,内摩擦角为 φ,填土与墙背的黏结为 c',墙背外摩擦角为 δ,填土重度为 γ,墙后填土面作用有均布超载 q_0。考虑这些因素的影响,地震作用按主动土压力最不利情况考虑,可建立主动土压力计算模型,如图 2-1 所示。图中,E_a 为挡墙墙背面作用在土楔体 AB 边上的主动土压力合力的反力,其大小与主动土压力合力大小相等;R 为破裂面下部土体作用在土楔体破裂面 BC 边上的反力。

根据图 2-1 的几何关系有

$$\begin{cases} \overline{AB} = \dfrac{H}{\cos \alpha}, \quad \overline{AC} = \dfrac{H}{\cos \alpha} \cdot \dfrac{\sin(\alpha+\theta)}{\cos(\beta+\theta)}, \quad \overline{BC} = \dfrac{H}{\cos \alpha} \cdot \dfrac{\cos(\alpha-\beta)}{\cos(\beta+\theta)} \\[2mm] \overline{Aa} = \dfrac{h}{\cos \alpha}, \quad \overline{ad} = \dfrac{dh}{\cos \alpha}, \quad \overline{Bd} = \dfrac{(H-h-dh)}{\cos \alpha}, \quad \overline{Cb} = \dfrac{h}{\cos \alpha} \cdot \dfrac{\cos(\alpha-\beta)}{\cos(\beta+\theta)} \\[2mm] \overline{bc} = \dfrac{dh}{\cos \alpha} \cdot \dfrac{\cos(\alpha-\beta)}{\cos(\beta+\theta)}, \quad \overline{Bc} = \dfrac{H-h-dh}{\cos \alpha} \cdot \dfrac{\cos(\alpha-\beta)}{\cos(\beta+\theta)} \\[2mm] \overline{ab} = \dfrac{(H-h)\sin(\alpha+\theta)}{\cos \alpha \cos(\beta+\theta)}, \quad \overline{cd} = \dfrac{(H-h-dh)\sin(\alpha+\theta)}{\cos \alpha \cos(\beta+\theta)} \end{cases} \tag{2-2}$$

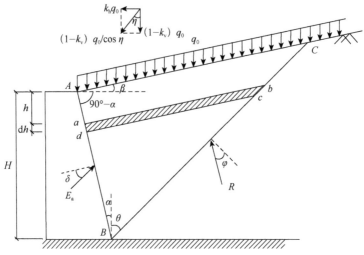

图 2-1   地震作用下挡墙主动土压力计算模型

选取微元土体 $abcd$ 进行主动土压力极限平衡分析，如图 2-2 所示。图中，$q(h)$ 为 ab 边以上的土体作用在 ab 边的均布力（考虑地震作用）；$[q(h)+\mathrm{d}q(h)]$ 为 cd 边以下的土体作用在 cd 边的均布力（考虑地震作用）。设四边形 $abcd$ 的面积为 S_{abcd}，微元土体 $abcd$ 的自重为 $\mathrm{d}w$，则有（忽略二阶无穷小）

$$\mathrm{d}w = \gamma \cdot S_{abcd} = \frac{1}{2}\gamma\cos(\alpha-\beta)\cdot(\overline{ab}+\overline{cd})\cdot\overline{ad} = \gamma(H-h)\frac{\sin(\alpha+\theta)\cos(\alpha-\beta)}{\cos(\beta+\theta)\cos^2\alpha}\mathrm{d}h \quad (2\text{-}3)$$

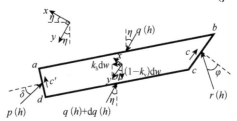

图 2-2   地震主动土压力微元体极限平衡分析

为便于建立地震主动土压力极限平衡方程，将坐标轴顺时针旋转角度 η，即 x、y 坐标轴设为与水平线和垂直线成 η 角的方向，如图 2-2 所示。

（1）建立 x 方向的主动土压力极限平衡方程：

$$-p(h)\cdot\overline{ad}\cdot\cos(\alpha+\delta+\eta)+c'\cdot\overline{ad}\cdot\sin(\eta+\alpha)-c\cdot\overline{bc}\cdot\sin(\theta-\eta)$$
$$+r(h)\cdot\overline{bc}\cdot\cos(\varphi+\theta-\eta)=0 \quad (2\text{-}4)$$

将式（2-2）代入式（2-4）可得

$$r(h) = \frac{\cos(\alpha+\delta+\eta)\cos(\beta+\theta)}{\cos(\varphi+\theta-\eta)\cos(\alpha-\beta)}\cdot p(h) - \frac{\sin(\alpha+\eta)\cos(\beta+\theta)}{\cos(\varphi+\theta-\eta)\cos(\alpha-\beta)}\cdot c'$$
$$+\frac{\sin(\theta-\eta)}{\cos(\varphi+\theta-\eta)}\cdot c \quad (2\text{-}5)$$

(2) 建立 y 方向的主动土压力极限平衡方程：

$$-p(h) \cdot \overline{ad} \sin(\alpha + \delta + \eta) - c' \cdot \overline{ad} \cos(\alpha + \eta) - c \cdot \overline{bc} \cos(\theta - \eta) + q(h) \cdot \overline{ab}$$
$$-[q(h) + dq(h)] \cdot \overline{cd} - r(h) \cdot \overline{bc} \sin(\varphi + \theta - \eta) + \frac{(1 - k_v)}{\cos \eta} dw = 0 \tag{2-6}$$

将式 (2-2) 和式 (2-3) 代入式 (2-6) 经化简可得（忽略二阶无穷小）

$$-p(h) \cdot \sin(\alpha + \delta + \eta) dh - c' \cdot \cos(\alpha + \eta) dh - c \cdot \frac{\cos(\alpha - \beta) \cos(\theta - \eta)}{\cos(\theta + \beta)} dh$$
$$+ q(h) \cdot \frac{\sin(\alpha + \theta)}{\cos(\theta + \beta)} dh - \frac{\sin(\alpha + \theta)}{\cos(\theta + \beta)} (H - h) dq(h) - r(h) \cdot \frac{\cos(\alpha - \beta) \sin(\varphi + \theta - \eta)}{\cos(\theta + \beta)} dh$$
$$+ \frac{(1 - k_v)}{\cos \eta} \frac{\cos(\alpha - \beta) \sin(\alpha + \theta)}{\cos \alpha \cos(\theta + \beta)} \cdot \gamma (H - h) dh = 0 \tag{2-7}$$

(3) 对微元体 $abcd$ 的 bc 边中点取力矩平衡，以逆时针方向为正，有

$$-p(h) \cdot \overline{ad} \sin(\alpha + \delta - \beta) \cdot \frac{1}{2} (\overline{ab} + \overline{cd}) - c' \cdot \overline{ad} \cos(\alpha - \beta) \cdot \frac{1}{2} (\overline{ab} + \overline{cd})$$
$$+ q(h) \cdot \overline{ab} \cdot \left[\frac{1}{2} \overline{ab} \cos(\beta + \eta) - \frac{1}{2} \overline{bc} \sin(\theta - \eta) \right]$$
$$- [q(h) + dq(h)] \cdot \overline{cd} \cdot \left[\frac{1}{2} \overline{cd} \cos(\beta + \eta) + \frac{1}{2} \overline{bc} \sin(\theta - \eta) \right] \tag{2-8}$$
$$+ \frac{1 - k_v}{\cos \eta} dw \cdot \frac{1}{4} (\overline{ab} + \overline{cd}) \cos(\beta + \eta) = 0$$

将式 (2-2) 和式 (2-3) 代入式 (2-8) 经化简可得（忽略二阶无穷小）

$$-p(h) \cdot \sin(\alpha + \delta - \beta) dh - c' \cdot \cos(\alpha - \beta) dh$$
$$+ \left[\frac{\sin(\alpha + \theta) \cos(\beta + \eta)}{\cos(\theta + \beta)} - \frac{\cos(\alpha - \beta) \sin(\theta - \eta)}{\cos(\theta + \beta)} \right] q(h) \cdot dh$$
$$- \frac{1}{2} \frac{\sin(\alpha + \theta) \cos(\beta + \eta)}{\cos(\theta + \beta)} \cdot (H - h) dq(h) \tag{2-9}$$
$$+ \frac{1}{2} \frac{(1 - k_v)}{\cos \eta} \frac{\sin(\alpha + \theta) \cos(\alpha - \beta) \cos(\beta + \eta)}{\cos \alpha \cos(\theta + \beta)} \cdot \gamma (H - h) dh = 0$$

注意如下三角函数关系：

$$\sin(\alpha + \theta) \cos(\beta + \eta) - \cos(\alpha - \beta) \sin(\theta - \eta) = \sin(\alpha + \eta) \cos(\beta + \theta) \tag{2-10}$$

式 (2-9) 可转化为

$$-p(h) \cdot \sin(\alpha + \delta - \beta) dh - c' \cdot \cos(\alpha - \beta) dh + q(h) \cdot \sin(\alpha + \eta) dh$$
$$- \frac{1}{2} \frac{\sin(\alpha + \theta) \cos(\beta + \eta)}{\cos(\beta + \theta)} \cdot (H - h) dq(h) \tag{2-11}$$
$$+ \frac{1}{2} \frac{(1 - k_v)}{\cos \eta} \frac{\sin(\alpha + \theta) \cos(\alpha - \beta) \cos(\beta + \eta)}{\cos \alpha \cos(\beta + \theta)} \cdot \gamma (H - h) dh = 0$$

2.2.2 地震主动土压力分布强度

联立平衡方程式(2-5)、式(2-7)和式(2-11)进行求解。将式(2-7)乘以 $-\cos(\beta+\eta)/2$ 后与式(2-11)相加可得

$$
\begin{aligned}
&\left[\sin(\alpha+\eta)-\frac{1}{2}\frac{\sin(\alpha+\theta)\cos(\beta+\eta)}{\cos(\beta+\theta)}\right]\cdot q(h)\cdot \mathrm{d}h \\
&+\frac{1}{2}\frac{\cos(\alpha-\beta)\sin(\varphi+\theta-\eta)\cos(\beta+\eta)}{\cos(\beta+\theta)}\cdot r(h)\cdot \mathrm{d}h \\
&+\frac{1}{2}\frac{\cos(\alpha-\beta)\cos(\theta-\eta)\cos(\beta+\eta)}{\cos(\beta+\theta)}\cdot c\cdot \mathrm{d}h \\
&+\left[\frac{1}{2}\sin(\alpha+\delta+\eta)\cos(\beta+\eta)-\sin(\alpha+\delta-\beta)\right]\cdot p(h)\cdot \mathrm{d}h \\
&+\left[\frac{1}{2}\cos(\alpha+\eta)\cos(\beta+\eta)-\cos(\alpha-\beta)\right]\cdot c'\cdot \mathrm{d}h=0
\end{aligned}
\tag{2-12}
$$

将式(2-5)代入式(2-12)经化简可得

$$
\begin{aligned}
&[2\sin(\alpha+\eta)\cos(\beta+\theta)-\sin(\alpha+\theta)\cos(\beta+\eta)]\cos(\varphi+\theta-\eta)\cdot q(h) \\
&+[\cos(\theta-\eta)\cos(\varphi+\theta-\eta)+\sin(\varphi+\theta-\eta)\sin(\theta-\eta)]\cos(\alpha-\beta)\cos(\beta+\eta)\cdot c \\
&+\begin{bmatrix}\cos(\alpha+\eta)\cos(\beta+\eta)\cos(\varphi+\theta-\eta)\\-2\cos(\alpha-\beta)\cos(\varphi+\theta-\eta)\\-\sin(\varphi+\theta-\eta)\cos(\beta+\eta)\sin(\alpha+\eta)\end{bmatrix}\cos(\beta+\theta)\cdot c' \\
&+\begin{bmatrix}\sin(\alpha+\delta+\eta)\cos(\beta+\eta)\cos(\varphi+\theta-\eta)\\-2\sin(\alpha+\delta-\beta)\cos(\varphi+\theta-\eta)\\+\sin(\varphi+\theta-\eta)\cos(\beta+\eta)\cos(\alpha+\delta+\eta)\end{bmatrix}\cos(\beta+\theta)\cdot p(h)=0
\end{aligned}
\tag{2-13}
$$

注意到如下三角函数关系：

$$
\begin{aligned}
&2\sin(\alpha+\eta)\cos(\beta+\theta)-\sin(\alpha+\theta)\cos(\beta+\eta) \\
&=\cos(\theta+\beta)\sin(\alpha+\eta)-\cos(\alpha-\beta)\sin(\theta-\eta)
\end{aligned}
\tag{2-14}
$$

$$
\begin{aligned}
&\cos(\alpha+\eta)\cos(\beta+\eta)\cos(\varphi+\theta-\eta)-2\cos(\alpha-\beta)\cos(\varphi+\theta-\eta) \\
&-\sin(\varphi+\theta-\eta)\cos(\beta+\eta)\sin(\alpha+\eta) \\
&=-\cos(\varphi+\theta-\eta)\cos(\alpha-\beta)-\sin(\alpha+\eta)\sin(\beta+\theta+\varphi)
\end{aligned}
\tag{2-15}
$$

$$
\begin{aligned}
&\sin(\alpha+\delta+\eta)\cos(\beta+\eta)\cos(\varphi+\theta-\eta)-2\sin(\alpha+\delta-\beta)\cos(\varphi+\theta-\eta) \\
&+\sin(\varphi+\theta-\eta)\cos(\beta+\eta)\cos(\alpha+\delta+\eta) \\
&=-\cos(\varphi+\theta-\eta)\sin(\alpha+\delta-\beta)+\cos(\alpha+\delta+\eta)\sin(\varphi+\theta+\beta)
\end{aligned}
\tag{2-16}
$$

式(2-13)可转化为

$$\cos(\varphi+\theta-\eta)\left[\cos(\theta+\beta)\sin(\alpha+\eta)-\cos(\alpha-\beta)\sin(\theta-\eta)\right]\cdot q(h)$$
$$+\cos(\alpha-\beta)\cos(\beta+\eta)\cos\varphi\cdot c$$
$$+\cos(\beta+\theta)\left[-\cos(\varphi+\theta-\eta)\cos(\alpha-\beta)-\sin(\alpha+\eta)\sin(\beta+\theta+\varphi)\right]\cdot c'$$
$$+\cos(\beta+\theta)\left[-\cos(\varphi+\theta-\eta)\sin(\alpha+\delta-\beta)+\cos(\alpha+\delta+\eta)\sin(\varphi+\theta+\beta)\right]\cdot p(h)=0$$

$$(2\text{-}17)$$

将式(2-17)写成如下形式：

$$p(h)=-n_{1a}\cdot q(h)+n_{2a}\cdot c'-n_{3a}\cdot c \qquad (2\text{-}18)$$

其中

$$n_{1a}=\frac{\cos(\varphi+\theta-\eta)}{\cos(\theta+\beta)}\times\frac{\cos(\beta+\theta)\sin(\alpha+\eta)-\cos(\alpha-\beta)\sin(\theta-\eta)}{\cos(\alpha+\delta+\eta)\sin(\varphi+\theta+\beta)-\cos(\varphi+\theta-\eta)\sin(\alpha+\delta-\beta)}$$

$$(2\text{-}19)$$

$$n_{2a}=\frac{\cos(\varphi+\theta-\eta)\cos(\alpha-\beta)+\sin(\alpha+\eta)\sin(\varphi+\theta+\beta)}{\cos(\alpha+\delta+\eta)\sin(\varphi+\theta+\beta)-\cos(\varphi+\theta-\eta)\sin(\alpha+\delta-\beta)} \qquad (2\text{-}20)$$

$$n_{3a}=\frac{1}{\cos(\theta+\beta)}\times\frac{\cos(\alpha-\beta)\cos(\beta+\eta)\cos\varphi}{\cos(\alpha+\delta+\eta)\sin(\varphi+\theta+\beta)-\cos(\varphi+\theta-\eta)\sin(\alpha+\delta-\beta)}$$

$$(2\text{-}21)$$

在式(2-18)中，地震主动土压力分布强度 $p(h)$ 的表达式中含有未知量 $q(h)$，须先求解 $q(h)$ 的解析式。因此，将式(2-18)代回式(2-11)经化简可得

$$\frac{\left[\begin{array}{l}\cos(\beta+\theta)\cos(\alpha+\delta+\eta)\sin(\varphi+\theta+\beta)\sin(\alpha+\eta)\\-\sin(\alpha+\delta-\beta)\cos(\varphi+\theta-\eta)\cos(\alpha-\beta)\sin(\theta-\eta)\end{array}\right]}{\cos(\theta+\beta)\left[\cos(\alpha+\delta+\eta)\sin(\varphi+\theta+\beta)-\cos(\varphi+\theta-\eta)\sin(\alpha+\delta-\beta)\right]}\cdot q(h)\cdot\mathrm{d}h$$
$$-\frac{\sin(\varphi+\theta+\beta)\left[\sin(\alpha+\delta-\beta)\sin(\alpha+\eta)+\cos(\alpha-\beta)\cos(\alpha+\delta+\eta)\right]}{\cos(\alpha+\delta+\eta)\sin(\varphi+\theta+\beta)-\cos(\varphi+\theta-\eta)\sin(\alpha+\delta-\beta)}\cdot c'\cdot\mathrm{d}h$$
$$+\frac{\sin(\alpha+\delta-\beta)\cos(\alpha-\beta)\cos(\beta+\eta)\cos\varphi}{\cos(\beta+\theta)\left[\cos(\alpha+\delta+\eta)\sin(\varphi+\theta+\beta)-\cos(\varphi+\theta-\eta)\sin(\alpha+\delta-\beta)\right]}\cdot c\cdot\mathrm{d}h$$
$$-\frac{1}{2}\frac{\sin(\alpha+\theta)\cos(\beta+\eta)}{\cos(\beta+\theta)}(H-h)\cdot\mathrm{d}q(h)$$
$$+\frac{1}{2}\frac{1-k_{\mathrm{v}}}{\cos\eta}\frac{\sin(\alpha+\theta)\cos(\alpha-\beta)\cos(\beta+\eta)}{\cos\alpha\cos(\beta+\theta)}\cdot\gamma\cdot(H-h)\cdot\mathrm{d}h=0$$

$$(2\text{-}22)$$

注意到如下三角函数关系：

$$\sin(\alpha+\delta-\beta)\sin(\alpha+\eta)+\cos(\alpha-\beta)\cos(\alpha+\delta+\eta)=\cos(\beta+\eta)\cos\delta \qquad (2\text{-}23)$$

式(2-22)可写成如下形式：

$$
\begin{aligned}
\frac{\mathrm{d}q(h)}{\mathrm{d}h} - &\frac{2 \times \left[\begin{array}{l} \cos(\beta+\theta)\cos(\alpha+\delta+\eta)\sin(\varphi+\theta+\beta)\sin(\alpha+\eta) \\ -\sin(\alpha+\delta-\beta)\cos(\varphi+\theta-\eta)\cos(\alpha-\beta)\sin(\theta-\eta) \end{array}\right]}{\sin(\alpha+\theta)\cos(\beta+\eta)\left[\begin{array}{l} \cos(\alpha+\delta+\eta)\sin(\varphi+\theta+\beta) \\ -\cos(\varphi+\theta-\eta)\sin(\alpha+\delta-\beta) \end{array}\right]} \times \frac{q(h)}{H-h} \\
= &\frac{2 \times \left[\begin{array}{l} \sin(\alpha+\delta-\beta)\cos(\alpha-\beta)\cos\varphi \cdot c \\ -\cos(\beta+\theta)\sin(\beta+\theta+\varphi)\cos\delta \cdot c' \end{array}\right]}{\sin(\alpha+\theta)\left[\begin{array}{l} \cos(\alpha+\delta+\eta)\sin(\varphi+\theta+\beta) \\ -\cos(\varphi+\theta-\eta)\sin(\alpha+\delta-\beta) \end{array}\right]} \times \frac{1}{H-h} + \frac{1-k_{\mathrm{v}}}{\cos\eta} \cdot \gamma \cdot \frac{\cos(\alpha-\beta)}{\cos\alpha}
\end{aligned}
\tag{2-24}
$$

注意到如下三角函数关系：

$$
\begin{aligned}
2 \times &\left[\begin{array}{l} \cos(\beta+\theta)\cos(\alpha+\delta+\eta)\sin(\varphi+\theta+\beta)\sin(\alpha+\eta) \\ -\sin(\alpha+\delta-\beta)\cos(\varphi+\theta-\eta)\cos(\alpha-\beta)\sin(\theta-\eta) \end{array}\right] \\
= &\sin(\alpha+\theta)\cos(\beta+\eta)\left[\begin{array}{l} \cos(\alpha+\delta+\eta)\sin(\varphi+\theta+\beta) \\ -\cos(\varphi+\theta-\eta)\sin(\alpha+\delta-\beta) \end{array}\right] \\
&+ \sin(\alpha+\theta+\delta+\varphi)\cos(\beta+\eta)\left[\cos(\beta+\theta)\sin(\alpha+\eta) - \cos(\alpha-\beta)\sin(\theta-\eta)\right]
\end{aligned}
\tag{2-25}
$$

并结合式(2-19)，式(2-24)可改写为

$$
\begin{aligned}
\frac{\mathrm{d}q(h)}{\mathrm{d}h} - &\left[1 + n_{1\mathrm{a}}\frac{\cos(\beta+\theta)\sin(\alpha+\theta+\varphi+\delta)}{\cos(\varphi+\theta-\eta)\sin(\alpha+\theta)}\right] \times \frac{q(h)}{H-h} \\
= &\frac{2 \times \left[\begin{array}{l} \sin(\alpha+\delta-\beta)\cos(\alpha-\beta)\cos\varphi \cdot c \\ -\cos(\beta+\theta)\sin(\beta+\theta+\varphi)\cos\delta \cdot c' \end{array}\right]}{\sin(\alpha+\theta)\left[\begin{array}{l} \cos(\alpha+\delta+\eta)\sin(\varphi+\theta+\beta) \\ -\cos(\varphi+\theta-\eta)\sin(\alpha+\delta-\beta) \end{array}\right]} \times \frac{1}{H-h} \\
&+ \frac{1-k_{\mathrm{v}}}{\cos\eta} \cdot \gamma \cdot \frac{\cos(\alpha-\beta)}{\cos\alpha}
\end{aligned}
\tag{2-26}
$$

将式(2-26)进一步改写为如下形式：

$$
\frac{\mathrm{d}q(h)}{\mathrm{d}h} - \frac{A_1}{H-h} \cdot q(h) = \frac{B_1}{H-h} + \frac{1-k_{\mathrm{v}}}{\cos\eta} \cdot \gamma \cdot \frac{\cos(\alpha-\beta)}{\cos\alpha}
\tag{2-27}
$$

其中

$$
A_1 = 1 + n_{1\mathrm{a}}\frac{\cos(\beta+\theta)\sin(\alpha+\theta+\varphi+\delta)}{\sin(\alpha+\theta)\cos(\varphi+\theta-\eta)}
\tag{2-28}
$$

$$
B_1 = \frac{2 \times [\sin(\alpha+\delta-\beta)\cos(\alpha-\beta)\cos\varphi \cdot c - \cos(\beta+\theta)\sin(\beta+\theta+\varphi)\cos\delta \cdot c']}{\sin(\alpha+\theta)[\cos(\alpha+\delta+\eta)\sin(\varphi+\theta+\beta) - \cos(\varphi+\theta-\eta)\sin(\alpha+\delta-\beta)]}
\tag{2-29}
$$

这里，通过求解微分方程(2-27)便可得到 $q(h)$ 的解析式。根据 A_1 的不同取值分三种情况来求解微分方程(2-27)。

(1) 当 $A_1 \neq 0$ 且 $A_1 \neq -1$ 时，式(2-27)为非奇次线性微分方程，令

$$P(h) = -\frac{A_1}{H-h}, \quad Q(h) = \frac{B_1}{H-h} + \frac{1-k_v}{\cos\eta} \cdot \gamma \cdot \frac{\cos(\alpha-\beta)}{\cos\alpha} \tag{2-30}$$

通过常数变异法可得到微分方程(2-27)的通解为

$$q(h) = e^{-\int P(h)dh} \left[\int Q(h)e^{\int P(h)dh} \cdot dh + C \right] \tag{2-31}$$

其中，C 为积分常数。

将式(2-30)代入式(2-31)可得

$$\begin{aligned} q(h) &= e^{-\int \frac{-A_1}{H-h}dh} \left\{ \int \left[\frac{B_1}{H-h} + \frac{1-k_v}{\cos\eta} \cdot \gamma \cdot \frac{\cos(\alpha-\beta)}{\cos\alpha} \right] \cdot e^{\int \frac{-A_1}{H-h} \cdot dh} \cdot dh + C \right\} \\ &= e^{-A_1 \cdot \ln(H-h)} \left\{ \int \left[\frac{B_1}{H-h} + \frac{1-k_v}{\cos\eta} \cdot \gamma \cdot \frac{\cos(\alpha-\beta)}{\cos\alpha} \right] \cdot e^{A_1 \cdot \ln(H-h)} \cdot dh + C \right\} \\ &= (H-h)^{-A_1} \left\{ \int \left[\frac{B_1}{H-h} + \frac{1-k_v}{\cos\eta} \cdot \gamma \cdot \frac{\cos(\alpha-\beta)}{\cos\alpha} \right] \cdot (H-h)^{A_1} \cdot dh + C \right\} \\ &= (H-h)^{-A_1} \left[-\frac{B_1}{A_1}(H-h)^{A_1} - \frac{1-k_v}{\cos\eta} \cdot \gamma \cdot \frac{\cos(\alpha-\beta)}{\cos\alpha} \cdot \frac{(H-h)^{1+A_1}}{1+A_1} + C \right] \\ &= -\frac{B_1}{A_1} - \frac{1-k_v}{\cos\eta} \cdot \gamma \cdot \frac{\cos(\alpha-\beta)}{\cos\alpha} \cdot \frac{H-h}{1+A_1} + \frac{C}{(H-h)^{A_1}} \end{aligned} \tag{2-32}$$

利用边界条件 $q(h=0) = (1-k_v)q_0 / \cos\eta$ 可得

$$C = \left[\frac{B_1}{A_1} + \frac{1-k_v}{\cos\eta} \cdot \gamma \cdot \frac{\cos(\alpha-\beta)}{\cos\alpha} \cdot \frac{H}{1+A_1} + \frac{1-k_v}{\cos\eta} \cdot q_0 \right] H^{A_1} \tag{2-33}$$

将式(2-33)代回式(2-32)可得

$$\begin{aligned} q(h) &= \left[\frac{B_1}{A_1} + \frac{1-k_v}{\cos\eta} \cdot \gamma \cdot \frac{\cos(\alpha-\beta)}{\cos\alpha} \cdot \frac{H}{1+A_1} + \frac{1-k_v}{\cos\eta} \cdot q_0 \right] \left(\frac{H}{H-h} \right)^{A_1} \\ &\quad - \frac{B_1}{A_1} - \frac{1-k_v}{\cos\eta} \cdot \gamma \cdot \frac{\cos(\alpha-\beta)}{\cos\alpha} \cdot \frac{H-h}{1+A_1} \end{aligned} \tag{2-34}$$

将式(2-34)代回式(2-18)可得

$$\begin{aligned} p(h) &= -n_{1a} \cdot \left[\frac{B_1}{A_1} + \frac{1-k_v}{\cos\eta} \cdot \gamma \cdot \frac{\cos(\alpha-\beta)}{\cos\alpha} \cdot \frac{H}{1+A_1} + \frac{1-k_v}{\cos\eta} \cdot q_0 \right] \left(\frac{H}{H-h} \right)^{A_1} \\ &\quad + n_{1a} \cdot \frac{B_1}{A_1} + n_1 \cdot \frac{1-k_v}{\cos\eta} \cdot \gamma \cdot \frac{\cos(\alpha-\beta)}{\cos\alpha} \cdot \frac{H-h}{1+A_1} + n_{2a} \cdot c' - n_{3a} \cdot c \end{aligned} \tag{2-35}$$

式(2-35)也可写成如下形式：

$$p(h) = -m_{1a}(H-h)^{-A_1} + m_{2a}(H-h) + m_{3a} \tag{2-36}$$

其中

$$m_{1a} = n_{1a}H^{A_1}\left[\frac{B_1}{A_1} + \frac{1-k_v}{\cos\eta}\cdot\gamma\cdot\frac{\cos(\alpha-\beta)}{\cos\alpha}\cdot\frac{H}{1+A_1} + \frac{(1-k_v)\cdot q_0}{\cos\eta}\right] \tag{2-37}$$

$$m_{2a} = n_{1a}\frac{\cos(\alpha-\beta)}{\cos\alpha}\cdot\frac{1-k_v}{\cos\eta}\cdot\frac{\gamma}{1+A_1} \tag{2-38}$$

$$m_{3a} = n_{2a}c' - n_{3a}c + n_{1a}\cdot\frac{B_1}{A_1} \tag{2-39}$$

(2)当$A_1 = 0$时，微分方程(2-27)转化为

$$\frac{\mathrm{d}q(h)}{\mathrm{d}h} = \frac{B_1}{H-h} + \frac{1-k_v}{\cos\eta}\cdot\gamma\cdot\frac{\cos(\alpha-\beta)}{\cos\alpha} \tag{2-40}$$

微分方程(2-27)的解为

$$q(h) = -B_1\ln(H-h) + \frac{(1-k_v)\cos(\alpha-\beta)\gamma\cdot h}{\cos\eta\cos\alpha} + C \tag{2-41}$$

利用边界条件$q(h=0) = q_0(1-k_v)/\cos\eta$ 可得

$$C = \frac{(1-k_v)q_0}{\cos\eta} + B_1\ln H \tag{2-42}$$

因此有

$$q(h) = -B_1\ln\left(\frac{H-h}{H}\right) + \frac{1-k_v}{\cos\eta}q_0 + \frac{(1-k_v)\cos(\alpha-\beta)}{\cos\eta\cos\alpha}\cdot\gamma h \tag{2-43}$$

将式(2-43)代回式(2-18)可得

$$p(h) = n_{1a}\left[B_1\ln\left(\frac{H-h}{H}\right) - \frac{1-k_v}{\cos\eta}q_0 - \frac{(1-k_v)\cos(\alpha-\beta)}{\cos\eta\cos\alpha}\cdot\gamma h\right] + n_{2a}c' - n_{3a}c \tag{2-44}$$

(3)当$A_1 = -1$时，微分方程(2-27)转化为

$$\frac{\mathrm{d}q(h)}{\mathrm{d}h} + \frac{q(h)}{H-h} = \frac{B_1}{H-h} + \frac{1-k_v}{\cos\eta}\cdot\gamma\cdot\frac{\cos(\alpha-\beta)}{\cos\alpha} \tag{2-45}$$

采用常数变异法可求得微分方程(2-27)的解为

$$q(h) = B_1 - \frac{(1-k_v)\cos(\alpha-\beta)}{\cos\eta\cos\alpha}\gamma\cdot(H-h)\ln(H-h) + C(H-h) \tag{2-46}$$

利用边界条件$q(h=0) = (1-k_v)q_0/\cos\eta$ 可得到

$$C = \frac{(1-k_v)q_0}{\cos\eta\cdot H} - \frac{B_1}{H} + \frac{(1-k_v)\cos(\alpha-\beta)}{\cos\eta\cos\alpha}\cdot\gamma\ln H \tag{2-47}$$

$$q(h) = \frac{B_1 \cdot h}{H} + \frac{(1-k_v)(H-h)q_0}{\cos\eta \cdot H}$$
$$- \frac{(1-k_v)\cos(\alpha-\beta)}{\cos\eta\cos\alpha} \cdot \gamma(H-h)\ln\left(\frac{H-h}{H}\right) \tag{2-48}$$

所以

$$p(h) = -n_{1a}\left[\frac{B_1 \cdot h}{H} + \frac{(1-k_v)(H-h)q_0}{\cos\eta \cdot H} - \frac{(1-k_v)\cos(\alpha-\beta)}{\cos\eta\cos\alpha} \cdot \gamma(H-h)\ln\left(\frac{H-h}{H}\right)\right]$$
$$+ n_{2a}c' - n_{3a}c \tag{2-49}$$

2.2.3 地震主动土压力合力和作用点位置

主动土压力合力大小 E_a 可通过分别将式(2-36)、式(2-44)和式(2-49)沿墙高进行积分处理来求解。经化简，E_a 可统一写成如下形式：

$$E_a = \int_0^H \frac{p(h)}{\cos\alpha} \cdot \mathrm{d}h$$
$$= \frac{H}{\cos\alpha}\left[\frac{n_{1a} \cdot B_1}{1-A_1} - \frac{n_{1a} \cdot (1-k_v)\cos(\alpha-\beta) \cdot \gamma H}{2(1-A_1)\cos\eta\cos\alpha} - \frac{n_{1a} \cdot (1-k_v) \cdot q_0}{(1-A_1)\cos\eta} + n_{2a} \cdot c' - n_{3a} \cdot c\right] \tag{2-50}$$

地震主动土压力合力作用点位置至墙底距离 z_0 也可分别通过对式(2-36)、式(2-44)和式(2-49)沿挡墙墙高进行相应的积分处理来求解。经化简，z_0 可统一写成如下形式：

$$z_0 = \frac{\int_0^H \frac{p(h) \cdot (H-h)}{\cos\alpha}\mathrm{d}h}{\int_0^H \frac{p(h)}{\cos\alpha}\mathrm{d}h}$$
$$= \frac{\dfrac{n_{1a} \cdot B_1}{2(2-A_1)} + \dfrac{n_{1a} \cdot (1-k_v)\cos(\alpha-\beta) \cdot \gamma H}{3(2-A_1)\cos\eta\cos\alpha} + \dfrac{n_{1a} \cdot (1-k_v) \cdot q_0}{(2-A_1)\cos\eta} - \dfrac{n_{2a} \cdot c'}{2} + \dfrac{n_{3a} \cdot c}{2}}{\dfrac{n_{1a} \cdot B_1}{1-A_1} + \dfrac{n_{1a} \cdot (1-k_v)\cos(\alpha-\beta) \cdot \gamma H}{2(1-A_1)\cos\eta\cos\alpha} + \dfrac{n_{1a} \cdot (1-k_v) \cdot q_0}{(1-A_1)\cos\eta} - n_{2a} \cdot c' + n_{3a} \cdot c} \cdot H \tag{2-51}$$

将式(2-19)～式(2-21)、式(2-28)和式(2-29)代入式(2-50)经化简可得

$$E_a = \frac{1}{2}\gamma H^2 \cdot \frac{1-k_v}{\cos\eta} \cdot \frac{\cos(\alpha-\beta)\cos(\varphi+\theta-\eta)\sin(\alpha+\theta)}{\cos^2\alpha\cos(\beta+\theta)\sin(\alpha+\theta+\delta+\varphi)}$$

$$+ q_0 H \cdot \frac{1-k_v}{\cos\eta} \cdot \frac{\cos(\varphi+\theta-\eta)\sin(\alpha+\theta)}{\cos\alpha\cos(\beta+\theta)\sin(\alpha+\theta+\delta+\varphi)}$$

$$+ cH \cdot \left\{ \frac{\cos(\alpha-\beta)\cos\varphi \begin{bmatrix} 2\cos(\varphi+\theta-\eta)\sin(\alpha+\delta-\beta) \\ -\sin(\alpha+\theta+\delta+\varphi)\cos(\beta+\eta) \end{bmatrix}}{\cos\alpha\cos(\beta+\theta)\sin(\alpha+\theta+\delta+\varphi)\begin{bmatrix} \cos(\alpha+\delta+\eta)\sin(\beta+\theta+\varphi) \\ -\cos(\varphi+\theta-\eta)\sin(\alpha+\delta-\beta) \end{bmatrix}} \right\}$$

$$- c'H \cdot \left\{ \frac{\begin{bmatrix} \sin(\alpha+\theta+\delta+\varphi)\cos(\varphi+\theta-\eta)\cos(\alpha-\beta) \\ +\sin(\alpha+\theta+\delta+\varphi)\sin(\alpha+\eta)\sin(\beta+\theta+\varphi) \\ -2\cos(\varphi+\theta-\eta)\sin(\beta+\theta+\varphi)\cos\delta \end{bmatrix}}{\cos\alpha\sin(\alpha+\theta+\delta+\varphi)\times\begin{bmatrix} \cos(\varphi+\theta-\eta)\sin(\alpha+\delta-\beta) \\ -\cos(\alpha+\delta+\eta)\sin(\beta+\theta+\varphi) \end{bmatrix}} \right\}$$

$$\tag{2-52}$$

注意到如下三角函数关系：

$$2\cos(\varphi+\theta-\eta)\sin(\alpha+\delta-\beta) - \sin(\alpha+\theta+\delta+\varphi)\cos(\beta+\eta)$$
$$= \cos(\varphi+\theta-\eta)\sin(\alpha+\delta-\beta) - \cos(\alpha+\delta+\eta)\sin(\varphi+\theta+\beta) \tag{2-53}$$

$$\sin(\alpha+\theta+\delta+\varphi)\cos(\varphi+\theta-\eta)\cos(\alpha-\beta)$$
$$+\sin(\alpha+\theta+\delta+\varphi)\sin(\alpha+\eta)\sin(\beta+\theta+\varphi)$$
$$-2\cos(\varphi+\theta-\eta)\sin(\beta+\theta+\varphi)\cos\delta \tag{2-54}$$
$$= \cos(\alpha+\theta+\varphi)\left[\cos(\theta+\varphi-\eta)\sin(\alpha+\delta-\beta) - \cos(\alpha+\delta+\eta)\sin(\beta+\theta+\varphi)\right]$$

式(2-52)可进一步转化为如下形式：

$$E_a = \frac{1}{2}\gamma H^2 \cdot K_{1a} + q_0 H \cdot K_{2a} - cH \cdot K_{3a} - c'H \cdot K_{4a} \tag{2-55}$$

其中，K_{1a}、K_{2a}、K_{3a} 和 K_{4a} 分别指与填土自重、均布超载、填土黏聚力和墙土黏结力相关的地震主动土压力系数，其计算表达式如下：

$$K_{1a} = \frac{(1-k_v)\cos(\alpha-\beta)\cos(\varphi+\theta-\eta)\sin(\alpha+\theta)}{\cos\eta\cos^2\alpha\cos(\beta+\theta)\sin(\alpha+\theta+\delta+\varphi)} \tag{2-56}$$

$$K_{2a} = \frac{(1-k_v)\cos(\varphi+\theta-\eta)\sin(\alpha+\theta)}{\cos\eta\cos\alpha\cos(\beta+\theta)\sin(\alpha+\theta+\delta+\varphi)} \tag{2-57}$$

$$K_{3a} = \frac{\cos(\alpha-\beta)\cos\varphi}{\cos\alpha\cos(\beta+\theta)\sin(\alpha+\theta+\delta+\varphi)} \tag{2-58}$$

$$K_{4a} = \frac{\cos(\alpha + \varphi + \theta)}{\cos \alpha \sin(\alpha + \theta + \delta + \varphi)} \qquad (2-59)$$

2.2.4　地震主动土压力临界破裂角

从式(2-55)可以看出，地震主动土压力合力 E_a 是土压力破裂角 θ 的函数。当挡墙移离墙背填土时，最危险滑动面上的主动土压力合力 E_a 应达到最大值。根据主动土压力存在的原理：在所有可能的破裂角 θ 中，正好存在一个临界破裂角 θ_{acr} 使得主动土压力合力 E_a 达到最大值。因此，欲求主动土压力临界破裂角 θ_{acr} 和相应的主动土压力合力 E_a，只要令 $\mathrm{d}E_a / \mathrm{d}\theta = 0$ 即可。但由于公式较为复杂，这样通常会遇到难以求解的超越方程，从而得不到主动土压力临界破裂角 θ_{acr} 的显式解答。鉴于此，本节采用图解法对土压力破裂角 θ 作相应变换，变换过程如图 2-3 所示。

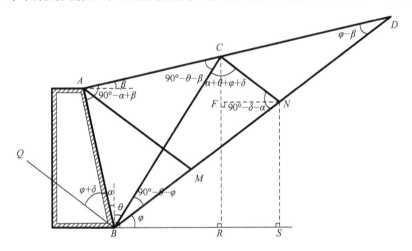

图 2-3　地震主动土压力临界破裂角的图解法

过点 B 作 BN 与水平线 BR 交 φ 角，BN 的延长线与 AC 的延长线交于点 D；过点 B 作 BQ 使之与 BA 交 $\varphi + \delta$ 角；过点 A 和点 C 分别作 AM 和 CN 交 BD 于 M 点和 N 点，使得 $AM \parallel CN \parallel BQ$；过点 C 和点 N 分别作 BS 的垂线 CR 和 NS，垂足分别为点 R 和点 S；过 N 点作 CR 的垂线，垂足为点 F。由此，C 点的位置将随着土压力破裂角 θ 的变化而变化，从而引起边长 $\overline{BN}$ 的变化。因此可利用几何关系和三角函数关系，将主动土压力合力 E_a 关于破裂角 θ 的函数关系转化为主动土压力合力 E_a 关于边长 $\overline{BN}$ 的函数关系。

从图 2-3 可以看出，$\overline{BM}$、$\overline{AM}$、$\overline{BD}$、$\overline{AD}$ 和 $\overline{DM}$ 均为常量，可分别由三角形正弦定理求得，即

在 $\triangle ABD$ 中，由正弦定理可得

$$\frac{\overline{AD}}{\sin(90°-\varphi+\alpha)}=\frac{\overline{AB}}{\sin(\varphi-\beta)},\quad \frac{\overline{BD}}{\sin(90°-\alpha+\beta)}=\frac{\overline{AB}}{\sin(\varphi-\beta)} \tag{2-60}$$

所以

$$\begin{cases} \overline{AD}=\overline{AB}\times\dfrac{\sin(90°-\varphi+\alpha)}{\sin(\varphi-\beta)}=\dfrac{H}{\cos\alpha}\cdot\dfrac{\cos(\varphi-\alpha)}{\sin(\varphi-\beta)} \\[3mm] \overline{BD}=\overline{AB}\times\dfrac{\sin(90°-\alpha+\beta)}{\sin(\varphi-\beta)}=\dfrac{H}{\cos\alpha}\cdot\dfrac{\cos(\alpha-\beta)}{\sin(\varphi-\beta)} \end{cases} \tag{2-61}$$

在 $\triangle ABM$ 中，由正弦定理可得

$$\frac{\overline{AM}}{\sin(90°-\varphi+\alpha)}=\frac{\overline{AB}}{\sin(90°-\varphi-\alpha)},\quad \frac{\overline{BM}}{\sin(\varphi+\delta)}=\frac{\overline{AB}}{\sin(90°-\varphi-\alpha)} \tag{2-62}$$

所以

$$\begin{cases} \overline{AM}=\overline{AB}\times\dfrac{\sin(90°-\varphi+\alpha)}{\sin(90°-\delta-\alpha)}=\dfrac{H}{\cos\alpha}\cdot\dfrac{\cos(\varphi-\alpha)}{\cos(\alpha+\delta)} \\[3mm] \overline{BM}=\overline{AB}\times\dfrac{\sin(\varphi+\delta)}{\sin(90°-\delta-\alpha)}=\dfrac{H}{\cos\alpha}\cdot\dfrac{\sin(\varphi+\delta)}{\cos(\alpha+\delta)} \end{cases} \tag{2-63}$$

在 $\triangle AMD$ 中，由正弦定理可得

$$\frac{\overline{DM}}{\sin(90°-\alpha-\varphi-\delta+\beta)}=\frac{\overline{AM}}{\sin(\varphi-\beta)} \tag{2-64}$$

所以

$$\begin{aligned} \overline{DM}&=\overline{AM}\times\frac{\sin(90°-\alpha-\varphi-\delta+\beta)}{\sin(\varphi-\beta)}\\[2mm] &=\frac{H}{\cos\alpha}\cdot\frac{\cos(\varphi-\alpha)}{\cos(\alpha+\delta)}\cdot\frac{\cos(\alpha+\varphi+\delta-\beta)}{\sin(\varphi-\beta)} \end{aligned} \tag{2-65}$$

在 $\triangle ABC$ 中，由正弦定理可得

$$\frac{\overline{AC}}{\sin(\theta+\alpha)}=\frac{\overline{BC}}{\sin(90°-\alpha+\beta)},\quad \frac{\overline{AB}}{\sin(90°-\theta-\beta)}=\frac{\overline{BC}}{\sin(90°-\alpha+\beta)} \tag{2-66}$$

所以

$$\sin(\theta+\alpha)=\frac{\overline{AC}}{\overline{BC}}\cos(\alpha-\beta),\quad \cos(\beta+\theta)=\frac{\overline{AB}}{\overline{BC}}\cos(\alpha-\beta) \tag{2-67}$$

在 $\triangle BCN$ 中，由正弦定理可得

$$\frac{\overline{CN}}{\sin(90°-\theta-\varphi)}=\frac{\overline{BC}}{\sin(90°-\alpha-\delta)},\quad \frac{\overline{BN}}{\sin(\alpha+\theta+\delta+\varphi)}=\frac{\overline{BC}}{\sin(90°-\alpha-\delta)} \tag{2-68}$$

所以

$$\cos(\theta + \varphi) = \frac{\overline{CN}}{\overline{BC}}\cos(\alpha + \delta), \quad \sin(\alpha + \theta + \delta + \varphi) = \frac{\overline{BN}}{\overline{BC}}\cos(\alpha + \delta) \tag{2-69}$$

$$\begin{aligned}
\sin^2(\theta + \varphi) &= 1 - \cos^2(\theta + \varphi) \\
&= 1 - \left[\frac{\overline{CN}}{\overline{BC}}\cos(\alpha + \delta)\right]^2 \\
&= \frac{\overline{BC}^2 - \overline{CN}^2\cos^2(\alpha + \delta)}{\overline{BC}^2}
\end{aligned} \tag{2-70}$$

在 $\triangle BCN$ 中，由余弦定理可得

$$\overline{BC}^2 = \overline{BN}^2 + \overline{CN}^2 - 2\overline{BN}\cdot\overline{CN}\cos(90° - \alpha - \delta) \tag{2-71}$$

将式(2-71)代入式(2-70)可得

$$\begin{aligned}
\sin^2(\theta + \varphi) &= \frac{\overline{BN}^2 + \overline{CN}^2 - 2\overline{BN}\cdot\overline{CN}\cos(90° - \delta - \alpha) - \overline{CN}^2\cos^2(\alpha + \delta)}{\overline{BC}^2} \\
&= \frac{\overline{BN}^2 - 2\overline{BN}\cdot\overline{CN}\sin(\alpha + \delta) + \overline{CN}^2\sin^2(\alpha + \delta)}{\overline{BC}^2} \\
&= \left[\frac{\overline{BN} - \overline{CN}\cdot\sin(\alpha + \delta)}{\overline{BC}}\right]^2
\end{aligned} \tag{2-72}$$

所以有

$$\sin(\theta + \varphi) = \frac{\overline{BN} - \overline{CN}\sin(\alpha + \delta)}{\overline{BC}} \tag{2-73}$$

根据 $\triangle CDN \backsim \triangle ADM$ ，有

$$\frac{\overline{AM}}{\overline{CN}} = \frac{\overline{DM}}{\overline{BD} - \overline{BN}}, \quad \frac{\overline{AD}}{\overline{AC}} = \frac{\overline{DM}}{\overline{BN} - \overline{BM}} \tag{2-74}$$

所以有

$$\overline{CN} = \frac{\overline{AM}}{\overline{DM}}(\overline{BD} - \overline{BN}), \quad \overline{AC} = \frac{\overline{AD}}{\overline{DM}}(\overline{BN} - \overline{BM}) \tag{2-75}$$

另外，式(2-55)也可写成如下形式：

$$\begin{aligned}
E_a &= \frac{1}{2}\gamma H^2 \cdot \frac{1 - k_v}{\cos\eta} \cdot \frac{\cos(\alpha - \beta)\sin(\alpha + \theta)[\cos(\varphi + \theta)\cos\eta + \sin(\varphi + \theta)\sin\eta]}{\cos^2\alpha\cos(\beta + \theta)\sin(\alpha + \theta + \delta + \varphi)} \\
&+ q_0 H \cdot \frac{1 - k_v}{\cos\eta} \cdot \frac{\sin(\alpha + \theta)[\cos(\varphi + \theta)\cos\eta + \sin(\varphi + \theta)\sin\eta]}{\cos\alpha\cos(\beta + \theta)\sin(\alpha + \theta + \delta + \varphi)} \\
&- cH \cdot \frac{\cos(\alpha - \beta)\cos\varphi}{\cos\alpha\cos(\beta + \theta)\sin(\alpha + \theta + \delta + \varphi)} \\
&- c'H \cdot \frac{\cos(\varphi + \theta)\cos\alpha - \sin(\varphi + \theta)\sin\alpha}{\cos\alpha\sin(\alpha + \theta + \delta + \varphi)}
\end{aligned} \tag{2-76}$$

将式(2-67)、式(2-69)和式(2-73)代入式(2-76)经化简可得

$$
\begin{aligned}
E_a = & \frac{1}{2}\gamma H^2 \frac{1-k_v}{\cos\eta} \cdot \frac{\cos(\alpha-\beta)\cdot\overline{AC}\cdot\left[\cos(\alpha+\delta+\eta)\cdot\overline{CN}+\sin\eta\cdot\overline{BN}\right]}{\cos^2\alpha\cos(\alpha+\delta)\cdot\overline{AB}\cdot\overline{BN}} \\
& + q_0 H \frac{1-k_v}{\cos\eta} \cdot \frac{\overline{AC}\cdot\left[\cos(\alpha+\delta+\eta)\cdot\overline{CN}+\sin\eta\cdot\overline{BN}\right]}{\cos\alpha\cos(\alpha+\delta)\cdot\overline{AB}\cdot\overline{BN}} \\
& - cH\cdot\frac{\cos\varphi\cdot\overline{BC}^2}{\cos\alpha\cos(\alpha+\delta)\cdot\overline{AB}\cdot\overline{BN}} \\
& - c'H\cdot\frac{\cos\delta\cdot\overline{CN}-\sin\alpha\cdot\overline{BN}}{\cos\alpha\cos(\alpha+\delta)\cdot\overline{BN}}
\end{aligned}
\tag{2-77}
$$

进一步，将式(2-61)、式(2-63)、式(2-65)、式(2-71)和式(2-75)代入式(2-77)，并注意到三角函数关系

$$
\begin{aligned}
& \cos(\alpha+\varphi+\delta-\beta)\sin\eta - \sin(\varphi-\beta)\cos(\alpha+\delta+\eta) \\
& = -\cos(\alpha+\delta)\sin(\varphi-\beta-\eta)
\end{aligned}
\tag{2-78}
$$

经化简可得

$$
\begin{aligned}
E_a = & \left[\frac{1}{2}\gamma H^2 \frac{1-k_v}{\cos\eta}\frac{\cos(\alpha-\beta)}{\cos\alpha} + q_0 H\frac{1-k_v}{\cos\eta}\right] \\
& \times \left\{ \begin{array}{l} \dfrac{\left[\cos(\alpha-\beta)\cos(\alpha+\delta+\eta)+\sin(\varphi+\delta)\sin(\varphi-\beta-\eta)\right]}{\cos\alpha\cos^2(\alpha+\varphi+\delta-\beta)} \\[3mm] -\dfrac{\cos(\alpha-\beta)\sin(\varphi+\delta)\cos(\alpha+\delta+\eta)}{\cos^2\alpha\cos(\alpha+\delta)\cos^2(\alpha+\varphi+\delta-\beta)}\cdot\dfrac{H}{\overline{BN}} \\[3mm] -\dfrac{\cos(\alpha+\delta)\sin(\varphi-\beta-\eta)}{\cos^2(\alpha+\varphi+\delta-\beta)\cdot H}\cdot\overline{BN} \end{array} \right\} \\
& - \dfrac{\left[\begin{array}{l}\cos^2(\alpha+\varphi+\delta-\beta)+\sin^2(\varphi-\beta)\\ +2\sin(\alpha+\delta)\sin(\varphi-\beta)\cos(\alpha+\varphi+\delta-\beta)\end{array}\right]}{\cos(\alpha+\delta)\cos^2(\alpha+\varphi+\delta-\beta)}c\cdot\cos\varphi\cdot\overline{BN} \\
& + 2cH\cdot\dfrac{\cos\varphi\cos(\alpha-\beta)\left[\sin(\varphi-\beta)+\sin(\alpha+\delta)\cos(\alpha+\varphi+\delta-\beta)\right]}{\cos\alpha\cos(\alpha+\delta)\cos^2(\alpha+\varphi+\delta-\beta)} \\
& - \dfrac{\cos\varphi\cos^2(\alpha-\beta)\cdot c\cdot H^2}{\cos^2\alpha\cos(\alpha+\delta)\cos^2(\alpha+\varphi+\delta-\beta)}\cdot\dfrac{1}{\overline{BN}} \\
& + c'H\cdot\dfrac{\sin\alpha\cos(\alpha+\varphi+\delta-\beta)+\cos\delta\sin(\varphi-\beta)}{\cos\alpha\cos(\alpha+\delta)\cos(\alpha+\varphi+\delta-\beta)} \\
& - \dfrac{\cos\delta\cos(\alpha-\beta)\cdot c'\cdot H^2}{\cos^2\alpha\cos(\alpha+\delta)\cos(\alpha+\varphi+\delta-\beta)}\cdot\dfrac{1}{\overline{BN}}
\end{aligned}
\tag{2-79}
$$

注意到如下三角函数关系：

$$\cos^2(\alpha+\varphi+\delta-\beta)+\sin^2(\varphi-\beta)+2\sin(\alpha+\delta)\sin(\varphi-\beta)\cos(\alpha+\varphi+\delta-\beta) \tag{2-80}$$
$$=\cos^2(\alpha+\delta)$$

$$\sin(\varphi-\beta)+\sin(\alpha+\delta)\cos(\alpha+\varphi+\delta-\beta)=\sin(\alpha+\varphi+\delta-\beta)\cos(\alpha+\delta) \tag{2-81}$$

$$\sin\alpha\cos(\alpha+\varphi+\delta-\beta)+\cos\delta\sin(\varphi-\beta)=\sin(\alpha+\varphi-\beta)\cos(\alpha+\delta) \tag{2-82}$$

式(2-79)可写成如下形式：

$$E_a=-I_{1a}\cdot\overline{BN}-\frac{I_{2a}}{BN}+I_{3a} \tag{2-83}$$

其中

$$I_{1a}=\frac{\cos(\alpha+\delta)}{\cos\alpha\cos^2(\alpha+\delta+\varphi-\beta)}$$
$$\times\left[\begin{array}{l}\dfrac{1}{2}\gamma H\dfrac{1-k_v}{\cos\eta}\cos(\alpha-\beta)\sin(\varphi-\beta-\eta)\\[2mm]+q_0\cdot\dfrac{1-k_v}{\cos\eta}\cdot\cos\alpha\sin(\varphi-\beta-\eta)+c\cdot\cos\varphi\cos\alpha\end{array}\right] \tag{2-84}$$

$$I_{2a}=\frac{\cos(\alpha-\beta)H^2}{\cos^3\alpha\cos(\alpha+\delta)\cos^2(\alpha+\delta+\varphi-\beta)}$$
$$\times\left[\begin{array}{l}\dfrac{1}{2}\gamma H\dfrac{1-k_v}{\cos\eta}\cos(\alpha-\beta)\sin(\delta+\varphi)\cos(\alpha+\delta+\eta)\\[2mm]+q_0\cdot\dfrac{1-k_v}{\cos\eta}\cos\alpha\sin(\delta+\varphi)\cos(\alpha+\delta+\eta)\\[2mm]+c\cdot\cos\alpha\cos(\alpha-\beta)\cos\varphi+c'\cdot\cos\alpha\cos\delta\cos(\alpha+\delta+\varphi-\beta)\end{array}\right] \tag{2-85}$$

$$I_{3a}=\frac{H}{\cos\alpha\cos^2(\alpha+\delta+\varphi-\beta)}$$
$$\times\left\{\begin{array}{l}\left[\dfrac{1}{2}\gamma H\dfrac{1-k_v}{\cos\eta}\cdot\dfrac{\cos(\alpha-\beta)}{\cos\alpha}+q_0\dfrac{1-k_v}{\cos\eta}\right]\times\left[\begin{array}{l}\cos(\alpha-\beta)\cos(\alpha+\delta+\eta)\\[1mm]+\sin(\varphi+\delta)\sin(\varphi-\beta-\eta)\end{array}\right]\\[4mm]+2c\cdot\cos\varphi\cos(\alpha-\beta)\sin(\alpha+\delta+\varphi-\beta)+c'\sin(\alpha+\varphi-\beta)\cos(\alpha+\delta+\varphi-\beta)\end{array}\right\} \tag{2-86}$$

根据主动土压力存在原理，对式(2-83)求极值，令

$$\frac{\mathrm{d}E_a}{\mathrm{d}\overline{BN}}=-I_{1a}+\frac{I_{2a}}{BN^2}=0 \tag{2-87}$$

由此可得

$$\overline{BN}=\sqrt{\frac{I_{2a}}{I_{1a}}} \tag{2-88}$$

所以有

$$E_a = -2\sqrt{I_{1a} \cdot I_{2a}} + I_{3a} \qquad (2\text{-}89)$$

由于 $\mathrm{d}^2 E_a / \mathrm{d}\overline{BN}^2 = -2I_{2a} / \overline{BN}^3 < 0$，因此，由式(2-89)得到的地震主动土压力合力 E_a 为极大值。

另外，根据图 2-3 有

$$\tan\theta_{\mathrm{acr}} = \frac{\overline{BR}}{\overline{CR}} = \frac{\overline{BS} - \overline{SR}}{\overline{CF} + \overline{RF}} = \frac{\overline{BN}\cos\varphi - \overline{CN}\sin(\alpha + \delta + \varphi)}{\overline{CN}\cos(\alpha + \delta + \varphi) + \overline{BN}\sin\varphi} \qquad (2\text{-}90)$$

将式(2-61)、式(2-63)、式(2-65)和式(2-75)代入式(2-90)可得

$$\tan\theta_{\mathrm{acr}} = \frac{\cos\alpha\left[\cos(\alpha + \delta + \varphi - \beta)\cos\varphi + \sin(\varphi - \beta)\sin(\alpha + \delta + \varphi)\right] \cdot \overline{BN} \atop -\cos(\alpha - \beta)\sin(\alpha + \delta + \varphi) \cdot H}{\cos\alpha\left[\sin\varphi\cos(\alpha + \delta + \varphi - \beta) - \sin(\varphi - \beta)\cos(\alpha + \delta + \varphi)\right] \cdot \overline{BN} \atop +\cos(\alpha - \beta)\cos(\alpha + \delta + \varphi) \cdot H} \qquad (2\text{-}91)$$

注意如下三角函数关系：

$$\cos(\alpha + \delta + \varphi - \beta)\cos\varphi + \sin(\varphi - \beta)\sin(\alpha + \delta + \varphi) = \cos(\alpha + \delta)\cos\beta \qquad (2\text{-}92)$$

$$\sin\varphi\cos(\alpha + \delta + \varphi - \beta) - \sin(\varphi - \beta)\cos(\alpha + \delta + \varphi) = \cos(\alpha + \delta)\sin\beta \qquad (2\text{-}93)$$

式(2-91)可转化为

$$\tan\theta_{\mathrm{acr}} = \frac{\cos\alpha\cos\beta\cos(\alpha + \delta) \cdot \overline{BN} - \cos(\alpha - \beta)\sin(\alpha + \delta + \varphi) \cdot H}{\cos\alpha\sin\beta\cos(\alpha + \delta) \cdot \overline{BN} + \cos(\alpha - \beta)\cos(\alpha + \delta + \varphi) \cdot H} \qquad (2\text{-}94)$$

采用本节公式进行地震主动土压力计算时，应先采用式(2-89)和式(2-94)求解主动土压力合力 E_a 和临界破裂角 θ_{acr}，再采用式(2-51)求解主动土压力合力作用点位置 z_0。在求解地震主动土压力分布强度 p 时，应先通过式(2-28)计算 A_1，根据 A_1 的计算结果分布采用式(2-36)、式(2-44)和式(2-49)进行求解。地震主动土压力的计算流程可参照图 2-4。

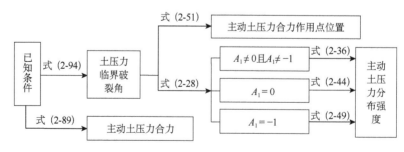

图 2-4　地震主动土压力的计算流程示意图

2.3　考虑裂缝深度的地震主动土压力

2.3.1　考虑裂缝深度的主动土压力分布强度

假设墙背土楔体 ABC 处于主动土压力极限平衡状态,黏性土主动土压力的裂缝深度为 h_c,其中 $A_2C_2C_1A_1$ 为裂缝区。可建立考虑裂缝深度的主动土压力计算模型如图 2-5 所示。

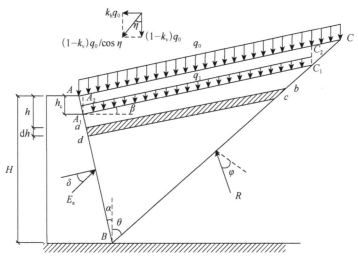

图 2-5　考虑裂缝深度的主动土压力计算模型

作用于 A_1C_1 面上的等效均布荷载 q_1 满足

$$q_1 = q_0 + \gamma h_c \tag{2-95}$$

同样地,选取微元体 $abcd$ 进行主动土压力极限平衡分析可建立平衡方程式 (2-5)、式 (2-7) 和式 (2-11),通过联立求解平衡方程可得到主动土压力强度分布表达式 (2-18)。在式 (2-18) 中,当 $q(h) = q_1(1-k_v)/\cos\eta$ 时,令 $p(h) = 0$,并将式 (2-95) 代入可得裂缝深度 h_c 的近似解答:

$$h_c = \frac{n_2 c' \cos\eta - n_3 c \cos\eta - n_1 q_0 (1-k_v)}{n_1 \cdot \gamma \cdot (1-k_v)} \tag{2-96}$$

若按式 (2-96) 计算得到的裂缝深度 $h_c < 0$,则取 $h_c = 0$。

求解平衡方程 (2-5)、式 (2-7) 和式 (2-11) 也可得到法向荷载 q 的微分方程 (2-27)。同样地,可根据 A_1 的不同取值分三种情况求解微分方程 (2-27),在求解时采用的边界条件为

$$q(h = h_c) = (1-k_v)q_1 / \cos\eta = (1-k_v)(q_0 + \gamma \cdot h_c) / \cos\eta$$

(1) 当 $A_1 \neq 0$ 且 $A_1 \neq -1$ 时，求解微分方程(2-27)可得

$$q(h) = \left[\frac{B_1}{A_1} + \frac{(1-k_v)\cos(\alpha-\beta)\gamma \cdot (H-h_c)}{(1+A_1)\cos\eta\cos\alpha} + \frac{(1-k_v)(q_0 + \gamma h_c)}{\cos\eta} \right] \left(\frac{H-h_c}{H-h} \right)^{A_1}$$
$$- \frac{B_1}{A_1} - \frac{(1-k_v)\cos(\alpha-\beta)\gamma \cdot (H-h)}{(1+A_1)\cos\eta\cos\alpha} \tag{2-97}$$

将式(2-97)代入式(2-18)可得

$$p(h) = -n_{1a} \left[\frac{B_1}{A_1} + \frac{(1-k_v)\cos(\alpha-\beta) \cdot \gamma(H-h_c)}{(1+A_1)\cos\eta\cos\alpha} + \frac{(1-k_v)(q_0 + \gamma \cdot h_c)}{\cos\eta} \right] \left(\frac{H-h_c}{H-h} \right)^{A_1}$$
$$+ \frac{n_{1a} \cdot (1-k_v)\cos(\alpha-\beta)\gamma(H-h)}{(1+A_1)\cos\eta\cos\alpha} + n_{1a} \cdot \frac{B_1}{A_1} + n_{2a} \cdot c' - n_{3a} \cdot c \tag{2-98}$$

(2) 当 $A_1 = 0$ 时，求解微分方程(2-27)可得

$$q(h) = -B_1 \ln\left(\frac{H-h}{H-h_c} \right) + \frac{(1-k_v)(q_0 + \gamma h_c)}{\cos\eta} + \frac{(1-k_v)\cos(\alpha-\beta)}{\cos\eta\cos\alpha} \cdot \gamma(h-h_c) \tag{2-99}$$

将式(2-99)代入式(2-18)可得

$$p(h) = n_{1a} \cdot \left[B_1 \cdot \ln\left(\frac{H-h}{H-h_c} \right) - \frac{(1-k_v)(q_0 + \gamma h_c)}{\cos\eta} - \frac{(1-k_v)\cos(\alpha-\beta)}{\cos\eta\cos\alpha} \gamma(h-h_c) \right]$$
$$+ n_{2a} \cdot c' - n_{3a} \cdot c \tag{2-100}$$

(3) 当 $A_1 = -1$ 时，求解微分方程(2-27)可得

$$q(h) = \frac{B_1(h-h_c)}{H-h_c} + \frac{(1-k_v)(H-h)(q_0 + \gamma h_c)}{\cos\eta \cdot (H-h_c)}$$
$$- \frac{(1-k_v)\cos(\alpha-\beta) \cdot \gamma(H-h)}{\cos\eta\cos\alpha} \ln\left(\frac{H-h}{H-h_c} \right) \tag{2-101}$$

将式(2-101)代入式(2-18)可得

$$p(h) = n_{1a} \cdot \left[\begin{array}{l} \dfrac{(1-k_v)\cos(\alpha-\beta) \cdot \gamma(H-h)}{\cos\eta\cos\alpha} \cdot \ln\left(\dfrac{H-h}{H-h_c} \right) \\ - \dfrac{B_1 \cdot (h-h_c)}{H-h_c} - \dfrac{(1-k_v)(H-h) \cdot (q_0 + \gamma h_c)}{\cos\eta \cdot (H-h_c)} \end{array} \right] + n_{2a} \cdot c' - n_{3a} \cdot c \tag{2-102}$$

2.3.2 考虑裂缝深度的主动土压力合力和作用点位置

考虑裂缝深度的主动土压力合力大小 E_a 也可通过分别将式(2-98)、式(2-100)

和式(2-102)沿挡墙墙高进行积分来求解。经化简，E_a 可统一写成如下形式：

$$E_a = \int_{h_c}^{H} \frac{p(h)}{\cos\alpha} \cdot dh$$

$$= \frac{H-h_c}{\cos\alpha} \cdot \left[\begin{array}{c} -\dfrac{n_{1a} \cdot B_1}{1-A_1} - \dfrac{n_{1a} \cdot (1-k_v)\cos(\alpha-\beta) \cdot \gamma(H-h_c)}{2(1-A_1)\cos\eta\cos\alpha} \\ -\dfrac{n_{1a} \cdot (1-k_v) \cdot (q_0+\gamma h_c)}{(1-A_1)\cos\eta} + n_{2a} \cdot c' - n_{3a} \cdot c \end{array} \right] \quad (2\text{-}103)$$

主动土压力合力作用点位置至墙底距离 z_0 也可通过将式(2-98)、式(2-100)和式(2-102)沿挡墙墙高进行积分处理来求解。经化简，z_0 也可统一写成如下形式：

$$z_0 = \frac{\displaystyle\int_{h_c}^{H} \frac{p(h)\cdot(H-h)}{\cos\alpha}dh}{\displaystyle\int_{h_c}^{H} \frac{p(h)}{\cos\alpha}dh}$$

$$= \frac{\dfrac{n_{1a}B_1}{2(A_1-2)} + \dfrac{n_{1a}(1-k_v)\cos(\alpha-\beta)\gamma(H-h_c)}{3(A_1-2)\cos\eta\cos\alpha} + \dfrac{n_{1a}(1-k_v)(q_0+\gamma h_c)}{(A_1-2)\cos\eta} + \dfrac{n_{2a}c'}{2} - \dfrac{n_{3a}c}{2}}{\dfrac{n_{1a}B_1}{(A_1-1)} + \dfrac{n_{1a}(1-k_v)\cos(\alpha-\beta)\gamma(H-h_c)}{2(A_1-1)\cos\eta\cos\alpha} + \dfrac{n_{1a}(1-k_v)(q_0+\gamma h_c)}{(A_1-1)\cos\eta} + n_{2a}c' - n_{3a}c}(H-h_c)$$

$$(2\text{-}104)$$

同样地，将式(2-19)～式(2-21)、式(2-28)和式(2-29)代入式(2-103)经化简可得

$$E_a = \frac{1}{2}\gamma(H-h_c)^2 \cdot K_{1a} + (q_0+\gamma h_c)\cdot(H-h_c)\cdot K_{2a}$$

$$-c\cdot(H-h_c)\cdot K_{3a} - c'\cdot(H-h_c)\cdot K_{4a} \quad (2\text{-}105)$$

其中，K_{1a}、K_{2a}、K_{3a} 和 K_{4a} 分别指与填土自重、均布超载、填土黏聚力和墙土黏结力相关的考虑裂缝深度时的黏性土地震主动土压力系数，其计算表达式同式(2-56)～式(2-59)。

2.3.3 考虑裂缝深度的主动土压力临界破裂角

同样地，为获得考虑裂缝深度的黏性土地震主动土压力临界破裂角 θ_{acr} 的显式解答，采用图解法对 θ 作相应变换，如图 2-6 所示。过点 B 作 BN 与水平线 BR 交 φ 角，BN 的延长线与 A_1C_1 的延长线交于点 D；过点 B 作 BQ 与 BA 交 $\varphi+\delta$ 角；过点 A_1 和点 C_1 分别作 A_1M 和 C_1N 交 BD 于 M 点和 N 点，使得 $A_1M \mathbin{/\mkern-5mu/} C_1N \mathbin{/\mkern-5mu/} BQ$；过点 C_1 和点 N 分别作 BS 的垂线 C_1R 和 NS，垂足分别为点 R 和点 S；过点 N 作 C_1R 的垂线，垂足为点 F。如此，点 C_1 的位置将随着破裂角 θ 的变化而变化，从而引起边长 $\overline{BN}$ 的变化。因此利用几何关系和三角函数关系，可将主动土压力合力 E_a 关于破裂角 θ 的函数关系转变为主动土压力合力 E_a 关于边长 $\overline{BN}$ 的函数关系。

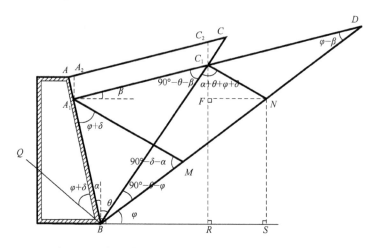

图 2-6　考虑裂缝深度的主动土压力临界破裂角图解法

从图 2-6 的几何关系可以看出，$\overline{A_1B}$、$\overline{BM}$、$\overline{A_1M}$、$\overline{BD}$、$\overline{A_1D}$ 和 $\overline{DM}$ 均为常量。在 $\triangle A_1BD$、$\triangle A_1BM$ 和 $\triangle A_1MD$ 中，由正弦定理可得

$$\begin{cases} \overline{A_1B} = \dfrac{H - h_{\rm c}}{\cos\alpha} \\[3mm] \overline{A_1D} = \overline{A_1B} \times \dfrac{\sin(90° - \varphi + \alpha)}{\sin(\varphi - \beta)} = \dfrac{H - h_{\rm c}}{\cos\alpha} \cdot \dfrac{\cos(\varphi - \alpha)}{\sin(\varphi - \beta)} \\[3mm] \overline{BD} = \overline{A_1B} \times \dfrac{\sin(90° - \alpha + \beta)}{\sin(\varphi - \beta)} = \dfrac{H - h_{\rm c}}{\cos\alpha} \cdot \dfrac{\cos(\alpha - \beta)}{\sin(\varphi - \beta)} \\[3mm] \overline{A_1M} = \overline{A_1B} \times \dfrac{\sin(90° - \varphi + \alpha)}{\sin(90° - \delta - \alpha)} = \dfrac{H - h_{\rm c}}{\cos\alpha} \cdot \dfrac{\cos(\varphi - \alpha)}{\cos(\alpha + \delta)} \\[3mm] \overline{BM} = \overline{A_1B} \times \dfrac{\sin(\varphi + \delta)}{\sin(90° - \delta - \alpha)} = \dfrac{H - h_{\rm c}}{\cos\alpha} \cdot \dfrac{\sin(\varphi + \delta)}{\cos(\alpha + \delta)} \\[3mm] \overline{DM} = \overline{A_1M} \times \dfrac{\sin(90° - \alpha - \varphi - \delta + \beta)}{\sin(\varphi - \beta)} = \dfrac{H - h_{\rm c}}{\cos\alpha} \cdot \dfrac{\cos(\varphi - \alpha)}{\cos(\alpha + \delta)} \cdot \dfrac{\cos(\alpha + \varphi + \delta - \beta)}{\sin(\varphi - \beta)} \end{cases}$$

$$(2\text{-}106)$$

在 $\triangle A_1BC_1$ 中，由正弦定理有

$$\frac{\overline{A_1C_1}}{\sin(\theta + \alpha)} = \frac{\overline{BC_1}}{\sin(90° - \alpha + \beta)}, \qquad \frac{\overline{A_1B}}{\sin(90° - \theta - \beta)} = \frac{\overline{BC_1}}{\sin(90° - \alpha + \beta)} \qquad (2\text{-}107)$$

所以

$$\sin(\theta + \alpha) = \frac{\overline{A_1C_1}}{\overline{BC_1}} \cos(\alpha - \beta), \quad \cos(\beta + \theta) = \frac{\overline{A_1B}}{\overline{BC_1}} \cos(\alpha - \beta) \qquad (2\text{-}108)$$

在 $\triangle BC_1N$ 中，由正弦定理有

$$\frac{\overline{C_1N}}{\sin(90°-\theta-\varphi)}=\frac{\overline{BC_1}}{\sin(90°-\alpha-\delta)},\quad \frac{\overline{BN}}{\sin(\alpha+\theta+\delta+\varphi)}=\frac{\overline{BC_1}}{\sin(90°-\alpha-\delta)}$$

$$(2\text{-}109)$$

所以

$$\cos(\theta+\varphi)=\frac{\overline{C_1N}}{\overline{BC_1}}\cos(\alpha+\delta),\quad \sin(\alpha+\theta+\delta+\varphi)=\frac{\overline{BN}}{\overline{BC_1}}\cos(\alpha+\delta) \quad (2\text{-}110)$$

根据三角函数关系有

$$\sin^2(\theta+\varphi)=1-\cos^2(\theta+\varphi)$$

$$=1-\left[\frac{\overline{C_1N}}{\overline{BC_1}}\cos(\alpha+\delta)\right]^2 \quad (2\text{-}111)$$

$$=\frac{\overline{BC_1}^2-\overline{C_1N}^2\cos^2(\alpha+\delta)}{\overline{BC_1}^2}$$

在 $\triangle BC_1N$ 中，由余弦定理有

$$\overline{BC_1}^2=\overline{BN}^2+\overline{C_1N}^2-2\overline{BN}\cdot\overline{C_1N}\cos(90°-\alpha-\delta) \quad (2\text{-}112)$$

将式(2-112)代入式(2-111)可得

$$\sin^2(\theta+\varphi)=\frac{\overline{BN}^2+\overline{C_1N}^2-2\overline{BN}\cdot\overline{C_1N}\cos(90°-\delta-\alpha)-\overline{C_1N}^2\cos^2(\alpha+\delta)}{\overline{BC_1}^2}$$

$$=\frac{\overline{BN}^2-2\overline{BN}\cdot\overline{C_1N}\sin(\alpha+\delta)+\overline{C_1N}^2\sin^2(\alpha+\delta)}{\overline{BC_1}^2} \quad (2\text{-}113)$$

$$=\left[\frac{\overline{BN}-\overline{C_1N}\cdot\sin(\alpha+\delta)}{\overline{BC_1}}\right]^2$$

所以

$$\sin(\theta+\varphi)=\frac{\overline{BN}-\overline{C_1N}\sin(\alpha+\delta)}{\overline{BC_1}} \quad (2\text{-}114)$$

根据 $\triangle C_1DN \backsim \triangle A_1DM$，有

$$\frac{\overline{A_1M}}{\overline{C_1N}}=\frac{\overline{DM}}{\overline{BD}-\overline{BN}},\quad \frac{\overline{A_1D}}{\overline{A_1C}}=\frac{\overline{DM}}{\overline{BN}-\overline{BM}} \quad (2\text{-}115)$$

所以

$$\overline{C_1N}=\frac{\overline{A_1M}}{\overline{DM}}(\overline{BD}-\overline{BN}),\quad \overline{A_1C}=\frac{\overline{A_1D}}{\overline{DM}}(\overline{BN}-\overline{BM}) \quad (2\text{-}116)$$

另外，将式(2-105)写成如下形式：

$$E_a = \frac{1}{2}\gamma(H-h_c)^2 \cdot \frac{1-k_v}{\cos\eta} \cdot \frac{\cos(\alpha-\beta)\sin(\alpha+\theta)[\cos(\varphi+\theta)\cos\eta + \sin(\varphi+\theta)\sin\eta]}{\cos^2\alpha\cos(\beta+\theta)\sin(\alpha+\theta+\delta+\varphi)}$$

$$+(q_0+\gamma h_c)\cdot(H-h_c)\frac{1-k_v}{\cos\eta}\cdot\frac{\sin(\alpha+\theta)[\cos(\varphi+\theta)\cos\eta+\sin(\varphi+\theta)\sin\eta]}{\cos\alpha\cos(\beta+\theta)\sin(\alpha+\theta+\delta+\varphi)}$$

$$-c\cdot(H-h_c)\cdot\frac{\cos(\alpha-\beta)\cos\varphi}{\cos\alpha\cos(\beta+\theta)\sin(\alpha+\theta+\delta+\varphi)}$$

$$-c'\cdot(H-h_c)\cdot\frac{\cos(\varphi+\theta)\cos\alpha-\sin(\varphi+\theta)\sin\alpha}{\cos\alpha\sin(\alpha+\theta+\delta+\varphi)}$$

$$(2\text{-}117)$$

将式(2-106)、式(2-108)、式(2-110)、式(2-112)、式(2-114)和式(2-116)代入式(2-117)，经化简后可写成如下形式：

$$E_a = -I_{1a}' \cdot \overline{BN} - \frac{I_{2a}'}{BN} + I_{3a}' \tag{2-118}$$

其中

$$I_{1a}' = \frac{\cos(\alpha+\delta)}{\cos\alpha\cos^2(\alpha+\delta+\varphi-\beta)}$$
$$\times\left[\begin{array}{l}\dfrac{1}{2}\gamma(H-h_c)\dfrac{1-k_v}{\cos\eta}\cos(\alpha-\beta)\sin(\varphi-\beta-\eta)\\[2mm]+(q_0+\gamma h_c)\cdot\dfrac{1-k_v}{\cos\eta}\cos\alpha\sin(\varphi-\beta-\eta)+c\cdot\cos\varphi\cos\alpha\end{array}\right] \tag{2-119}$$

$$I_{2a}' = \frac{\cos(\alpha-\beta)(H-h_c)^2}{\cos^3\alpha\cos(\alpha+\delta)\cos^2(\alpha+\delta+\varphi-\beta)}$$
$$\times\left[\begin{array}{l}\dfrac{1}{2}\gamma(H-h_c)\dfrac{1-k_v}{\cos\eta}\cos(\alpha-\beta)\sin(\delta+\varphi)\cos(\alpha+\delta+\eta)\\[2mm]+(q_0+\gamma h_c)\cdot\dfrac{1-k_v}{\cos\eta}\cos\alpha\sin(\delta+\varphi)\cos(\alpha+\delta+\eta)\\[2mm]+c\cdot\cos\alpha\cos(\alpha-\beta)\cos\varphi+c'\cdot\cos\alpha\cos\delta\cos(\alpha+\delta+\varphi-\beta)\end{array}\right] \tag{2-120}$$

$$I_{3a}' = \frac{H-h_c}{\cos\alpha\cos^2(\alpha+\delta+\varphi-\beta)}$$
$$\times\left\{\begin{array}{l}\left[\dfrac{1}{2}\gamma(H-h_c)\dfrac{1-k_v}{\cos\eta}\cdot\dfrac{\cos(\alpha-\beta)}{\cos\alpha}+(q_0+\gamma h_c)\cdot\dfrac{1-k_v}{\cos\eta}\right]\\[3mm]\times\left[\begin{array}{l}\cos(\alpha-\beta)\cos(\alpha+\delta+\eta)\\+\sin(\varphi+\delta)\sin(\varphi-\beta-\eta)\end{array}\right]\\[3mm]+2c\cdot\cos\varphi\cos(\alpha-\beta)\sin(\alpha+\delta+\varphi-\beta)\\[2mm]+c'\sin(\alpha+\varphi-\beta)\cos(\alpha+\delta+\varphi-\beta)\end{array}\right\} \tag{2-121}$$

对式(2-118)求极值,令

$$\frac{\mathrm{d}E_\mathrm{a}}{\mathrm{d}\overline{BN}} = -I_{1\mathrm{a}}' + \frac{I_{2\mathrm{a}}'}{\overline{BN}^2} = 0 \tag{2-122}$$

由此可得

$$\overline{BN} = \sqrt{\frac{I_{2\mathrm{a}}'}{I_{1\mathrm{a}}'}} \tag{2-123}$$

所以有

$$E_\mathrm{a} = -2\sqrt{I_{1\mathrm{a}}' \cdot I_{2\mathrm{a}}'} + I_{3\mathrm{a}}' \tag{2-124}$$

由于 $\mathrm{d}^2 E_\mathrm{a} / \mathrm{d}\overline{BN}^2 = -2 \cdot I_{2\mathrm{a}}' / \overline{BN}^3 < 0$,因此,由式(2-124)得到的主动土压力合力 E_a 为极大值。

另外,根据图 2-5 有

$$\tan\theta_\mathrm{acr} = \frac{\overline{BR}}{C_1 R} = \frac{\overline{BS} - \overline{SR}}{\overline{C_1 F} + \overline{RF}} = \frac{\overline{BN}\cos\varphi - \overline{C_1 N}\sin(\alpha+\delta+\varphi)}{\overline{C_1 N}\cos(\alpha+\delta+\varphi) + \overline{BN}\sin\varphi} \tag{2-125}$$

将式(2-106)和式(2-116)代入式(2-125)可得

$$\tan\theta_\mathrm{acr} = \frac{\cos\alpha\cos\beta\cos(\alpha+\delta)\cdot\overline{BN} - \cos(\alpha-\beta)\sin(\alpha+\delta+\varphi)\cdot(H-h_\mathrm{c})}{\cos\alpha\sin\beta\cos(\alpha+\delta)\cdot\overline{BN} + \cos(\alpha-\beta)\cos(\alpha+\delta+\varphi)\cdot(H-h_\mathrm{c})} \tag{2-126}$$

不难发现,当不考虑裂缝深度时($h_\mathrm{c}=0$),式(2-124)和式(2-126)分别与式(2-89)和式(2-94)完全一致。

采用本节公式进行黏性土主动土压力计算时,应首先联立式(2-126)和式(2-95)进行迭代计算来求解裂缝深度 h_c 和临界破裂角 θ_acr 。大量计算表明,采用本节迭代计算方法求解主动土压力裂缝深度 h_c 和临界破裂角 θ_acr 可以快速达到收敛。

在求得裂缝深度 h_c 和临界破裂角 θ_acr 之后,可采用式(2-124)或式(2-105)求解考虑裂缝深度的黏性土主动土压力合力 E_a ,再采用式(2-104)求解土压力合力作用点位置 z_0 。在求解地震主动土压力分布强度 p 时,应先通过式(2-28)计算 A_1 ,根据 A_1 的计算结果分别采用式(2-98)、式(2-100)和式(2-102)进行求解。考虑裂缝深度的地震主动土压力计算流程可参照图 2-7。

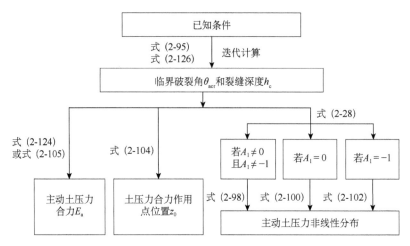

图 2-7　考虑裂缝深度的地震主动土压力计算流程示意图

2.4　地震主动土压力公式与已有公式的比较

2.4.1　与王云球主动土压力计算结果的比较

王云球[10]在没有考虑主动土压力裂缝深度 h_c、均布超载 q_0、墙背与填土黏结力 c' 和垂直地震系数 k_v 的条件下，通过对墙背土楔体进行整体受力平衡分析得到了地震作用下的主动土压力公式

$$E_a = \frac{1}{2}\gamma H^2 \cdot K_a \tag{2-127}$$

其中，K_a 为地震主动土压力系数

$$K_a = \frac{\cos(\alpha - \beta)}{\cos\eta\cos^2\alpha\cos^2(\varphi + \delta + \alpha - \beta)}$$

$$\times \left\{ \begin{array}{l} \cos(\alpha - \beta)\cos(\delta + \eta + \alpha) + \sin(\varphi + \delta)\sin(\varphi - \beta - \eta) \\ + \dfrac{4c}{\gamma H}\cos\eta\cos\alpha\cos\varphi\sin(\varphi + \delta + \alpha - \beta) \\ -2\left[\sin(\varphi + \delta)\cos(\alpha + \delta + \eta) + \dfrac{2c}{\gamma H}\cos\varphi\cos\alpha\cos\eta\right]^{\frac{1}{2}} \\ \times\left[\cos(\alpha - \beta)\sin(\varphi - \beta - \eta) + \dfrac{2c}{\gamma H}\cos\varphi\cos\alpha\cos\eta\right]^{\frac{1}{2}} \end{array} \right\} \tag{2-128}$$

对应于本节公式，当 $h_c = 0$、$c' = 0$、$q_0 = 0$、$k_v = 0$ 时，将其代入式(2-119)～式(2-121)，有

$$I_{1a}' = \frac{1}{2}\gamma H \frac{\cos(\alpha+\delta)}{\cos\eta\cos\alpha\cos^2(\alpha+\delta+\varphi-\beta)}$$
$$\times\left[\cos(\alpha-\beta)\sin(\varphi-\beta-\eta)+\frac{2c}{\gamma H}\cos\alpha\cos\varphi\cos\eta\right] \tag{2-129}$$

$$I_{2a}' = \frac{1}{2}\gamma H^3 \frac{\cos^2(\alpha-\beta)}{\cos\eta\cos^3\alpha\cos(\alpha+\delta)\cos^2(\alpha+\delta+\varphi-\beta)}$$
$$\times\left[\sin(\varphi+\delta)\cos(\alpha+\delta+\varphi)+\frac{2c}{\gamma H}\cos\alpha\cos\varphi\cos\eta\right] \tag{2-130}$$

$$I_{3a}' = \frac{1}{2}\gamma H^2 \frac{\cos(\alpha-\beta)}{\cos\eta\cos^2\alpha\cos^2(\alpha+\delta+\varphi-\beta)}$$
$$\times\left[\begin{array}{l}\cos(\alpha+\delta+\eta)\cos(\alpha-\beta)+\sin(\varphi+\delta)\sin(\varphi-\beta-\eta)\\+\dfrac{4c}{\gamma H}\cos\alpha\cos\eta\cos\varphi\sin(\alpha+\delta+\varphi-\beta)\end{array}\right] \tag{2-131}$$

所以

$$E_a = -2\sqrt{I_{1a}'\cdot I_{2a}'}+I_{3a}'$$
$$= \frac{1}{2}\gamma H^2 \frac{\cos(\alpha-\beta)}{\cos\eta\cos^2\alpha\cos^2(\alpha+\delta+\varphi-\beta)}$$
$$\times\left\{\begin{array}{l}\cos(\alpha-\beta)\cos(\alpha+\delta+\eta)+\sin(\varphi+\delta)\sin(\varphi-\beta-\eta)\\[4pt]+\dfrac{4c}{\gamma H}\cos\eta\cos\alpha\cos\varphi\sin(\alpha+\delta+\varphi-\beta)\\[4pt]-2\left[\sin(\varphi+\delta)\cos(\alpha+\delta+\eta)+\dfrac{2c}{\gamma H}\cos\varphi\cos\alpha\cos\eta\right]^{\frac{1}{2}}\\[4pt]\times\left[\cos(\alpha-\beta)\sin(\varphi-\beta-\eta)+\dfrac{2c}{\gamma H}\cos\varphi\cos\alpha\cos\eta\right]^{\frac{1}{2}}\end{array}\right\} \tag{2-132}$$

由此可见，式(2-132)与王云球地震主动土压力公式完全一致。

2.4.2 与王渭漳和吴亚中的主动土压力计算结果的比较

王渭漳和吴亚中[31]推导了静力条件下挡墙主动土压力的计算公式，得到的主动土压力合力公式为

$$E_a = -I_1\overline{BN}-\frac{I_2}{\overline{BN}}+I_3 \tag{2-133}$$

其中

$$I_1 = \frac{\cos(\alpha+\delta)}{\cos^2(\alpha+\delta+\varphi-\beta)}$$
$$\times \left[\frac{1}{2}\gamma H \frac{\cos(\alpha-\beta)}{\cos\alpha}\sin(\varphi-\beta) + q_0 \sin(\varphi-\beta) + c\cos\varphi\right] \quad (2\text{-}134)$$

$$I_2 = \frac{H^2\cos(\alpha-\beta)}{\cos^2\alpha\cos(\alpha+\delta)\cos^2(\alpha+\delta+\varphi-\beta)}$$
$$\times \left[\begin{array}{l}\dfrac{1}{2}\gamma H \dfrac{\cos(\alpha-\beta)}{\cos\alpha}\sin(\varphi+\delta)\cos(\alpha+\delta) + q_0\sin(\varphi+\delta)\cos(\alpha+\delta) \\ +c\cos\varphi\cos(\alpha-\beta) + c'\cos\delta\cos(\alpha+\delta+\varphi-\beta)\end{array}\right] \quad (2\text{-}135)$$

$$I_3 = \frac{H}{\cos\alpha\cos^2(\alpha+\delta+\varphi-\beta)}$$
$$\times \left\{\begin{array}{l}\left[\dfrac{1}{2}\gamma H \dfrac{\cos(\alpha-\beta)}{\cos\alpha} + q_0\right]\times\left[\sin(\varphi+\delta)\sin(\varphi-\beta) + \cos(\alpha+\delta)\cos(\alpha-\beta)\right] \\ +2c\cos\varphi\cos(\alpha-\beta)\sin(\alpha+\delta+\varphi-\beta) + c'\sin(\varphi+\alpha-\beta)\cos(\alpha+\delta+\varphi-\beta)\end{array}\right\}$$
$$(2\text{-}136)$$

$$\overline{BN} = \sqrt{\frac{I_2}{I_1}} \quad (2\text{-}137)$$

对应于本节公式，当 $h_c = 0$、$\eta = 0$、$k_h = k_v = 0$ 时，将其分布代入式(2-119)~式(2-121)，有

$$I_{1a}' = \frac{\cos(\alpha+\delta)}{\cos\alpha\cos^2(\alpha+\delta+\varphi-\beta)}$$
$$\times \left[\frac{1}{2}\gamma H\cos(\alpha-\beta)\sin(\varphi-\beta) + q_0\cos\alpha\sin(\varphi-\beta) + c\cos\varphi\cos\alpha\right] \quad (2\text{-}138)$$

$$I_{2a}' = \frac{H^2\cos(\alpha-\beta)}{\cos^3\alpha\cos(\alpha+\delta)\cos^2(\alpha+\delta+\varphi-\beta)}$$
$$\times \left[\begin{array}{l}\dfrac{1}{2}\gamma H\cos(\alpha-\beta)\sin(\varphi+\delta)\cos(\alpha+\delta) + q_0\cos\alpha\sin(\varphi+\delta)\cos(\alpha+\delta) \\ +c\cos\alpha\cos(\alpha-\beta)\cos\varphi + c'\cos\alpha\cos\delta\cos(\alpha+\delta+\varphi-\beta)\end{array}\right]$$
$$(2\text{-}139)$$

$$I_{3a}' = \frac{H}{\cos\alpha\cos^2(\alpha+\delta+\varphi-\beta)}$$
$$\times \left\{\begin{array}{l}\left[\dfrac{1}{2}\gamma H \dfrac{\cos(\alpha-\beta)}{\cos\alpha} + q_0\right]\times\left[\cos(\alpha-\beta)\cos(\alpha+\delta) + \sin(\varphi+\delta)\sin(\varphi-\beta)\right] \\ +2c\cos\varphi\cos(\alpha-\beta)\sin(\alpha+\delta+\varphi-\beta) + c'\sin(\alpha+\varphi-\beta)\cos(\alpha+\delta+\varphi-\beta)\end{array}\right\}$$
$$(2\text{-}140)$$

不难发现，上述公式中有 $I_{1a}' = I_1$、$I_{2a}' = I_2$、$I_{3a}' = I_3$。由此可见，本节公式与王渭漳和吴亚中的主动土压力公式是完全一致的。

2.4.3　与 Mononobe-Okabe 主动土压力公式的比较

当 $h_c = 0$、$c = 0$、$c' = 0$、$q_0 = 0$ 时，即处于 Mononobe-Okabe 主动土压力状态，将其代入式(2-119)～式(2-121)，有

$$I_{1a}' = \frac{1}{2}\gamma H \frac{1-k_v}{\cos\eta} \cdot \frac{\cos(\alpha-\beta)\cos(\alpha+\delta)\sin(\varphi-\beta-\eta)}{\cos\alpha\cos^2(\alpha+\delta+\varphi-\beta)} \tag{2-141}$$

$$I_{2a}' = \frac{1}{2}\gamma H^3 \frac{1-k_v}{\cos\eta} \frac{\cos^2(\alpha-\beta)\sin(\delta+\varphi)\cos(\alpha+\delta+\eta)}{\cos^3\alpha\cos(\alpha+\delta)\cos^2(\alpha+\delta+\varphi-\beta)} \tag{2-142}$$

$$I_{3a}' = \frac{1}{2}\gamma H^2 \frac{1-k_v}{\cos\eta} \cdot \frac{\cos(\alpha-\beta)\left[\cos(\alpha+\delta+\eta)\cos(\alpha-\beta)+\sin(\varphi+\delta)\sin(\varphi-\beta-\eta)\right]}{\cos^2\alpha\cos^2(\alpha+\delta+\varphi-\beta)} \tag{2-143}$$

所以

$$\begin{aligned}
E_a &= -2\sqrt{I_{1a}' \cdot I_{2a}'} + I_{3a}' \\
&= \frac{1}{2}\gamma H^2 \frac{(1-k_v)}{\cos\eta} \frac{\cos(\alpha-\beta)}{\cos^2\alpha\cos^2(\alpha+\delta+\varphi-\beta)} \\
&\quad \times \left[\begin{array}{l} \cos(\alpha+\delta+\eta)\cos(\alpha-\beta)+\sin(\varphi+\delta)\sin(\varphi-\beta-\eta) \\ -2\sqrt{\cos(\alpha+\delta+\eta)\cos(\alpha-\beta)\sin(\varphi+\delta)\sin(\varphi-\beta-\eta)} \end{array} \right] \\
&= \frac{1}{2}\gamma H^2 \frac{\cos(\alpha-\beta)(1-k_v)}{\cos^2\alpha\cos\eta\cos^2(\alpha+\delta+\varphi-\beta)} \\
&\quad \times \left[\sqrt{\cos(\alpha+\delta+\eta)\cos(\alpha-\beta)}-\sqrt{\sin(\varphi+\delta)\sin(\varphi-\beta-\eta)} \right]^2 \\
&= \frac{1}{2}\gamma H^2 \frac{\cos(\alpha-\beta)(1-k_v)}{\cos^2\alpha\cos\eta\cos^2(\alpha+\delta+\varphi-\beta)} \\
&\quad \times \left[\frac{\cos(\alpha+\delta+\eta)\cos(\alpha-\beta)-\sin(\varphi+\delta)\sin(\varphi-\beta-\eta)}{\sqrt{\cos(\alpha+\delta+\eta)\cos(\alpha-\beta)}+\sqrt{\sin(\varphi+\delta)\sin(\varphi-\beta-\eta)}} \right]^2
\end{aligned} \tag{2-144}$$

注意到如下三角函数关系：

$$\begin{aligned}
&\cos(\alpha+\delta+\eta)\cos(\alpha-\beta)-\sin(\varphi+\delta)\sin(\varphi-\beta-\eta) \\
&= \cos(\alpha+\delta+\varphi-\beta)\cos(\varphi-\alpha-\eta)
\end{aligned} \tag{2-145}$$

式(2-144)可转化为

$$E_a = \frac{1}{2}\gamma H^2 \frac{(1-k_v)\cos(\alpha-\beta)}{\cos^2\alpha\cos\eta\cos^2(\alpha+\delta+\varphi-\beta)}$$

$$\times \left[\frac{\cos(\alpha+\delta+\varphi-\beta)\cos(\varphi-\alpha-\eta)}{\sqrt{\cos(\alpha+\delta+\eta)\cos(\alpha-\beta)}+\sqrt{\sin(\varphi+\delta)\sin(\varphi-\beta-\eta)}}\right]^2 \tag{2-146}$$

$$= \frac{1}{2}\gamma H^2 \frac{(1-k_v)\cos^2(\varphi-\alpha-\eta)}{\cos^2\alpha\cos\eta\cos(\alpha+\delta+\eta)\left[1+\sqrt{\dfrac{\sin(\varphi+\delta)\sin(\varphi-\beta-\eta)}{\cos(\alpha+\delta+\eta)\cos(\alpha-\beta)}}\right]^2}$$

由此可见，式(2-146)与 Mononobe-Okabe 主动土压力公式完全一致。

2.4.4　与 Coulomb 主动土压力公式的比较

当 $h_c=0$、$c=0$、$c'=0$、$q_0=0$、$k_v=0$、$\eta=0$ 时，即处于 Coulomb 主动土压力状态，将其代入式(2-119)～式(2-121)，有

$$I_{1a}' = \frac{1}{2}\gamma H \frac{\cos(\alpha-\beta)\cos(\alpha+\delta)\sin(\varphi-\beta)}{\cos\alpha\cos^2(\alpha+\delta+\varphi-\beta)} \tag{2-147}$$

$$I_{2a}' = \frac{1}{2}\gamma H^3 \frac{\cos^2(\alpha-\beta)\sin(\delta+\varphi)\cos(\alpha+\delta)}{\cos^3\alpha\cos(\alpha+\delta)\cos^2(\alpha+\delta+\varphi-\beta)} \tag{2-148}$$

$$I_{3a}' = \frac{1}{2}\gamma H^2 \frac{\cos(\alpha-\beta)\left[\cos(\alpha+\delta)\cos(\alpha-\beta)+\sin(\varphi+\delta)\sin(\varphi-\beta)\right]}{\cos^2\alpha\cos^2(\alpha+\delta+\varphi-\beta)} \tag{2-149}$$

所以

$$\begin{aligned}
E_a &= -2\sqrt{I_{1a}'\cdot I_{2a}'}+I_{3a}' \\
&= \frac{1}{2}\gamma H^2 \frac{\cos(\alpha-\beta)}{\cos^2\alpha\cos^2(\alpha+\delta+\varphi-\beta)} \\
&\quad \times\left[\begin{array}{l}\cos(\alpha+\delta)\cos(\alpha-\beta)+\sin(\varphi+\delta)\sin(\varphi-\beta)\\ -2\sqrt{\cos(\alpha+\delta)\cos(\alpha-\beta)\sin(\varphi+\delta)\sin(\varphi-\beta)}\end{array}\right] \\
&= \frac{1}{2}\gamma H^2 \frac{\cos(\alpha-\beta)}{\cos^2\alpha\cos^2(\alpha+\delta+\varphi-\beta)} \\
&\quad \times\left[\sqrt{\cos(\alpha+\delta)\cos(\alpha-\beta)}-\sqrt{\sin(\varphi+\delta)\sin(\varphi-\beta)}\right]^2 \\
&= \frac{1}{2}\gamma H^2 \frac{\cos(\alpha-\beta)}{\cos^2\alpha\cos^2(\alpha+\delta+\varphi-\beta)} \\
&\quad \times\left[\frac{\cos(\alpha+\delta)\cos(\alpha-\beta)-\sin(\varphi+\delta)\sin(\varphi-\beta)}{\sqrt{\cos(\alpha+\delta)\cos(\alpha-\beta)}+\sqrt{\sin(\varphi+\delta)\sin(\varphi-\beta)}}\right]^2 \\
&= \frac{1}{2}\gamma H^2 \frac{\cos(\alpha-\beta)}{\cos^2\alpha\cos^2(\alpha+\delta+\varphi-\beta)}
\end{aligned} \tag{2-150}$$

$$\times\left[\frac{\cos(\alpha+\delta+\varphi-\beta)\cos(\varphi-\alpha)}{\sqrt{\cos(\alpha+\delta)\cos(\alpha-\beta)}+\sqrt{\sin(\varphi+\delta)\sin(\varphi-\beta)}}\right]^2$$

$$=\frac{1}{2}\gamma H^2\frac{\cos^2(\varphi-\alpha)}{\cos^2\alpha\cos(\alpha+\delta)\left[1+\sqrt{\dfrac{\sin(\varphi+\delta)\sin(\varphi-\beta)}{\cos(\alpha+\delta)\cos(\alpha-\beta)}}\right]^2}$$

由此可见，式(2-150)与 Coulomb 主动土压力公式完全一致。

2.4.5　与 Rankine 主动土压力公式的比较

当 $h_c=0$、$\alpha=0$、$\beta=0$、$\delta=0$、$c'=0$、$q_0=0$、$k_v=0$、$\eta=0$ 时，即处于 Rankine 主动土压力状态，将其代入式(2-119)～式(2-121)，有

$$I_{1a}{}'=\frac{1}{2}\gamma H\frac{\sin\varphi}{\cos^2\varphi}+\frac{c}{\cos\varphi} \tag{2-151}$$

$$I_{2a}{}'=\frac{1}{2}\gamma H^3\frac{\sin\varphi}{\cos^2\varphi}+\frac{c\cdot H^2}{\cos\varphi} \tag{2-152}$$

$$I_{3a}{}'=\frac{1}{2}\gamma H^2\frac{1+\sin^2\varphi}{\cos^2\varphi}+2c\cdot H\frac{\sin\varphi}{\cos\varphi} \tag{2-153}$$

所以

$$\begin{aligned}
E_a&=-2\sqrt{I_{1a}{}'\cdot I_{2a}{}'}+I_{3a}{}'\\
&=-2\sqrt{H^2\times\left(\frac{1}{2}\gamma H\frac{\sin\varphi}{\cos^2\varphi}+\frac{c}{\cos\varphi}\right)^2}+\frac{1}{2}\gamma H^2\frac{1+\sin^2\varphi}{\cos^2\varphi}+2c\cdot H\frac{\sin\varphi}{\cos\varphi}\\
&=\frac{1}{2}\gamma H^2\left(\frac{1-\sin\varphi}{\cos\varphi}\right)^2-2cH\left(\frac{1-\sin\varphi}{\cos\varphi}\right)\\
&=\frac{1}{2}\gamma H^2\tan^2\left(45°-\frac{\varphi}{2}\right)-2cH\tan\left(45°-\frac{\varphi}{2}\right)
\end{aligned} \tag{2-154}$$

由此可见，式(2-154)与 Rankine 主动土压力公式完全一致。

将式(2-151)～式(2-153)代入式(2-123)可得 $\overline{BN}=H$，由此可通过式(2-126)求得主动土压力临界破裂角 θ_{acr} 为

$$\theta_{acr}=\arctan\left[\frac{1-\sin\varphi}{\cos\varphi}\right]=\frac{\pi}{4}-\frac{\varphi}{2} \tag{2-155}$$

从式(2-155)可以看出，采用本节方法得到的临界破裂角和 Rankine 主动土压力理论的结果是一致的。

2.5 地震主动土压力算例对比

算例 1　四川省建筑科学研究院在四川简阳养马河做的重力式挡土墙试验[132]：墙背竖直，墙高 $H = 4\text{m}$，土的天然重度为 $\gamma = 18.95\text{kN/m}^3$，不排水三轴快剪指标为内摩擦角 $\varphi = 16.633°$，土与墙间摩擦角 $\delta = 18.317°$，黏聚力 $c = 4.606\text{kPa}$。以上述参数为依据，图 2-8 给出了采用本章算法、Rankine 方法和 Coulomb 方法得到的主动土压力结果与实测值的比较。结合 Rankine 和 Coulomb 土压力理论的基本假定，在采用 Rankine 方法计算土压力时忽略了填土与墙背外摩擦角 δ 的影响，采用 Coulomb 方法计算土压力时忽略了填土黏聚力 c 的影响。从图 2-8 可以看出，采用本章方法得到的结果比 Rankine 方法和 Coulomb 方法与实测结果吻合得更好。

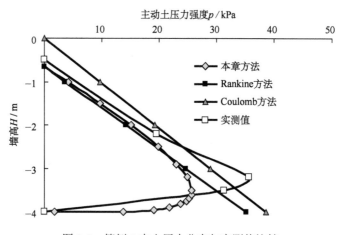

图 2-8　算例 1 中土压力分布与实测值比较

算例 2　苏联学者查嘎列尔曾经在格鲁吉亚列宁工学院进行了挡墙土压力试验研究[133]。挡墙墙高 $H = 4\text{m}$，墙背垂直。填土为海砂，重度 $\gamma = 18\text{kN/m}^3$，内摩擦角为 $\varphi = 37°$，不考虑黏聚力 c 和墙土黏结力 c' 的影响。图 2-9 为采用 Coulomb 方法、本章方法（对应于不同的外摩擦角 δ）得到的主动土压力强度分布与实测值的比较。从中可以看出，采用本章方法得到的结果与实测值比较吻合。

算例 3　将本章计算结果同日本学者 Ishibashi 和 Fang[113] 的振动台试验结果进行对比。Ishibashi 和 Fang 以加拿大渥太华的硅质砂土（Ottawa silica sand）为填料，硅质砂土的平均密度为 1.643g/cm^3，内摩擦角为 $40.1°$。试验中通过控制挡墙移离填土的位移来实现挡墙的不同位移模式，测试 RT（墙体绕墙顶转动）、RB（墙体绕墙底转动）等位移模式下的挡墙地震动土压力。在 RB 模式下（$k_h = 0.215$），挡墙发生一定的旋转位移后,地震土压力达到了稳定状态(即不再随位移量的增大而发生明显变化)。这种状态定义为主动土压力极限平衡状态。图 2-10 将本章方法和 Mononobe-Okabe 方法得到的最大侧向主动土压力分布结果同达到主动土压力极限平衡状态时的地震主动土压力进行了对比(k_h=0.215)。从图中可以看出,地震主动土压力沿墙高呈非线性分布;对比于 Mononobe-Okabe 方法,本章方法得到的结果与试验结果更加吻合。

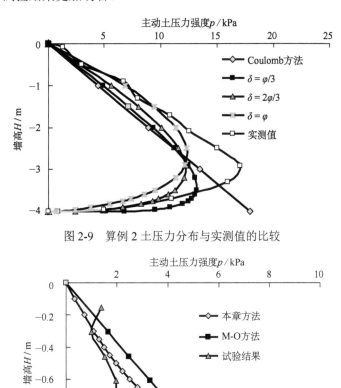

图 2-9 算例 2 土压力分布与实测值的比较

图 2-10 本章方法、M-O 方法与 Ishibashi 和 Yang 振动台试验结果的比较

算例 4 Al Atik 和 Sitar[134] 开展了悬臂式挡墙的动力离心试验研究,选取的填料为美国内华达州的干燥中等密实砂土(Nevada sand)。砂土的相对密实度为 72%(D_r = 72%),内摩擦角为 φ = 35°,最小和最大干重度分别为 14.50 kN/m³ 和 17.49 kN/m³。试验之前对挡墙和模型涂抹了工业油脂,可以认为挡墙和模型箱界

面处的摩擦力很小，计算时忽略墙背外摩擦角的影响（即取 $\delta = 0$）。试验分别施加了 1989 年在 Loma Prieta 地震中测得的地震动激励和 1999 年在 Kocaeli 地震中测得的地震动激励。图 2-11 给出了分别采用本章方法、Mononobe-Okabe 方法与动力离心试验得到的地震土压力分布结果。其中，Loma Prieta 地震动激励对应的加速度峰值为 $0.49g$，Kocaeli 地震动激励对应的加速度峰值为 $0.15g$。在图 2-11 中，参照 Al Atik 和 Sitar[134] 的建议，在采用本章方法和 Mononobe-Okabe 方法计算土压力分布时，对加速度峰值进行了 65% 的折减。从计算结果可以看出，在 Loma Prieta 地震动激励下，本章方法比 Mononobe-Okabe 方法得到的结果更接近试验结果。在 Kocaeli 地震动激励下，本章方法和 Mononobe-Okabe 方法得到的结果非常接近，然而这两种方法得到的结果都比试验结果更大。根据 Al Atik 和 Sitar 的分析，导致这种误差与挡墙刚度、地震动激励强度以及填土压实度等诸多因素有关。

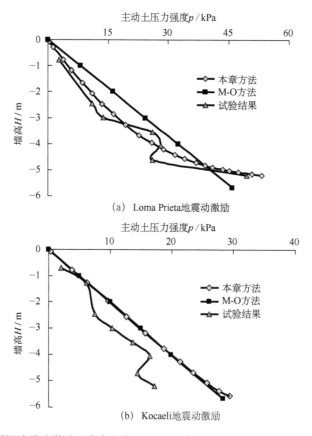

图 2-11　不同地震动激励下本章方法、M-O 方法与 Al Atik & Sitar 试验结果的对比

算例 5　Kim 等[13]研究了考虑填土黏聚力 c 和墙土黏结力 c' 时主动土压力的计算公式。Kim 等[13]通过对挡墙墙后三角形土楔体进行整体受力平衡分析得到了主动土压力合力的计算公式；为确定临界破裂角 θ_{acr} 对应的最小主动土压力，分别选取不同的破裂角 θ 来进行试算求解。表 2-1 对比了采用本章方法与 Kim 等的方法得到的地震主动土压力计算结果。对于所有工况，挡墙墙高为 8m，填土重度为 17.7 kN/m³。结果表明，采用这两种方法得到的地震主动土压力合力大小和临界破裂角结果均是一致的。因此，算例对比验证了本章方法的正确性和有效性。

表 2-1　本章方法与 Kim 等的方法的算例对比

工况	k_h	k_v	c /kPa	c' /kPa	q_0 /kPa	α /(°)	φ /(°)	δ /(°)	Kim 等的方法		本章方法	
									θ_{acr}/(°)	E_a/(kN/m)	θ_{acr}/(°)	E_a/(kN/m)
1	0.1	−0.05	0	0	0	10	30	20	36.4	266.0	36.4	266.7
2	0.2	−0.1	0	0	50	0	30	0	39.3	486.3	39.3	487.2
3	0.1	−0.1	10	0	0	0	30	0	37.3	189.9	37.4	190.6

算例 6　Shukla 等[16,135]在挡墙墙背垂直光滑、填土水平的情况下，通过对挡墙后土楔体进行整体极限平衡分析，提出了适用于黏性土地震土压力的计算方法。Shukla 等在确定黏性土主动土压力裂缝深度 h_c 时，采用 Rankine 理论按下式计算：

$$h_c = \frac{2c}{\gamma}\tan\left(\frac{\pi}{4}+\frac{\varphi}{2}\right) \tag{2-156}$$

表 2-2 对比了采用本章方法与 Shukla 等的方法得到的地震主动土压力计算结果。对于所有工况，挡墙墙高为 12m，填土重度为 16 kN/m³。结果表明，对于工况 1~3，本章方法与 Shukla 等的方法的计算结果是完全一致的；对于其他工况（工况 4~8），本章方法的计算结果与 Shukla 等的方法得到的结果存在一定的差异，尤其是对于裂缝深度 h_c 的计算结果，这种差异更加明显，这主要是由分析方法不同导致的。Rankine 理论中的裂缝深度 h_c 计算公式，是在墙背光滑直立、填土面水平等假定条件下得到的。而本章在公式推导时考虑了诸多因素的影响，本章所提出的采用迭代计算来求解裂缝深度 h_c 的方法，不仅考虑了填土黏聚力和内摩擦角的影响，还考虑了水平和垂直地震系数、墙土黏结力、墙背倾角、填土面倾角等诸多因素对裂缝深度的影响。实际上，黏性土主动土压力裂缝深度的计算方法非常复杂，且受诸多因素的影响。相比而言，本章的计算方法考虑得更为全面，计算结果更为合理。

表 2-2　本章方法与 Shukla 等的计算方法的算例对比

工况	k_h	k_v	c /kPa	c' /kPa	φ /(°)	本章方法			Shukla 等的方法		
						θ_{acr}/(°)	E_a/(kN/m)	h_c/m	θ_{acr}/(°)	E_a/(kN/m)	h_c/m
1	0	0	5	0	30	30.0	318.1	1.08	30.0	318.1	1.08
2	0	0	10	0	30	30.0	258.1	2.16	30.0	258.1	2.16
3	0	0	10	0	40	25.0	151.3	2.68	25.0	151.2	2.68
4	0	0	10	5	30	31.7	228.6	1.66	31.6	230.6	2.16
5	0.1	0	10	0	30	34.1	324.5	2.89	33.9	330.0	2.16
6	0	-0.1	10	0	30	30.0	295.3	2.17	30.0	296.5	2.16
7	0.1	-0.1	10	0	30	33.7	360.9	2.81	33.6	368.0	2.16
8	0.1	-0.1	10	5	30	35.2	341.0	2.01	35.1	344.3	2.16

算例 7　将采用本章方法计算得到的地震主动土压力临界破裂角的计算结果同 Zarrabi-Kashani 方法[63]、Shukla 等的方法[16,135] 以及 Ghosh 等的方法[15] 得到的计算结果进行对比，如表 2-3 所示。在所有对比工况中，挡墙墙高为 8m，填土重度为 20kN/m³。

表 2-3　本章方法得到的主动土压力临界破裂角与 Zarrabi-Kashani 等方法的对比

工况	k_h	k_v	c /kPa	c' /kPa	φ /(°)	δ /(°)	α /(°)	β /(°)	q_0 /kPa	临界破裂角 θ_{acr}/(°)			
										Zarrabi -Kashani 方法	Shukla 等的方法	Ghosh 等的方法	本章方法
1	0	0	0	0	30	0	0	0	0	30.0	30.0	30.0	30.0
2	0	0	0	0	30	10	10	5	0	29.7	—	29.8	29.8
3	0.05	0	0	0	30	10	10	5	0	30.0	—	32.9	32.9
4	0.1	0	0	0	30	10	10	5	0	30.6	—	36.3	36.3
5	0.1	0.1	0	0	30	10	10	5	0	30.8	—	37.1	37.1
6	0.1	0	10	0	30	0	0	0	0	—	33.8	33.8	33.9
7	0.1	0	10	5	30	0	0	0	0	—	35.6	35.9	35.8
8	0.1	0	5	5	30	10	5	5	10	—	—	37.8	37.8
9	0.1	0	10	5	30	10	5	5	10	—	—	36.3	36.5
10	0.1	0	10	5	30	10	10	5	10	—	—	34.8	34.9

Zarrabi-Kashani[63] 方法是基于静态主动土压力临界破裂角公式（不考虑地震作用）得到的。Zarrabi-Kashani 认为，由于水平和垂直地震动的影响，重力和地震惯性力合力的方向与垂直方向存在一定的夹角（即地震角 η），只要将坐标轴按地震角进行旋转，从而对静态主动土压力临界破裂角进行相应的修正，即可得到地震主动土压力临界破裂角的计算公式。Zarrabi-Kashani 给出的临界破裂角公式如下：

$$\theta_{acr} = 90° + \eta - \varphi$$
$$- \arctan\left\{ \frac{-\tan(\varphi-\beta-\eta) + \sqrt{\tan(\varphi-\beta-\eta)[\tan(\varphi-\beta-\eta)+\cot(\varphi-\alpha-\eta)]\cdot[1+\tan(\delta+\alpha+\eta)\cot(\varphi-\alpha-\eta)]}}{1+\tan(\delta+\alpha+\eta)[\tan(\varphi-\beta-\eta)+\cot(\varphi-\alpha-\eta)]} \right\}$$

(2-157)

Shukla 等[16, 135]在公式推导时，建立了破裂角正切值的二次多项式（Shukla 等的方法中所指的破裂角与本章所指的破裂角互为余角）。由于临界破裂角的唯一性，二次多项式有且仅有唯一解，因此，二次多项式的判别式应等于零。据此，Shukla 等给出的地震主动土压力临界破裂角的计算公式为

$$\theta_{\text{acr}} = 90° - \arctan\left\{\frac{\sin\varphi\sin(\varphi-\eta) + m\sin 2\varphi + \sqrt{\begin{array}{l}\sin\varphi\sin(\varphi-\eta)\cos\eta + m\sin 2\varphi\cos\eta \\ +2m\left[1 + \dfrac{2a_{\text{f}}(H-h_{\text{c}})}{2H-h_{\text{c}}}\right][\sin(\varphi-\eta) + 2m\cos\varphi]\cos\varphi\end{array}}}{\sin\varphi\sin(\varphi-\eta) + 2m\cos^2\varphi + \dfrac{4ma_{\text{f}}(H-h_{\text{c}})}{2H-h_{\text{c}}}}\right\}$$

(2-158)

其中

$$m = \frac{c\cos\eta}{(1-k_{\text{v}})(2q_0 + \gamma H)} \tag{2-159}$$

$$a_{\text{f}} = c' / c \tag{2-160}$$

Ghosh[15]的公式考虑了填土黏聚力、内摩擦角、墙土黏结力、墙土外摩擦角、墙背倾角、填土面倾角、均布超载、水平和垂直地震系数、填土重度、挡墙墙高等诸多因素的影响。Ghosh[15]给出的地震主动土压力临界破裂角的计算公式为

$$\theta_{\text{acr}} = \arccos\sqrt{\frac{(r+s)s + t^2 + t\sqrt{s^2+t^2-r^2}}{2(s^2+t^2)}} \tag{2-161}$$

其中

$$r = -\sin(\eta+\delta+\beta) - m_{\text{c}}\cos\eta\cos\delta \tag{2-162}$$

$$\begin{aligned}s = {} & 2n_{\text{c}}\cos(\alpha+\beta)\cos\varphi\cos\alpha\cos\eta\cos(\alpha+\varphi+\delta+\beta) \\ & + m_{\text{c}}\cos\eta[\cos(\alpha+\varphi+\delta-\beta)\cos(\alpha+\varphi+\beta) + \sin(\alpha+\varphi+\delta+\beta)\sin(\varphi+\alpha-\beta)] \\ & + \sin(\varphi-\eta-\beta)\cos(2\alpha+\varphi+\delta) + \sin(\varphi+\delta)\cos(\varphi-\eta+\beta)\end{aligned}$$

(2-163)

$$\begin{aligned}t = {} & \sin(\varphi-\eta-\beta)\sin(2\alpha+\varphi+\delta) + 2n_{\text{c}}\cos(\alpha+\beta)\cos\varphi\cos\eta\sin(\alpha+\varphi+\delta+\beta) \\ & + m_{\text{c}}\cos\eta[\cos(\alpha+\varphi+\delta-\beta)\sin(\alpha+\varphi+\beta) - \sin(\alpha+\varphi-\beta)\cos(\alpha+\varphi+\delta+\beta)] \\ & + \sin(\varphi+\delta)\sin(\varphi-\eta+\beta)\end{aligned}$$

(2-164)

$$n_{\text{c}} = \frac{2c}{(1-k_{\text{v}})H(\gamma + 2q_0 / H)} \tag{2-165}$$

$$m_{\mathrm{c}} = \frac{2c'}{(1-k_{\mathrm{v}})H(\gamma + 2q_0 / H)} \qquad (2\text{-}166)$$

从对比结果可以看出，本文方法得到的临界破裂角计算结果同 Shukla 方法和 Ghosh 的方法吻合的非常好，验证了本文方法的正确性。但本文方法的计算结果同 Zarrabi-Kashani 方法存在着一定的差异，尤其是当水平和垂直地震系数逐渐增大时，这种差异性更加明显。Zarrabi-Kashani 方法是在静态主动土压力基础上，通过旋转坐标轴的方法来计算考虑地震作用的主动土压力临界破裂角。因此，在静止土压力公式的基础上，对某些角度或加或减地震角 η，就可以获得地震主动土压力的公式。严格地说，地震土压力临界破裂角还受水平和垂直地震系数的影响，并非与静止土压力临界破裂角只相差一个地震角 η 的关系。这种方法忽略了水平和垂直地震系数对临界破裂角的影响。

需要指出的是，与本章方法相比，当水平和垂直地震系数较小时，采用旋转坐标轴的方法求解地震土压力合力的偏差是比较小的。因此，我国的一些行业规范采用了旋转坐标轴的方法来求解地震土压力。

算例 8　将本章方法同经典土压力公式（Mononobe-Okabe 公式和 Rankine 公式）进行比较。工况 1 为本章方法与 Mononobe-Okabe 主动土压力公式的比较，其中参数：$k_{\mathrm{h}} = 0.1$、$k_{\mathrm{v}} = 0.1$、$\alpha = 5°$、$\beta = 5°$、$\varphi = 30°$、$\delta = \varphi$、$q_0 = 0$、$c = 0$、$c' = 0$、$\gamma = 16\mathrm{kN/m}^3$、$H = 12\mathrm{m}$。工况 2 为本章方法与 Rankine 主动土压力公式的比较，其中参数：$k_{\mathrm{h}} = 0$、$k_{\mathrm{v}} = 0$、$\alpha = 0$、$\beta = 0$、$\varphi = 30°$、$\delta = 0$、$q_0 = 0$、$c = 10\mathrm{kPa}$、$c' = 0$、$\gamma = 16\mathrm{kN/m}^3$、$H = 12\mathrm{m}$。计算结果如表 2-4 所示，土压力分布情况如图 2-12 所示。

表 2-4　本章方法和经典土压力理论计算结果比较

项　　目		$h_{\mathrm{c}}/\mathrm{m}$	$\theta_{\mathrm{acr}}/(°)$	$E_{\mathrm{a}}/(\mathrm{kN/m})$	z_0/H'
工况 1	本章方法	0	43.3	487	0.351
	Mononobe-Okabe 理论	0	43.3	487	0.333
工况 2	本章方法	2.16	30.0	258	0.333
	Rankine 理论	2.17	—	258	0.333

从工况 1 可以看出，采用本章方法得到的地震主动土压力临界破裂角 θ_{acr} 和土压力合力大小 E_{a} 与 Mononobe-Okabe 理论得到的结果是完全一致的。但是相比而言，本章给出的主动土压力分布情况是非线性的，显得更为合理。另外，本章给出的主动土压力合力作用点位置 z_0 / H' 为 0.351，要高于 Mononobe-Okabe 理论假设的 1/3 墙高位置。

从工况 2 可以看出，采用本章方法得到的主动土压力结果与 Rankine 理论的结果完全一致。本工况下的主动土压力强度沿墙高呈线性分布。

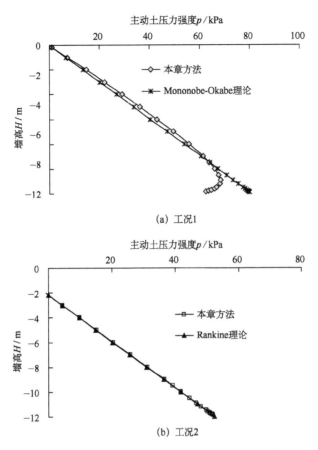

(a) 工况1

(b) 工况2

图 2-12　本章方法和经典土压力理论下的土压力分布情况比较

2.6　地震主动土压力参数分析

为研究各参数对地震主动土压力的影响，取各参数的变化范围如下：

$k_h = -0.2$，-0.1，0，0.1，0.2

$k_v = -0.2$，-0.1，0，0.1，0.2

$\alpha = -10°$，$-5°$，0，$5°$，$10°$，$15°$

$\beta = 0$，$5°$，$10°$，$15°$，$20°$，$25°$

$\varphi = 25°$，$30°$，$35°$，$40°$，$45°$

$\delta = 0$，$\varphi/3$，$2\varphi/3$，φ

$c = 0$，5kPa，10kPa，15kPa，20kPa

$c' = 0$，$c/3$，$2c/3$，c

$q_0 = 0$，5kPa，10kPa，15kPa，20kPa，25kPa

$\gamma = 14\text{kN/m}^3$，　16kN/m^3，　18kN/m^3，　20kN/m^3

$H = 6\text{m}$，　8m，　10m，　12m，　14m，　16m

计算内容包括主动土压力临界破裂角 θ_{acr}、主动土压力合力 E_a、主动土压力裂缝深度 h_c 以及主动土压力合力作用点位置 z_0 / H'。计算结果以图、表的形式给出。

2.6.1　水平和垂直地震系数对地震主动土压力的影响

图2-13给出了水平和垂直地震系数（k_h 和 k_v）对地震主动土压力临界破裂角 θ_{acr}、土压力合力 E_a、合力作用点位置 z_0 / H' 和裂缝深度 h_c 的影响，对应的其他参数为 $\alpha = 5°$、$\beta = 5°$、$\varphi = 35°$、$\delta = \varphi / 3$、$c = 5\text{kPa}$、$c' = 2c / 3$、$q_0 = 10\text{kPa}$、$\gamma = 16\text{kN/m}^3$、$H = 12\text{m}$。随着水平地震系数 k_h 的增大，临界破裂角 θ_{acr}、土压力合力 E_a 和裂缝深度 h_c 均显著增大，土压力合力作用点位置 z_0 / H' 变小。当水平地震系数 k_h 由-0.2 增大到 0.2 时（对应于 $k_v = 0.1$），临界破裂角 θ_{acr} 和土压力合力 E_a 分别增大了 141.1%和 329.4%，裂缝深度 h_c 由 0 增大到 0.94m，而土压力合力作用点位置 z_0 / H' 则由 0.458 降低到 0.208。另外可以看出，主动土压力合力 E_a 随着垂直地震系数 k_v 的增大而减小。相对于垂直地震系数 k_v 而言，地震主动土压力临界破裂角 θ_{acr}、合力作用点位置 z_0 / H' 和裂缝深度 h_c 受水平地震系数 k_h 的影响更为显著。

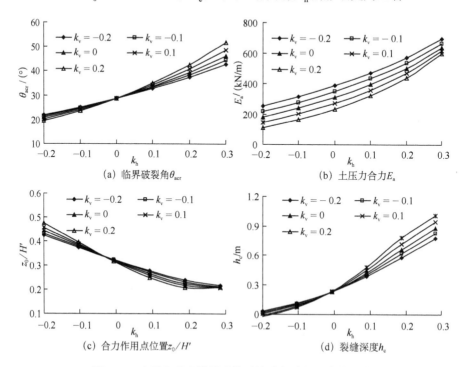

图 2-13　水平和垂直地震系数对地震主动土压力的影响

图 2-14 和图 2-15 分别给出了水平和垂直地震系数(k_h和k_v)对地震主动土压力分布的影响，对应的其他参数为$\alpha=5°$、$\beta=5°$、$\varphi=35°$、$\delta=\varphi/3$、$c=5\text{kPa}$、$c'=2c/3$、$q_0=10\text{kPa}$、$\gamma=16\text{kN/m}^3$、$H=12\text{m}$。可以看出，地震主动土压力沿挡墙墙高呈非线性分布，且分布曲线在挡墙墙底非线性特性更为明显。水平和垂直地震系数(k_h和k_v)对土压力分布曲线影响显著，当水平地震系数k_h由-0.2 增大到 0.2 时(对应于$k_v=0.1$)，土压力强度在挡墙墙底由 0 转变为无穷大，土压力分布曲线由凸向墙背转变为凹向墙背。当垂直地震系数k_v由-0.2 增大到 0.2 时(对应于$k_h=0.2$)，土压力分布曲线往减小的方向移动。

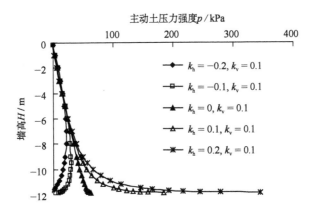

图 2-14   水平地震系数对地震主动土压力分布的影响

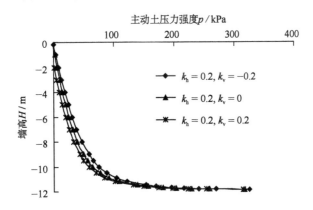

图 2-15   垂直地震系数对地震主动土压力分布的影响

2.6.2   墙背倾角对地震主动土压力的影响

图 2-16 和表 2-5 分别以图、表的形式给出了不同水平地震系数k_h作用下挡

墙墙背倾角 α 对地震主动土压力临界破裂角 θ_{acr}、土压力合力 E_a、合力作用点位置 z_0/H' 和裂缝深度 h_c 的影响，对应的其他参数为 $k_v=0.1$、$\beta=5°$、$\varphi=30°$、$\delta=\varphi/3$、$c=5\mathrm{kPa}$、$c'=2c/3$、$q_0=0$、$\gamma=16\mathrm{kN/m^3}$、$H=12\mathrm{m}$。图 2-17 给出了挡墙墙背倾角 α 对地震主动土压力分布的影响，对应的其他参数为 $k_h=0$、$k_v=0.1$、$\beta=5°$、$\varphi=30°$、$\delta=\varphi/3$、$c=5\mathrm{kPa}$、$c'=2c/3$、$q_0=0$、$\gamma=16\mathrm{kN/m^3}$、$H=12\mathrm{m}$。地震主动土压力分布曲线受墙背倾角 α 的影响显著。当墙背倾角 α 由 $-10°$ 增大到 $15°$ 时，地震主动土压力强度在挡墙墙底由 0 转变为无穷大，土压力分布曲线由凸向墙背逐渐转变为凹向墙背，如图 2-17 所示。土压力分布曲线的这种变化使得土压力合力 E_a 增大，临界破裂角 θ_{acr} 和合力作用点位置 z_0/H' 降低，而裂缝深度 h_c 大致呈减小的趋势。可以看出，当墙背倾角 α 由 $-10°$ 增大到 $15°$ 时，地震主动土压力合力 E_a 增大了 127.6%，临界破裂角 θ_{acr} 和土压力合力作用点位置 z_0/H' 则分别减小了 25.2% 和 43.0%，裂缝深度 h_c 由 0.90m 降低为 0.80m。

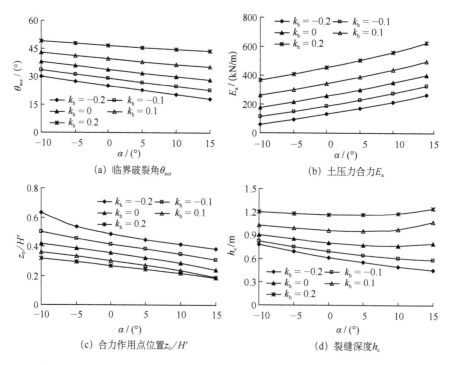

(a) 临界破裂角 θ_{acr}　　　　　　(b) 土压力合力 E_a

(c) 合力作用位置 z_0/H'　　　　　　(d) 裂缝深度 h_c

图 2-16　不同水平地震系数作用下挡墙墙背倾角对地震主动土压力的影响

表 2-5 不同水平地震系数作用下墙背倾角(α)对地震主动土压力的影响

α /(°)	$k_h=-0.2$, $k_v=0.1$				$k_h=-0.1$, $k_v=0.1$				$k_h=0$, $k_v=0.1$			
	θ_{acr} /(°)	E_a /(kN/m)	z_0/H'	h_c /m	θ_{acr} /(°)	E_a /(kN/m)	z_0/H'	h_c /m	θ_{acr} /(°)	E_a /(kN/m)	z_0/H'	h_c /m
-10	29.9	57.6	0.632	0.78	33.5	110.7	0.499	0.82	37.8	176.3	0.421	0.90
-5	27.5	93.2	0.535	0.69	31.3	148.0	0.453	0.75	35.8	215.2	0.387	0.85
0	25.1	130.8	0.484	0.61	29.1	187.1	0.417	0.69	33.8	256.1	0.356	0.80
5	22.7	171.1	0.447	0.55	26.9	229.0	0.384	0.64	31.9	300.0	0.323	0.77
10	20.3	214.9	0.415	0.50	24.7	274.7	0.350	0.60	30.0	347.9	0.286	0.76
15	18.0	263.5	0.383	0.45	22.6	325.3	0.311	0.58	28.2	401.2	0.240	0.80

α /(°)	$k_h=0.1$, $k_v=0.1$				$k_h=0.2$, $k_v=0.1$			
	θ_{acr} /(°)	E_a /(kN/m)	z_0/H'	h_c /m	θ_{acr} /(°)	E_a /(kN/m)	z_0/H'	h_c /m
-10	42.8	258.7	0.361	1.03	49.0	365.1	0.317	1.20
-5	41.1	299.3	0.332	0.99	47.7	407.9	0.293	1.18
0	39.5	342.3	0.303	0.96	46.5	453.9	0.269	1.16
5	37.9	388.7	0.272	0.95	45.4	504.3	0.244	1.16
10	36.5	439.9	0.236	0.98	44.5	560.5	0.217	1.18
15	35.2	496.9	0.190	1.07	43.8	624.3	0.185	1.25

注：$\beta=5°$，$\varphi=30°$，$\delta=\varphi/3$，$c=5$kPa，$c'=2c/3$，$q_0=0$，$\gamma=16$kN/m³，$H=12$m，$H'=H-h_c$

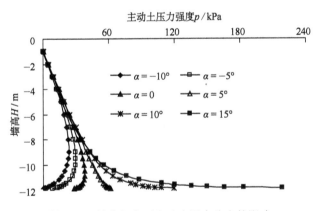

图 2-17 墙背倾角对主动土压力分布的影响

2.6.3 填土面倾角对地震主动土压力的影响

图 2-18 和表 2-6 分别以图、表的形式给出了不同水平地震系数 k_h 作用下挡墙墙后填土面倾角 β 对地震主动土压力临界破裂角 θ_{acr}、土压力合力 E_a、合力作用点位置 z_0/H' 和裂缝深度 h_c 的影响，对应的其他参数为 $k_v=0.1$、$\alpha=5°$、$\varphi=40°$、$\delta=\varphi/3$、$c=5$kPa、$c'=2c/3$、$q_0=10$kPa、$\gamma=16$kN/m³、$H=12$m。图 2-19 给出了不同水平地震系数 k_h 作用下挡墙墙后填土面倾角 β 对地震主动土压力分

布的影响，对应的其他参数为 $k_v = 0.1$、$\alpha = 5°$、$\varphi = 40°$、$\delta = \varphi/3$、$c = 5\text{kPa}$、$c' = 2c/3$、$q_0 = 10\text{kPa}$、$\gamma = 16\text{kN/m}^3$、$H = 12\text{m}$。随着填土面倾角 β 的增大，临界破裂角 θ_{acr} 和土压力合力 E_a 均增大，当水平地震系数 k_h 较大时，增幅更为明显。填土面倾角 β 与裂缝深度 h_c 的关系受水平地震系数 k_h 的影响。当 $k_h \leq 0$ 时，裂缝深度 h_c 随着填土面倾角 β 的增大而单调递增；当 $k_h = 0.1$ 时，裂缝深度 h_c 受填土面倾角 β 的影响不显著；当 $k_h = 0.2$ 时，随着填土面倾角 β 的增大，裂缝深度 h_c 逐渐减小，之后又逐渐增大。

值得注意的是，填土面倾角 β 与土压力合力作用点位置 z_0/H' 的关系也受水平地震系数 k_h 的影响。当 $k_h \leq 0.1$ 时，合力作用点位置 z_0/H' 随填土面倾角 β 的增大而单调减小；当 $k_h = 0.2$ 时，合力作用点位置 z_0/H' 则随填土面倾角 β 的增大而增大。这种现象可以结合土压力分布曲线特性来解释。当水平地震系数 k_h 由 -0.1 增大到 0.2 时，不同墙背倾角 β 对应的土压力分布曲线的差异性由墙底逐渐往上移动，从而导致填土面倾角 β 与合力作用点位置 z_0/H' 关系的变化。

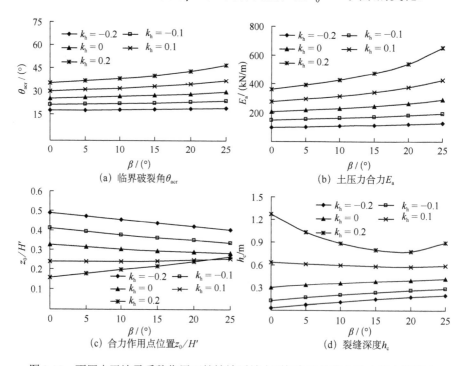

图 2-18　不同水平地震系数作用下挡墙墙后填土面倾角对地震主动土压力的影响

表 2-6　不同水平地震系数作用下填土面倾角(β)对地震主动土压力的影响

β/(°)	$k_h=-0.2, k_v=0.1$				$k_h=-0.1, k_v=0.1$				$k_h=0, k_v=0.1$			
	θ_{acr}/(°)	E_a/(kN/m)	z_0/H'	h_c/m	θ_{acr}/(°)	E_a/(kN/m)	z_0/H'	h_c/m	θ_{acr}/(°)	E_a/(kN/m)	z_0/H'	h_c/m
0	17.3	97.8	0.491	0.03	21.0	146.7	0.410	0.12	25.1	205.9	0.326	0.30
5	17.6	102.2	0.472	0.07	21.4	153.8	0.393	0.17	25.8	217.0	0.314	0.33
10	17.9	107.0	0.454	0.11	21.8	161.8	0.377	0.20	26.4	230.1	0.304	0.36
15	18.2	112.5	0.437	0.14	22.3	171.1	0.362	0.23	27.2	245.6	0.295	0.38
20	18.5	119.0	0.420	0.17	22.9	182.3	0.349	0.26	28.2	264.9	0.288	0.40
25	18.9	126.7	0.403	0.20	23.6	196.0	0.336	0.29	29.4	290.0	0.283	0.42

β/(°)	$k_h=0.1, k_v=0.1$				$k_h=0.2, k_v=0.1$			
	θ_{acr}/(°)	E_a/(kN/m)	z_0/H'	h_c/m	θ_{acr}/(°)	E_a/(kN/m)	z_0/H'	h_c/m
0	29.9	277.4	0.238	0.63	35.3	362.8	0.158	1.28
5	30.8	295.0	0.238	0.61	36.7	391.5	0.178	1.04
10	31.9	316.1	0.239	0.59	38.2	426.9	0.197	0.89
15	33.1	342.5	0.242	0.58	40.2	473.4	0.216	0.80
20	34.7	377.0	0.247	0.57	42.9	540.0	0.237	0.78
25	36.8	425.7	0.254S	0.59	47.1	653.8	0.265	0.90

注：$\alpha=5°$, $\varphi=40°$, $\delta=\varphi/3$, $c=5kPa$, $c'=2c/3$, $q_0=10kPa$, $\gamma=16kN/m^3$, $H=12m$, $H'=H-h_c$

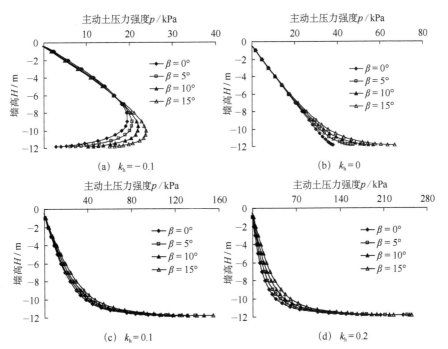

图 2-19　不同水平地震系数作用下挡墙墙后填土面倾角对地震主动土压力分布的影响

2.6.4 填土内摩擦角和墙背外摩擦角对地震主动土压力的影响

表 2-7 给出了不同水平地震系数 k_h 作用下填土内摩擦角 φ 和墙背外摩擦角 δ 对地震主动土压力临界破裂角 θ_{acr}、土压力合力 E_a、合力作用点位置 z_0/H' 和裂缝深度 h_c 的影响，对应的其他参数为 $k_v=0.1$、$\alpha=5°$、$\beta=5°$、$c=5\text{kPa}$、$c'=2c/3$、$q_0=5\text{kPa}$、$\gamma=16\text{kN/m}^3$、$H=12\text{m}$。图 2-20 以图的形式给出了填土内摩擦角 φ 和墙背外摩擦角 δ 对地震主动土压力的影响，对应的其他参数为 $k_h=0.2$、$k_v=0.1$、$\alpha=5°$、$\beta=5°$、$c=5\text{kPa}$、$c'=2c/3$、$q_0=15\text{kPa}$、$\gamma=16\text{kN/m}^3$、$H=12\text{m}$。随着填土内摩擦角 φ 的增大，临界破裂角 θ_{acr}、土压力合力 E_a 和合力作用点位置 z_0/H' 均随之减小，裂缝深度 h_c 则非线性增大。当填土内摩擦角 φ 由 25° 增大到 45° 时（对应于 $k_h=0.2$、$k_v=0.1$、$\delta=2\varphi/3$），临界破裂角 θ_{acr} 和土压力合力 E_a 分别减小了 34.5% 和 48.7%，合力作用点位置 z_0/H' 由 0.302 降低到 0.204，裂缝深度 h_c 由 0.17m 增大为 0.98m。

表 2-7 不同水平地震系数作用下填土内摩擦角(φ)和墙背外摩擦角(δ)对地震主动土压力的影响

φ, δ /(°)	$k_h=-0.2$, $k_v=0.1$				$k_h=-0.1$, $k_v=0.1$				$k_h=0$, $k_v=0.1$			
	θ_{acr} /(°)	E_a /(kN/m)	z_0/H'	h_c /m	θ_{acr} /(°)	E_a /(kN/m)	z_0/H'	h_c /m	θ_{acr} /(°)	E_a /(kN/m)	z_0/H'	h_c /m
$\varphi=25$, $\delta=0$	23.9	262.7	0.414	0.17	28.0	331.5	0.353	0.25	33.1	414.3	0.295	0.38
$\varphi=30$, $\delta=0$	21.7	199.9	0.423	0.23	25.5	262.7	0.355	0.32	30.1	337.6	0.289	0.45
$\varphi=30$, $\delta=2\varphi/3$	23.6	172.8	0.469	0.24	28.0	233.9	0.411	0.33	33.4	310.7	0.356	0.47
$\varphi=40$, $\delta=0$	17.0	104.6	0.448	0.38	20.4	155.7	0.362	0.47	24.4	216.6	0.275	0.65
$\varphi=40$, $\delta=\varphi/3$	17.6	95.6	0.473	0.38	21.4	144.7	0.393	0.48	25.8	204.9	0.314	0.64
$\varphi=40$, $\delta=2\varphi/3$	18.2	92.8	0.496	0.38	22.3	142.8	0.424	0.48	27.0	206.0	0.355	0.63

φ, δ /(°)	$k_h=0.1$, $k_v=0.1$				$k_h=0.2$, $k_v=0.1$			
	θ_{acr} /(°)	E_a /(kN/m)	z_0/H'	h_c /m	θ_{acr} /(°)	E_a /(kN/m)	z_0/H'	h_c /m
$\varphi=25$, $\delta=0$	39.7	517.1	0.250	0.54	48.6	652.7	0.234	0.74
$\varphi=30$, $\delta=0$	35.7	428.5	0.233	0.64	42.8	542.7	0.201	0.87
$\varphi=30$, $\delta=2\varphi/3$	39.9	409.9	0.311	0.64	47.7	543.9	0.288	0.85
$\varphi=40$, $\delta=0$	28.9	288.9	0.191	0.98	34.3	373.8	0.122	1.61
$\varphi=40$, $\delta=\varphi/3$	30.8	279.0	0.238	0.92	36.6	370.7	0.178	1.35
$\varphi=40$, $\delta=2\varphi/3$	32.5	286.7	0.290	0.88	38.8	391.3	0.243	1.19

注：$\alpha=5°$，$\beta=5°$，$c=5\text{kPa}$，$c'=2c/3$，$q_0=5\text{kPa}$，$\gamma=16\text{kN/m}^3$，$H=12\text{m}$，$H'=H-h_c$

当墙背外摩擦角 δ 增大时，临界破裂角 θ_{acr} 和合力作用点位置 z_0/H' 逐渐增大，合力作用点位置 z_0/H' 随内摩擦角 φ 增大而减小的速率逐渐减小。相比于墙背外摩擦角 δ 而言，土压力合力 E_a 受填土内摩擦角 φ 的影响更为显著。

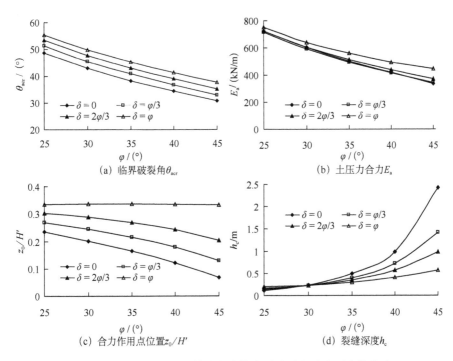

(a) 临界破裂角 θ_{acr}　　　　　(b) 土压力合力 E_a

(c) 合力作用点位置 z_0/H'　　　　(d) 裂缝深度 h_c

图 2-20　填土内摩擦角和墙背外摩擦角对地震主动土压力的影响

图 2-21 和图 2-22 分别给出了填土内摩擦角 φ 和墙背外摩擦角 δ 对地震主动土压力分布的影响，对应的其他参数为 $k_h = 0.2$、$k_v = 0.1$、$\alpha = 5°$、$\beta = 5°$、$c = 5\text{kPa}$、$c' = 2c/3$、$q_0 = 15\text{kPa}$、$\gamma = 16\text{kN/m}^3$、$H = 12\text{m}$。地震主动土压力分布曲线受填土内摩擦角 φ 和墙背外摩擦角 δ 影响显著。当填土内摩擦角 φ 由 25° 增大为 40° 时（对应于 $\delta = 0$），土压力分布曲线一直凹向墙背，且往增大的方向移动。当墙背外摩擦角 δ 由 0 增大为 φ 时（对应于 $\varphi = 30°$），土压力分布曲线的非线性特性减弱，且不同墙背外摩擦角 δ 对应的土压力分布曲线大致交于同一点。

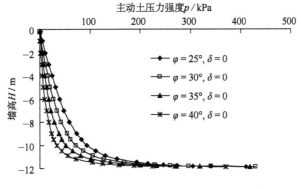

图 2-21　填土内摩擦角对土压力分布的影响

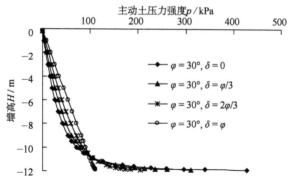

图 2-22　墙背外摩擦角对土压力分布的影响

2.6.5　填土黏聚力和墙土黏结力对地震主动土压力的影响

表 2-8 给出了不同水平地震系数 k_h 作用下填土黏聚力 c 和墙土黏结力 c' 对地震主动土压力临界破裂角 θ_{acr}、土压力合力 E_a、合力作用点位置 z_0/H' 和裂缝深度 h_c 的影响，对应的其他参数为 $k_v = 0.1$、$\alpha = 5°$、$\beta = 5°$、$\varphi = 30°$、$\delta = 2\varphi/3$、$q_0 = 0$、$\gamma = 16\text{kN/m}^3$、$H = 12\text{m}$。图 2-23 以图的形式给出了填土黏聚力 c 和墙土黏结力 c' 对地震主动土压力的影响，对应的其他参数为 $k_h = 0.1$、$k_v = 0.1$、$\alpha = 5°$、$\beta = 5°$、$\varphi = 30°$、$\delta = 2\varphi/3$、$q_0 = 0$、$\gamma = 16\text{kN/m}^3$、$H = 12\text{m}$。随着填土黏聚力 c 的增大，临界破裂角 θ_{acr} 和土压力合力 E_a 均随之减小，裂缝深度 h_c 显著增大。当填土黏聚力 c 由 0 增大到 20kPa 时（对应于 $k_h = 0.1$、$k_v = 0.1$、$c' = 2c/3$），临界破裂角 θ_{acr} 和土压力合力 E_a 分别减小了 6.5%和 52.2%，裂缝深度 h_c 由 0 增大为 3.64m。另外可以看到，合力作用点位置 z_0/H' 和填土黏聚力 c 的关系受墙土黏结力 c' 的影响。当 $c' \geqslant 2c/3$ 时，合力作用点位置 z_0/H' 随填土黏聚力 c 增大而增大；当 $0 \leqslant c' < 2c/3$ 时，合力作用点位置 z_0/H' 则随填土黏聚力 c 增大而减小。随着墙土黏结力 c' 的增大，临界破裂角 θ_{acr} 和土压力合力作用点位置 z_0/H' 均增大，土压力合力 E_a 和裂缝深度 h_c 则减小。相对于墙土黏结力 c' 而言，土压力合力 E_a 受填土黏聚力 c 影响更为显著。

表 2-8　不同水平地震系数作用下填土黏聚力(c)和墙土黏结力(c')对地震主动土压力的影响

c, c' /kPa	$k_h=-0.2, k_v=0.1$				$k_h=-0.1, k_v=0.1$				$k_h=0, k_v=0.1$			
	θ_{acr} /(°)	E_a /(kN/m)	z_0/H'	h_c /m	θ_{acr} /(°)	E_a /(kN/m)	z_0/H'	h_c /m	θ_{acr} /(°)	E_a /(kN/m)	z_0/H'	h_c /m
$c=0, c'=0$	23.0	241.1	0.453	0.00	27.9	298.0	0.403	0.00	33.8	371.1	0.353	0.00
$c=5, c'=0$	22.5	183.3	0.455	0.68	27.0	238.4	0.400	0.87	32.4	307.5	0.345	1.14
$c=10, c'=0$	22.1	130.9	0.456	1.35	26.3	185.1	0.394	1.73	31.4	250.6	0.336	2.28
$c=15, c'=0$	21.8	83.7	0.458	2.01	25.8	137.8	0.385	2.57	30.6	199.9	0.324	3.43

续表

c, c' /kPa	$k_h=-0.2, k_v=0.1$				$k_h=-0.1, k_v=0.1$				$k_h=0, k_v=0.1$			
	θ_{acr} /(°)	E_a /(kN/m)	z_0/H'	h_c /m	θ_{acr} /(°)	E_a /(kN/m)	z_0/H'	h_c /m	θ_{acr} /(°)	E_a /(kN/m)	z_0/H'	h_c /m
$c=15, c'=c/3$	23.1	54.2	0.515	1.85	27.0	112.3	0.412	2.25	31.7	181.2	0.344	2.84
$c=15, c'=2c/3$	24.3	25.3	0.646	1.72	28.2	86.2	0.451	1.96	32.9	159.8	0.367	2.31

c, c' /kPa	$k_h=0.1, k_v=0.1$				$k_h=0.2, k_v=0.1$			
	θ_{acr} /(°)	E_a /(kN/m)	z_0/H'	h_c /m	θ_{acr} /(°)	E_a /(kN/m)	z_0/H'	h_c /m
$c=0, c'=0$	41.0	468.6	0.311	0.00	49.8	606.5	0.292	0.00
$c=5, c'=0$	38.9	396.3	0.301	1.48	46.9	516.0	0.280	1.80
$c=10, c'=0$	37.5	329.2	0.290	3.01	45.0	427.0	0.269	3.70
$c=15, c'=0$	36.5	265.6	0.279	4.57	43.7	333.2	0.258	5.70
$c=15, c'=c/3$	37.4	261.0	0.294	3.64	44.3	352.8	0.269	4.48
$c=15, c'=2c/3$	38.4	248.8	0.312	2.79	45.0	357.6	0.282	3.36

注：$\alpha=5°$, $\beta=5°$, $\varphi=30°$, $\delta=2\varphi/3$, $q_0=0$, $\gamma=16\text{kN/m}^3$, $H=12\text{m}$, $H'=H-h_c$

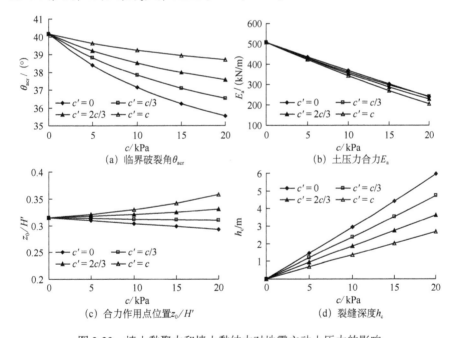

(a) 临界破裂角 θ_{acr}　　　(b) 土压力合力 E_a
(c) 合力作用点位置 z_0/H'　　　(d) 裂缝深度 h_c

图 2-23　填土黏聚力和墙土黏结力对地震主动土压力的影响

图 2-24 和图 2-25 分别给出了填土黏聚力 c 和墙土黏结力 c' 对地震主动土压力分布的影响，对应的其他参数为 $k_h=0.1$、$k_v=0$、$\alpha=5°$、$\beta=5°$、$\varphi=30°$、$\delta=2\varphi/3$、$q_0=15\text{kPa}$、$\gamma=16\text{kN/m}^3$、$H=12\text{m}$。当填土黏聚力 c 由 0 增大到 20kPa 时（对应于 $c'=2c/3$），地震主动土压力分布曲线往减小的方向平移。随着墙土黏结力 c' 的增大（对应于 $c=15\text{kPa}$），土压力分布曲线非线性特性增强，不同

墙土黏结力 c' 对应的土压力分布曲线大致交于同一点。

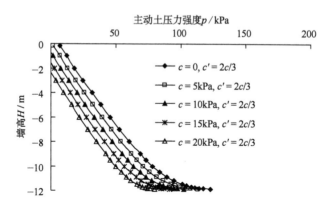

图 2-24 填土黏聚力对地震主动土压力分布的影响

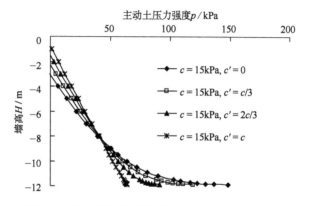

图 2-25 墙土黏结力对地震主动土压力分布的影响

2.6.6 均布超载对地震主动土压力的影响

表 2-9 给出了不同水平地震系数 k_h 作用下均布超载 q_0 对地震主动土压力临界破裂角 θ_{acr}、土压力合力 E_a、合力作用点位置 z_0 / H' 和裂缝深度 h_c 的影响，对应的其他参数为 $k_v = 0.1$、$\alpha = 0$、$\beta = 5°$、$\varphi = 35°$、$\delta = \varphi/3$、$c = 10\text{kPa}$、$c' = c/3$、$\gamma = 16\text{kN/m}^3$、$H = 12\text{m}$。图 2-26 给出了均布超载 q_0 对地震主动土压力分布的影响，对应的其他参数为 $k_h = 0.1$、$k_v = 0.1$、$\alpha = 0$、$\beta = 5°$、$\varphi = 35°$、$\delta = \varphi/3$、$c = 10\text{kPa}$、$c' = c/3$、$\gamma = 16\text{kN/m}^3$、$H = 12\text{m}$。随着均布超载 q_0 的增大，主动土压力合力 E_a 随之增大，裂缝深度 h_c 减小，临界破裂角 θ_{acr} 大致不变，地震主动土压力分布曲线往增大的方向移动。土压力合力作用点位置 z_0 / H' 受均布超载 q_0 的影响不显著。

表 2-9　不同水平地震系数作用下均布超载(q_0)对地震主动土压力的影响

q_0 /kPa	$k_h=-0.2, k_v=0.1$				$k_h=-0.1, k_v=0.1$				$k_h=0, k_v=0.1$			
	θ_{acr} /(°)	E_a /(kN/m)	z_0/H'	h_c /m	θ_{acr} /(°)	E_a /(kN/m)	z_0/H'	h_c /m	θ_{acr} /(°)	E_a /(kN/m)	z_0/H'	h_c /m
0	22.3	40.6	0.602	1.46	25.9	90.3	0.444	1.69	30.0	150.1	0.358	2.07
5	22.3	45.8	0.590	1.14	25.9	98.0	0.442	1.38	30.0	160.9	0.357	1.76
10	22.3	51.1	0.579	0.83	25.9	106.0	0.441	1.07	30.1	172.1	0.357	1.45
15	22.3	56.7	0.571	0.52	25.9	114.3	0.439	0.76	30.1	183.7	0.357	1.14
20	22.3	62.5	0.563	0.20	25.9	122.8	0.438	0.44	30.1	195.6	0.357	0.82
25	22.3	69.5	0.565	0.00	25.9	131.7	0.437	0.13	30.1	207.9	0.357	0.51

q_0 /kPa	$k_h=0.1, k_v=0.1$				$k_h=0.2, k_v=0.1$			
	θ_{acr} /(°)	E_a /(kN/m)	z_0/H'	h_c /m	θ_{acr} /(°)	E_a /(kN/m)	z_0/H'	h_c /m
0	34.9	221.1	0.291	2.64	40.7	303.8	0.243	3.39
5	34.9	235.8	0.291	2.33	40.7	323.5	0.243	3.07
10	34.9	251.0	0.291	2.02	40.7	343.8	0.243	2.76
15	35.0	266.7	0.291	1.70	40.8	364.7	0.244	2.44
20	35.0	282.8	0.291	1.39	40.8	386.2	0.244	2.13
25	35.0	299.4	0.291	1.08	40.8	408.3	0.244	1.82

注：$\alpha=0$、$\beta=5°$、$\varphi=35°$、$\delta=\varphi/3$、$c=10$kPa、$c'=c/3$、$\gamma=16$kN/m^3、$H=12$m、$H'=H-h_c$。

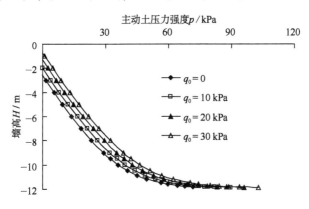

图 2-26　均布超载对地震主动土压力分布的影响

2.6.7　挡墙墙高和填土重度对地震主动土压力的影响

表 2-10 给出了不同水平地震系数(k_h)作用下填土重度(γ)和挡墙墙高(H)对地震主动土压力临界破裂角θ_{acr}、主动土压力合力E_a、合力作用点位置z_0/H'和裂缝深度h_c的影响，对应的其他参数为$\alpha=0$、$\beta=5°$、$\varphi=35°$、$\delta=\varphi/3$、$c=10$kPa、$c'=c/3$、$q_0=5$kPa。图 2-27 给出了填土重度γ对地震主动土压力分布的影响，对应的其他参数为$k_h=0.1$、$k_v=0.1$、$\alpha=0$、$\beta=5°$、$\varphi=35°$、$\delta=\varphi/3$、$c=5$kPa、$c'=2c/3$、$q_0=15$kPa、$H=12$m。图 2-28 给出了地震主

动土压力合力 E_a 与墙高 H 的比值(E_a/H)和墙高 H 的关系曲线，对应的其他参数为 $k_h=0.1$、$k_v=0.1$、$\alpha=0$、$\beta=5°$、$\varphi=35°$、$\delta=\varphi/3$、$c=10\text{kPa}$、$c'=c/3$、$q_0=5\text{kPa}$。随着填土重度 γ 的增大，主动土压力合力 E_a 逐渐增大，合力作用点位置 z_0/H' 逐渐降低，主动土压力临界破裂角 θ_{acr} 保持不变，主动土压力曲线往增大的方向移动。

表 2-10 不同水平地震系数作用下填土重度(γ)和挡墙墙高(H)对地震主动土压力的影响

$\gamma/(\text{kN/m}^3)$ H/m	$k_h=-0.2, k_v=0.1$				$k_h=-0.1, k_v=0.1$				$k_h=0, k_v=0.1$			
	θ_{acr} /(°)	E_a /(kN/m)	z_0/H'	h_c /m	θ_{acr} /(°)	E_a /(kN/m)	z_0/H'	h_c /m	θ_{acr} /(°)	E_a /(kN/m)	z_0/H'	h_c /m
$\gamma=16, H=12$	22.3	45.8	0.590	1.14	25.9	98.0	0.442	1.38	30.0	160.9	0.357	1.76
$\gamma=18, H=12$	22.3	65.4	0.552	1.01	25.9	123.5	0.436	1.23	30.1	193.8	0.356	1.57
$\gamma=20, H=12$	22.2	85.3	0.532	0.91	25.9	149.3	0.431	1.10	30.1	226.9	0.356	1.41
$\gamma=18, H=8$	22.5	5.2	1.185	1.02	26.0	32.2	0.473	1.23	30.0	64.4	0.361	1.56
$\gamma=18, H=12$	22.3	65.4	0.552	1.01	25.9	123.5	0.436	1.23	30.1	193.8	0.356	1.57
$\gamma=18, H=16$	22.1	167.4	0.510	1.01	25.8	268.5	0.426	1.23	30.2	391.7	0.355	1.57

$\gamma/(\text{kN/m}^3)$ H/m	$k_h=0.1, k_v=0.1$				$k_h=0.2, k_v=0.1$			
	θ_{acr} /(°)	E_a /(kN/m)	z_0/H'	h_c /m	θ_{acr} /(°)	E_a /(kN/m)	z_0/H'	h_c /m
$\gamma=16, H=12$	34.9	235.8	0.291	2.33	40.7	323.5	0.243	3.07
$\gamma=18, H=12$	35.0	278.3	0.291	2.07	40.9	379.1	0.244	2.72
$\gamma=20, H=12$	35.1	320.9	0.292	1.86	41.0	434.7	0.245	2.45
$\gamma=18, H=8$	34.7	101.5	0.290	2.07	40.3	141.8	0.241	2.75
$\gamma=18, H=12$	35.0	278.3	0.291	2.07	40.9	379.1	0.244	2.72
$\gamma=18, H=16$	35.2	542.4	0.292	2.07	41.2	728.1	0.246	2.71

注：$\alpha=0$、$\beta=5°$、$\varphi=35°$、$\delta=\varphi/3$、$c=10\text{kPa}$、$c'=c/3$、$q_0=5\text{kPa}$、$H'=H-h_c$

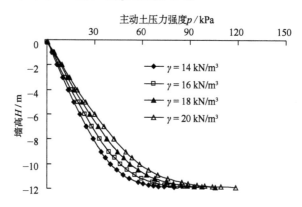

图 2-27 填土重度对地震主动土压力分布的影响

挡墙墙高 H 增大，地震主动土压力合力 E_a 显著增大，临界破裂角 θ_{acr} 和裂缝深度 h_c 大致不变。土压力合力 E_a 与挡墙墙高 H 的二次方大致呈线性关系，如图

2-28 所示。

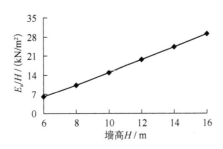

图 2-28　地震主动土压力合力与墙高的比值和墙高的关系

2.7　本　章　小　结

采用薄层微元分析法推导了地震作用下挡墙主动土压力及其非线性分布的通用解答，并对土压力进行了参数分析。主要工作小结如下：

(1)建立了复杂条件下地震主动土压力的分析模型，获得了地震作用下挡墙主动土压力非线性分布、土压力合力大小和作用点位置公式。公式考虑了水平和垂直地震系数、墙背倾角、填土面倾角、填土内摩擦角、墙背外摩擦角、填土黏聚力、墙背与填土黏结力、均布超载等诸多因素的影响，并采用图解法获得了复杂条件下地震主动土压力临界破裂角的显式解析解。

(2)推导了考虑裂缝深度的黏性土地震主动土压力的计算公式，提出了迭代计算的方法求解裂缝深度和临界破裂角。

(3)通过将地震主动土压力公式同已有公式进行对比分析，验证了本章公式的正确性。

(4)通过将地震主动土压力公式同已有试验结果进行算例比较，验证了本章公式的正确性和有效性。

(5)讨论了水平和垂直地震系数、墙背倾角、填土面倾角、填土内摩擦角、墙背外摩擦角、填土黏聚力、墙背与填土黏结力、均布超载、填土重度、挡墙墙高等因素对地震主动土压力临界破裂角、土压力合力、合力作用位置、裂缝深度、土压力非线性分布特性的影响。

第3章 地震作用下挡墙被动土压力解答

3.1 概 述

当挡墙在较大外力作用下向后移动推向填土时，填土受到了墙体的挤压，墙背则受到了土体的土压力作用。随着墙体挤压土体位移的增大，土压力也增大。当墙体位移达到一定量值时，墙后土体即将被挤出产生滑裂面，在此滑裂面上土体的抗剪强度全部发挥，墙后土体达到被动极限平衡状态，墙背的土压力称为被动土压力。通常情况下，被动土压力作为挡墙后主动土压力的抵抗阻力，因此，最危险破裂面对应的被动土压力将达到最小值。

本章旨在获得适用于任意土质、任意墙背墙角、任意填土面倾角的地震被动土压力及其非线性分布的通用解答，并给出复杂条件下地震被动土压力临界破裂角的显式解析解。地震被动土压力考虑的因素包括水平和垂直地震系数、墙背倾角、填土面倾角、填土内摩擦角、墙背外摩擦角、填土黏聚力、墙背与填土黏结力、均布超载等。本章主要内容包括：

(1) 通过薄层微元分析法获得地震作用下被动土压力及其非线性分布的通用解答，并通过图解法求解被动土压力临界破裂角的显式解析解；

(2) 将地震被动土压力公式同已有公式进行比较和验证，对被动土压力进行算例比较以验证公式的正确性和有效性；

(3) 对地震被动土压力进行参数分析。

本章在进行地震作用下被动土压力公式推导时，地震作用依旧按拟静力法考虑，并参照地震主动土压力公式推导的情况，对挡墙和墙后土体作如下假定：

(1) 挡墙为刚性的，土体是单一、均匀、各向同性的；

(2) 当墙身向后偏移时，墙后滑动土楔体沿墙背和一个过墙踵的平面发生滑动；

(3) 与墙背填料平行的截面上没有水平剪切力；

(4) 填土黏聚力和墙背黏结力分别沿破裂面和墙背面均匀分布；

(5) 地震作用不会影响土的基本物理力学特性。

3.2 地震被动土压力公式推导

3.2.1 地震被动土压力极限平衡方程

考虑挡墙墙高 H、墙背倾角 α、墙背填土面倾角 β、填土黏聚力 c、内摩擦角 φ、填土与墙背的黏结力 c' 和外摩擦角 δ、均布超载 q_0 等因素，假设墙背土楔体 ABC 处于被动土压力极限平衡状态，θ 为被动土压力破裂角。地震作用按拟静力法考虑，设水平地震系数为 k_h，垂直地震系数为 k_v，地震角为 η，且满足关系式(2-1)。地震作用按被动土压力最不利情况考虑，可建立被动土压力计算模型，如图 3-1 所示。其中，E_p 为墙背作用在土楔体 AB 边上的被动土压力合力；R 为破裂面下部土体作用在土楔体破裂面 BC 边上的反力。

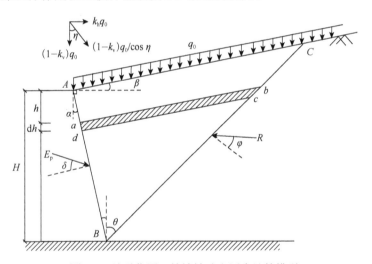

图 3-1 地震作用下挡墙被动土压力计算模型

根据图 3-1 的几何关系有

$$\begin{cases} \overline{AB} = \dfrac{H}{\cos\alpha}, \quad \overline{AC} = \dfrac{H\sin(\alpha+\theta)}{\cos\alpha\cos(\beta+\theta)}, \quad \overline{BC} = \dfrac{H\cos(\alpha-\beta)}{\cos\alpha\cos(\beta+\theta)} \\[2mm] \overline{Aa} = \dfrac{h}{\cos\alpha}, \quad \overline{ad} = \dfrac{\mathrm{d}h}{\cos\alpha}, \quad \overline{bc} = \dfrac{\cos(\alpha-\beta)\mathrm{d}h}{\cos\alpha\cos(\beta+\theta)} \\[2mm] \overline{ab} = \dfrac{(H-h)\sin(\alpha+\theta)}{\cos\alpha\cos(\beta+\theta)}, \quad \overline{cd} = \dfrac{(H-h-\mathrm{d}h)\sin(\alpha+\theta)}{\cos\alpha\cos(\beta+\theta)} \end{cases} \quad (3\text{-}1)$$

微元土体 $abcd$ 的自重 $\mathrm{d}w$（忽略二阶无穷小）为

$$dw = \gamma \cdot S_{abcd} = \gamma(H-h)\frac{\sin(\alpha+\theta)\cos(\alpha-\beta)}{\cos(\beta+\theta)\cos^2\alpha}dh \tag{3-2}$$

其中，γ 为填土重度；S_{abcd} 为四边形 $abcd$ 的面积。

选取微元土体 $abcd$ 进行被动土压力极限平衡分析，如图 3-2 所示。其中，$q(h)$ 为上部土体在深度 h 位置作用在 ab 边的均布力（考虑地震作用）；$\left[q(h)+dq(h)\right]$ 为下部土体在深度 h 位置作用在 cd 边的均布力（考虑地震作用）。

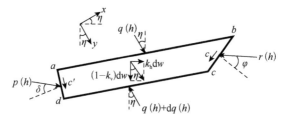

图 3-2　地震被动土压力微元体极限平衡分析

类似于地震主动土压力分析方法，为便于建立地震被动土压力的极限平衡方程，将坐标轴逆时针旋转角度 η，即 x、y 坐标轴设为与水平线和垂直线成 η 角的方向，如图 3-2 所示。

(1)建立 x 方向的地震被动土压力极限平衡方程：

$$p(h)\cdot\overline{ad}\cdot\cos(\delta+\eta-\alpha)-c'\cdot\overline{ad}\cdot\sin(\eta-\alpha)-c\cdot\overline{bc}\cdot\sin(\theta+\eta)$$
$$-r(h)\cdot\overline{bc}\cdot\cos(\theta+\eta-\varphi)=0 \tag{3-3}$$

将式(3-1)代入式(3-3)可得

$$r(h)=\frac{\cos(\beta+\theta)\cos(\eta+\delta-\alpha)}{\cos(\alpha-\beta)\cos(\theta+\eta-\varphi)}p(h)-\frac{\cos(\beta+\theta)\sin(\eta-\alpha)}{\cos(\alpha-\beta)\cos(\theta+\eta-\varphi)}c'-\frac{\sin(\theta+\eta)}{\cos(\theta+\eta-\varphi)}c$$
$$\tag{3-4}$$

(2)建立 y 方向的地震被动土压力极限平衡方程：

$$p(h)\cdot\overline{ad}\sin(\eta+\delta-\alpha)+c'\cdot\overline{ad}\cos(\eta-\alpha)+c\cdot\overline{bc}\cos(\theta+\eta)+q(h)\cdot\overline{ab}$$
$$-\left[q(h)+dq(h)\right]\cdot\overline{cd}-r(h)\cdot\overline{bc}\sin(\theta+\eta-\varphi)+\frac{(1-k_v)}{\cos\eta}dw=0 \tag{3-5}$$

将式(3-1)和式(3-2)代入式(3-5)可得(忽略二阶无穷小)

$$p(h)\cdot\sin(\eta+\delta-\alpha)dh+c'\cdot\cos(\eta-\alpha)dh+c\cdot\frac{\cos(\alpha-\beta)\cos(\theta+\eta)}{\cos(\theta+\beta)}dh$$
$$+q(h)\cdot\frac{\sin(\alpha+\theta)}{\cos(\theta+\beta)}dh-\frac{\sin(\alpha+\theta)}{\cos(\theta+\beta)}(H-h)\cdot dq(h)-r(h)\cdot\frac{\cos(\alpha-\beta)\sin(\theta+\eta-\varphi)}{\cos(\theta+\beta)}dh$$
$$+\frac{(1-k_v)}{\cos\eta}\frac{\cos(\alpha-\beta)\sin(\alpha+\theta)}{\cos\alpha\cos(\theta+\beta)}\cdot\gamma(H-h)dh=0$$

$$\tag{3-6}$$

(3) 对 bc 边中点取力矩平衡，以逆时针方向为正：

$$p(h) \cdot \overline{ad} \sin(\beta + \delta - \alpha) \cdot \frac{1}{2}(\overline{ab} + \overline{cd}) + c' \cdot \overline{ad} \cos(\alpha - \beta) \cdot \frac{1}{2}(\overline{ab} + \overline{cd})$$

$$+ q(h) \cdot \overline{ab} \cdot \left[\frac{1}{2}\overline{ab} \cos(\eta - \beta) - \frac{1}{2}\overline{bc}\sin(\theta + \eta) \right]$$

$$- \left[q(h) + \mathrm{d}q(h) \right] \cdot \overline{cd} \cdot \left[\frac{1}{2}\overline{cd} \cos(\eta - \beta) + \frac{1}{2}\overline{bc}\sin(\theta + \eta) \right] \tag{3-7}$$

$$+ \frac{1 - k_{\mathrm{v}}}{\cos\eta} \mathrm{d}w \cdot \frac{1}{4}(\overline{ab} + \overline{cd})\cos(\eta - \beta) = 0$$

将式 (3-1) 和式 (3-2) 代入式 (3-7) 可得（忽略二阶无穷小）

$$p(h) \cdot \sin(\delta + \beta - \alpha)\mathrm{d}h + c' \cdot \cos(\alpha - \beta)\mathrm{d}h$$

$$+ \left[\frac{\sin(\alpha + \theta)\cos(\eta - \beta)}{\cos(\theta + \beta)} - \frac{\cos(\alpha - \beta)\sin(\theta + \eta)}{\cos(\theta + \beta)} \right] q(h) \cdot \mathrm{d}h$$

$$- \frac{1}{2}\frac{\sin(\alpha + \theta)\cos(\eta - \beta)}{\cos(\theta + \beta)} \cdot (H - h)\mathrm{d}q(h) \tag{3-8}$$

$$+ \frac{1}{2}\frac{(1 - k_{\mathrm{v}})}{\cos\eta}\frac{\cos(\alpha - \beta)\cos(\eta - \beta)\sin(\alpha + \theta)}{\cos\alpha\cos(\theta + \beta)} \cdot \gamma(H - h)\mathrm{d}h = 0$$

注意到三角函数关系

$$\sin(\alpha + \theta)\cos(\eta - \beta) - \cos(\alpha - \beta)\sin(\theta + \eta) = \sin(\alpha - \eta)\cos(\theta + \beta) \tag{3-9}$$

式 (3-8) 可进一步转化为

$$p(h) \cdot \sin(\delta + \beta - \alpha)\mathrm{d}h + c' \cdot \cos(\alpha - \beta)\mathrm{d}h + q(h) \cdot \sin(\alpha - \eta)\mathrm{d}h$$

$$- \frac{1}{2}\frac{\sin(\alpha + \theta)\cos(\eta - \beta)}{\cos(\theta + \beta)} \cdot (H - h)\mathrm{d}q(h) \tag{3-10}$$

$$+ \frac{1}{2}\frac{(1 - k_{\mathrm{v}})}{\cos\eta}\frac{\cos(\alpha - \beta)\cos(\eta - \beta)\sin(\alpha + \theta)}{\cos\alpha\cos(\theta + \beta)} \cdot \gamma(H - h)\mathrm{d}h = 0$$

3.2.2　地震被动土压力分布强度

联立平衡方程式 (3-4)、式 (3-6) 和式 (3-10) 进行求解。将式 (3-6) 乘以 $-\cos(\eta - \beta) / 2$ 后与式 (3-10) 相加可得

$$\left[-\frac{1}{2}\frac{\sin(\alpha + \theta)\cos(\eta - \beta)}{\cos(\theta + \beta)} + \sin(\alpha - \eta) \right] \cdot q(h) \cdot \mathrm{d}h$$

$$+ \frac{1}{2}\frac{\cos(\alpha - \beta)\sin(\theta + \eta - \varphi)\cos(\eta - \beta)}{\cos(\theta + \beta)} \cdot r(h) \cdot \mathrm{d}h$$

$$-\frac{1}{2}\frac{\cos(\alpha-\beta)\cos(\theta+\eta)\cos(\eta-\beta)}{\cos(\theta+\beta)}\cdot c\cdot \mathrm{d}h \tag{3-11}$$

$$+\left[\sin(\delta+\beta-\alpha)-\frac{1}{2}\sin(\eta+\delta-\alpha)\cos(\eta-\beta)\right]\cdot p(h)\cdot \mathrm{d}h$$

$$+\left[\cos(\alpha-\beta)-\frac{1}{2}\cos(\eta-\alpha)\cos(\eta-\beta)\right]\cdot c'\cdot \mathrm{d}h=0$$

将式(3-4)代入式(3-11)，经化简可得

$$\left[-\sin(\alpha+\theta)\cos(\eta-\beta)+2\sin(\alpha-\eta)\cos(\theta+\beta)\right]\cos(\theta+\eta-\varphi)\cdot q(h)$$

$$-\left[\begin{array}{l}\cos(\theta+\eta)\cos(\theta+\eta-\varphi)\\+\sin(\theta+\eta-\varphi)\sin(\theta+\eta)\end{array}\right]\cos(\alpha-\beta)\cos(\beta-\eta)\cdot c$$

$$+\left[\begin{array}{l}2\cos(\alpha-\beta)\cos(\theta+\eta-\varphi)\\-\cos(\alpha-\eta)\cos(\beta-\eta)\cos(\theta+\eta-\varphi)\\+\sin(\theta+\eta-\varphi)\cos(\beta-\eta)\sin(\alpha-\eta)\end{array}\right]\cos(\theta+\beta)\cdot c' \tag{3-12}$$

$$+\left[\begin{array}{l}2\sin(\delta+\beta-\alpha)\cos(\theta+\eta-\varphi)\\-\sin(\eta+\delta-\alpha)\cos(\beta-\eta)\cos(\theta+\eta-\varphi)\\+\sin(\theta+\eta-\varphi)\cos(\beta-\eta)\cos(\eta+\delta-\alpha)\end{array}\right]\cos(\theta+\beta)\cdot p(h)=0$$

注意到如下三角函数关系：

$$-\sin(\alpha+\theta)\cos(\eta-\beta)+2\sin(\alpha-\eta)\cos(\theta+\beta)$$

$$=\cos(\theta+\beta)\sin(\alpha-\eta)-\cos(\alpha-\beta)\sin(\theta+\eta) \tag{3-13}$$

$$2\cos(\alpha-\beta)\cos(\theta+\eta-\varphi)-\cos(\alpha-\eta)\cos(\beta-\eta)\cos(\theta+\eta-\varphi)$$

$$+\sin(\theta+\eta-\varphi)\cos(\beta-\eta)\sin(\alpha-\eta) \tag{3-14}$$

$$=\cos(\theta+\eta-\varphi)\cos(\alpha-\beta)+\sin(\alpha-\eta)\sin(\beta+\theta-\varphi)$$

$$2\sin(\delta+\beta-\alpha)\cos(\theta+\eta-\varphi)-\sin(\eta+\delta-\alpha)\cos(\beta-\eta)\cos(\theta+\eta-\varphi)$$

$$+\sin(\theta+\eta-\varphi)\cos(\beta-\eta)\cos(\eta+\delta-\alpha) \tag{3-15}$$

$$=\cos(\theta+\eta-\varphi)\sin(\delta+\beta-\alpha)+\cos(\eta+\delta-\alpha)\sin(\theta+\beta-\varphi)$$

式(3-12)可转化为

$$\cos(\theta+\eta-\varphi)\left[\cos(\theta+\beta)\sin(\alpha-\eta)-\cos(\alpha-\beta)\sin(\theta+\eta)\right]\cdot q(h)$$

$$-\cos(\alpha-\beta)\cos(\beta-\eta)\cos\varphi\cdot c$$

$$+\cos(\theta+\beta)\left[\cos(\theta+\eta-\varphi)\cos(\alpha-\beta)+\sin(\alpha-\eta)\sin(\beta+\theta-\varphi)\right]\cdot c'$$

$$+\cos(\theta+\beta)\left[\cos(\theta+\eta-\varphi)\sin(\delta+\beta-\alpha)+\cos(\eta+\delta-\alpha)\sin(\theta+\beta-\varphi)\right]\cdot p(h)=0$$

$$\tag{3-16}$$

可将式(3-16)改写成如下形式：

$$p(h)=n_{1\mathrm{p}}\cdot q(h)+n_{2\mathrm{p}}\cdot c'+n_{3\mathrm{p}}\cdot c \tag{3-17}$$

其中

$$n_{1p} = -\frac{\cos(\theta+\eta-\varphi)}{\cos(\theta+\beta)} \times \frac{\cos(\theta+\beta)\sin(\alpha-\eta)-\cos(\alpha-\beta)\sin(\theta+\eta)}{\cos(\theta+\eta-\varphi)\sin(\beta+\delta-\alpha)+\cos(\delta+\eta-\alpha)\sin(\theta+\beta-\varphi)}$$

$$\tag{3-18}$$

$$n_{2p} = -\frac{\cos(\theta+\eta-\varphi)\cos(\alpha-\beta)+\sin(\alpha-\eta)\sin(\beta+\theta-\varphi)}{\cos(\theta+\eta-\varphi)\sin(\beta+\delta-\alpha)+\cos(\delta+\eta-\alpha)\sin(\theta+\beta-\varphi)} \tag{3-19}$$

$$n_{3p} = \frac{1}{\cos(\beta+\theta)} \times \frac{\cos(\alpha-\beta)\cos(\beta-\eta)\cos\varphi}{\cos(\theta+\eta-\varphi)\sin(\beta+\delta-\alpha)+\cos(\delta+\eta-\alpha)\sin(\theta+\beta-\varphi)} \tag{3-20}$$

将式(3-17)代回式(3-10)经化简可得

$$\frac{\left[\begin{array}{l}\cos(\theta+\eta-\varphi)\sin(\delta+\beta-\alpha)\cos(\alpha-\beta)\sin(\theta+\eta)\\+\cos(\theta+\beta)\cos(\eta+\delta-\alpha)\sin(\theta+\beta-\varphi)\sin(\alpha-\eta)\end{array}\right]}{\cos(\theta+\beta)\left[\cos(\theta+\eta-\varphi)\sin(\beta+\delta-\alpha)+\cos(\delta+\eta-\alpha)\sin(\theta+\beta-\varphi)\right]} \cdot q(h) \cdot \mathrm{d}h$$

$$+\frac{\sin(\theta+\beta-\varphi)\left[\cos(\eta+\delta-\alpha)\cos(\alpha-\beta)-\sin(\delta+\beta-\alpha)\sin(\alpha-\eta)\right]}{\cos(\theta+\eta-\varphi)\sin(\beta+\delta-\alpha)+\cos(\delta+\eta-\alpha)\sin(\theta+\beta-\varphi)} \cdot c' \cdot \mathrm{d}h$$

$$+\frac{\sin(\delta+\beta-\alpha)\cos(\alpha-\beta)\cos(\beta-\eta)\cos\varphi}{\cos(\theta+\beta)\left[\cos(\theta+\eta-\varphi)\sin(\beta+\delta-\alpha)+\cos(\delta+\eta-\alpha)\sin(\theta+\beta-\varphi)\right]} \cdot c \cdot \mathrm{d}h$$

$$-\frac{1}{2}\frac{\sin(\alpha+\theta)\cos(\beta-\eta)}{\cos(\theta+\beta)}(H-h) \cdot \mathrm{d}q(h)$$

$$+\frac{1}{2}\frac{1-k_v}{\cos\eta}\frac{\sin(\alpha+\theta)\cos(\alpha-\beta)\cos(\beta-\eta)}{\cos\alpha\cos(\theta+\beta)} \cdot \gamma \cdot (H-h) \cdot \mathrm{d}h = 0$$

$$\tag{3-21}$$

并注意到三角函数关系

$$\cos(\eta+\delta-\alpha)\cos(\alpha-\beta)-\sin(\delta+\beta-\alpha)\sin(\alpha-\eta)=\cos(\beta-\eta)\cos\delta \tag{3-22}$$

式(3-21)可写成如下形式：

$$\frac{\mathrm{d}q(h)}{\mathrm{d}h} - \frac{2 \times \left[\begin{array}{l}\cos(\theta+\eta-\varphi)\sin(\delta+\beta-\alpha)\cos(\alpha-\beta)\sin(\theta+\eta)\\+\cos(\theta+\beta)\cos(\eta+\delta-\alpha)\sin(\theta+\beta-\varphi)\sin(\alpha-\eta)\end{array}\right]}{\sin(\alpha+\theta)\cos(\beta-\eta)\left[\begin{array}{l}\cos(\theta+\eta-\varphi)\sin(\beta+\delta-\alpha)\\+\cos(\delta+\eta-\alpha)\sin(\theta+\beta-\varphi)\end{array}\right]} \times \frac{q(h)}{H-h}$$

$$= \frac{2 \times \left[\begin{array}{l}\cos(\theta+\beta)\sin(\theta+\beta-\varphi)\cos\delta \cdot c'\\+\sin(\delta+\beta-\alpha)\cos(\alpha-\beta)\cos\varphi \cdot c\end{array}\right]}{\sin(\alpha+\theta)\left[\begin{array}{l}\cos(\theta+\eta-\varphi)\sin(\beta+\delta-\alpha)\\+\cos(\delta+\eta-\alpha)\sin(\theta+\beta-\varphi)\end{array}\right]} \times \frac{1}{H-h} + \frac{\cos(\alpha-\beta)}{\cos\alpha}\frac{1-k_v}{\cos\eta} \cdot \gamma$$

$$\tag{3-23}$$

结合式(3-18)，注意到三角函数关系

$$2\begin{bmatrix}\cos(\theta+\eta-\varphi)\sin(\delta+\beta-\alpha)\cos(\alpha-\beta)\sin(\theta+\eta)\\+\cos(\theta+\beta)\cos(\eta+\delta-\alpha)\sin(\theta+\beta-\varphi)\sin(\alpha-\eta)\end{bmatrix}$$

$$=\sin(\alpha+\theta)\cos(\beta-\eta)\begin{bmatrix}\sin(\beta+\delta-\alpha)\cos(\theta+\eta-\varphi)\\+\sin(\theta+\beta-\varphi)\cos(\delta+\eta-\alpha)\end{bmatrix} \tag{3-24}$$

$$+\sin(\alpha+\theta-\delta-\varphi)\cos(\beta-\eta)[\cos(\theta+\beta)\sin(\alpha-\eta)-\cos(\alpha-\beta)\sin(\theta+\eta)]$$

式 (3-23) 可改写为

$$\frac{\mathrm{d}q(h)}{\mathrm{d}h}-\left[1-n_{1\mathrm{p}}\frac{\cos(\theta+\beta)\sin(\theta+\alpha-\varphi-\delta)}{\cos(\theta+\eta-\varphi)\sin(\alpha+\theta)}\right]\times\frac{q(h)}{H-h}$$

$$=\frac{2\times\begin{bmatrix}\cos(\theta+\beta)\sin(\theta+\beta-\varphi)\cos\delta\cdot c'\\+\sin(\delta+\beta-\alpha)\cos(\alpha-\beta)\cos\varphi\cdot c\end{bmatrix}}{\sin(\alpha+\theta)\begin{bmatrix}\cos(\theta+\eta-\varphi)\sin(\beta+\delta-\alpha)\\+\cos(\delta+\eta-\alpha)\sin(\theta+\beta-\varphi)\end{bmatrix}}\times\frac{1}{H-h}+\frac{\cos(\alpha-\beta)}{\cos\alpha}\frac{1-k_{\mathrm{v}}}{\cos\eta}\cdot\gamma \tag{3-25}$$

将式 (3-25) 进一步改写为如下形式：

$$\frac{\mathrm{d}q(h)}{\mathrm{d}h}-\frac{A_2}{H-h}\cdot q(h)=\frac{B_2}{H-h}+\frac{\cos(\alpha-\beta)}{\cos\alpha}\frac{1-k_{\mathrm{v}}}{\cos\eta}\cdot\gamma \tag{3-26}$$

其中

$$A_2=1-n_{1\mathrm{p}}\frac{\cos(\theta+\beta)\sin(\theta+\alpha-\varphi-\delta)}{\cos(\theta+\eta-\varphi)\sin(\alpha+\theta)} \tag{3-27}$$

$$B_2=\frac{2\times[\cos(\theta+\beta)\sin(\theta+\beta-\varphi)\cos\delta\cdot c'+\sin(\delta+\beta-\alpha)\cos(\alpha-\beta)\cos\varphi\cdot c]}{\sin(\alpha+\theta)[\cos(\theta+\eta-\varphi)\sin(\beta+\delta-\alpha)+\cos(\delta+\eta-\alpha)\sin(\theta+\beta-\varphi)]} \tag{3-28}$$

根据 A_2 的取值分三种情况求解微分方程 (3-26)。

(1) 当 $A_2\neq0$ 且 $A_2\neq-1$ 时，式 (3-26) 为非奇次线性微分方程，令

$$P(h)=-\frac{A_2}{H-h},\quad Q(h)=\frac{B_2}{H-h}+\frac{\cos(\alpha-\beta)}{\cos\alpha}\frac{1-k_{\mathrm{v}}}{\cos\eta}\cdot\gamma \tag{3-29}$$

利用常数变异法可求得微分方程 (3-26) 的通解为

$$q(h)=\mathrm{e}^{-\int P(h)\mathrm{d}h}\left[\int Q(h)\mathrm{e}^{\int P(h)\mathrm{d}h}\cdot\mathrm{d}h+C\right] \tag{3-30}$$

其中，C 为积分常数。

将式 (3-29) 代入式 (3-30) 经化简可得

$$q(h)=-\frac{B_2}{A_2}-\frac{\cos(\alpha-\beta)}{\cos\alpha}\cdot\frac{1-k_{\mathrm{v}}}{\cos\eta}\cdot\frac{\gamma}{1+A_2}\cdot(H-h)+\frac{C}{(H-h)^{A_2}} \tag{3-31}$$

利用边界条件 $q(h=0)=(1-k_{\mathrm{v}})q_0/\cos\eta$ 可解得 C 为

$$C=\left[\frac{B_2}{A_2}+\frac{\cos(\alpha-\beta)}{\cos\alpha}\cdot\frac{1-k_{\mathrm{v}}}{\cos\eta}\cdot\frac{\gamma\cdot H}{1+A_2}+\frac{(1-k_{\mathrm{v}})\cdot q_0}{\cos\eta}\right]H^{A_2} \tag{3-32}$$

由此可得

$$q(h) = \left[\frac{B_2}{A_2} + \frac{\cos(\alpha - \beta)}{\cos\alpha} \cdot \frac{1-k_v}{\cos\eta} \cdot \frac{\gamma \cdot H}{1+A_2} + \frac{(1-k_v) \cdot q_0}{\cos\eta} \right] \left(\frac{H}{H-h} \right)^{A_2}$$
$$- \frac{B_2}{A_2} - \frac{\cos(\alpha - \beta)}{\cos\alpha} \cdot \frac{1-k_v}{\cos\eta} \cdot \frac{\gamma \cdot (H-h)}{1+A_2} \tag{3-33}$$

将式(3-33)代入式(3-17)可得

$$p(h) = n_{1p} \cdot \left[\frac{B_2}{A_2} + \frac{\cos(\alpha - \beta)}{\cos\alpha} \cdot \frac{1-k_v}{\cos\eta} \cdot \frac{\gamma \cdot H}{1+A_2} + \frac{(1-k_v) \cdot q_0}{\cos\eta} \right] \left(\frac{H}{H-h} \right)^{A_2}$$
$$- n_{1p} \cdot \frac{B_2}{A_2} - n_{1p} \cdot \frac{\cos(\alpha - \beta)}{\cos\alpha} \cdot \frac{1-k_v}{\cos\eta} \cdot \frac{\gamma \cdot (H-h)}{1+A_2} + n_{2p} \cdot c' + n_{3p} \cdot c \tag{3-34}$$

(2) 当 $A_2 = 0$ 时，微分方程(3-26)转化为

$$\frac{\mathrm{d}q(h)}{\mathrm{d}h} = \frac{B_2}{H-h} + \frac{1-k_v}{\cos\eta} \cdot \gamma \cdot \frac{\cos(\alpha - \beta)}{\cos\alpha} \tag{3-35}$$

求解微分方程(3-35)可得

$$q(h) = -B_2 \ln(H-h) + \frac{(1-k_v)\cos(\alpha - \beta)\gamma \cdot h}{\cos\eta \cos\alpha} + C \tag{3-36}$$

利用边界条件 $q(h=0) = q_0(1-k_v)/\cos\eta$ 可解得 C 为

$$C = \frac{(1-k_v)q_0}{\cos\eta} + B_2 \ln H \tag{3-37}$$

因此有

$$q(h) = -B_2 \ln\left(\frac{H-h}{H} \right) + \frac{1-k_v}{\cos\eta} q_0 + \frac{(1-k_v)\cos(\alpha - \beta)}{\cos\eta \cos\alpha} \cdot \gamma h \tag{3-38}$$

将式(3-38)代入式(3-17)：

$$p(h) = n_{1p} \left[-B_2 \ln\left(\frac{H-h}{H} \right) + \frac{1-k_v}{\cos\eta} q_0 + \frac{(1-k_v)\cos(\alpha - \beta)}{\cos\eta \cos\alpha} \cdot \gamma h \right] + n_{2p} c' + n_{3p} c \tag{3-39}$$

(3) 当 $A_2 = -1$ 时，微分方程(2-26)转化为

$$\frac{\mathrm{d}q(h)}{\mathrm{d}h} + \frac{q(h)}{H-h} = \frac{B_2}{H-h} + \frac{1-k_v}{\cos\eta} \cdot \gamma \cdot \frac{\cos(\alpha - \beta)}{\cos\alpha} \tag{3-40}$$

同样地，采用常数变异法可求得微分方程(3-40)的解为

$$q(h) = B_2 - \frac{(1-k_v)\cos(\alpha - \beta)}{\cos\eta \cos\alpha} \gamma \cdot (H-h)\ln(H-h) + C(H-h) \tag{3-41}$$

利用边界条件 $q(h=0) = (1-k_v)q_0/\cos\eta$ 可解得 C 为

$$C = \frac{(1-k_v)q_0}{\cos\eta \cdot H} - \frac{B_2}{H} + \frac{(1-k_v)\cos(\alpha - \beta)}{\cos\eta \cos\alpha} \cdot \gamma \ln H \tag{3-42}$$

将式(3-42)代入式(3-41)：

$$q(h) = \frac{B_2 \cdot h}{H} + \frac{(1-k_v)(H-h)q_0}{\cos\eta \cdot H} - \frac{(1-k_v)\cos(\alpha-\beta)}{\cos\eta\cos\alpha} \cdot \gamma(H-h)\ln\left(\frac{H-h}{H}\right) \quad (3\text{-}43)$$

将式(3-43)代入式(3-17)：

$$p(h) = n_{1p}\left[\frac{B_2 \cdot h}{H} + \frac{(1-k_v)(H-h)q_0}{\cos\eta \cdot H} - \frac{(1-k_v)\cos(\alpha-\beta)}{\cos\eta\cos\alpha} \cdot \gamma(H-h)\ln\left(\frac{H-h}{H}\right)\right]$$
$$+ n_{2p}c' + n_{3p}c$$

$$(3\text{-}44)$$

3.2.3 地震被动土压力合力和作用点位置

分别将式(3-34)、式(3-39)和式(3-44)沿挡墙墙高进行积分，可得到地震被动土压力合力大小 E_p 的表达式。经化简，E_p 可统一写成如下形式：

$$E_p = \int_0^H \frac{p(h)}{\cos\alpha}\mathrm{d}h$$
$$= \frac{H}{\cos\alpha}\left(\frac{n_{1p}B_2}{1-A_2} + \frac{n_{1p}(1-k_v)\cos(\alpha-\beta)\gamma H}{2(1-A_2)\cos\eta\cos\alpha} + \frac{n_{1p}(1-k_v)q_0}{(1-A_2)\cos\eta} + n_{2p}c' + n_{3p}c\right) \quad (3\text{-}45)$$

地震被动土压力合力作用点位置到挡墙墙底的距离 z_0 也可通过对式(3-34)、式(3-39)和式(3-44)沿挡墙墙高进行相应的积分处理来求解。经计算，z_0 也可统一写成如下形式：

$$z_0 = \frac{\displaystyle\int_0^H \frac{p(h)\cdot(H-h)}{\cos\alpha}\mathrm{d}h}{\displaystyle\int_0^H \frac{p(h)}{\cos\alpha}\mathrm{d}h}$$
$$= \frac{\dfrac{n_{1p}\cdot B_2}{2(2-A_2)} + \dfrac{n_{1p}(1-k_v)\cos(\alpha-\beta)\gamma H}{3(2-A_2)\cos\eta\cos\alpha} + \dfrac{n_{1p}(1-k_v)q_0}{(2-A_2)\cos\eta} + \dfrac{n_{2p}c'}{2} + \dfrac{n_{3p}c}{2}}{\dfrac{n_{1p}\cdot B_2}{1-A_2} + \dfrac{n_{1p}(1-k_v)\cos(\alpha-\beta)\gamma H}{2(1-A_2)\cos\eta\cos\alpha} + \dfrac{n_{1p}(1-k_v)q_0}{(1-A_2)\cos\eta} + n_{2p}c' + n_{3p}c} \cdot H \quad (3\text{-}46)$$

将式(3-18)~式(3-20)、式(3-27)和式(3-28)代入式(3-45)经化简可得

$$E_p = \frac{1}{2}\gamma H^2 \frac{1-k_v}{\cos\eta} \cdot \frac{\cos(\alpha-\beta)\cos(\theta+\eta-\varphi)\sin(\alpha+\theta)}{\cos^2\alpha\cos(\theta+\beta)\sin(\theta+\alpha-\varphi-\delta)}$$
$$+ q_0 H \cdot \frac{1-k_v}{\cos\eta} \frac{\cos(\theta+\eta-\varphi)\sin(\alpha+\theta)}{\cos\alpha\cos(\theta+\beta)\sin(\theta+\alpha-\varphi-\delta)} \quad (3\text{-}47)$$
$$+ cH \cdot \left\{\frac{\cos(\alpha-\beta)\cos\varphi\left[\begin{array}{l}2\sin(\beta+\delta-\alpha)\cos(\theta+\eta-\varphi)\\ +\sin(\theta+\alpha-\varphi-\delta)\cos(\beta-\eta)\end{array}\right]}{\cos\alpha\cos(\theta+\beta)\sin(\theta+\alpha-\varphi-\delta)\left[\begin{array}{l}\cos(\theta+\eta-\varphi)\sin(\beta+\delta-\alpha)\\ +\cos(\delta+\eta-\alpha)\sin(\theta+\beta-\varphi)\end{array}\right]}\right\}$$

$$+ c'H \cdot \left\{ \frac{\begin{bmatrix} 2\sin(\theta+\beta-\varphi)\cos\delta\cos(\theta+\eta-\varphi) \\ -\sin(\theta+\alpha-\varphi-\delta)\cos(\theta+\eta-\varphi)\cos(\alpha-\beta) \\ -\sin(\theta+\alpha-\varphi-\delta)\sin(\alpha-\eta)\sin(\theta+\beta-\varphi) \end{bmatrix}}{\cos\alpha\sin(\theta+\alpha-\varphi-\delta)} \times \begin{bmatrix} \cos(\theta+\eta-\varphi)\sin(\beta+\delta-\alpha) \\ +\cos(\delta+\eta-\alpha)\sin(\theta+\beta-\varphi) \end{bmatrix} \right\}$$

并注意到如下三角函数关系：

$$2\sin(\beta+\delta-\alpha)\cos(\theta+\eta-\varphi)+\sin(\theta+\alpha-\varphi-\delta)\cos(\beta-\eta)$$
$$= \cos(\theta+\eta-\varphi)\sin(\beta+\delta-\alpha)+\cos(\delta+\eta-\alpha)\sin(\theta+\beta-\varphi) \tag{3-48}$$

$$2\sin(\theta+\beta-\varphi)\cos\delta\cos(\theta+\eta-\varphi)-\sin(\theta+\alpha-\varphi-\delta)\cos(\theta+\eta-\varphi)\cos(\alpha-\beta)$$
$$-\sin(\theta+\alpha-\varphi-\delta)\sin(\alpha-\eta)\sin(\theta+\beta-\varphi)$$
$$= \cos(\theta+\alpha-\varphi)\big[\cos(\theta+\eta-\varphi)\sin(\beta+\delta-\alpha)+\cos(\delta+\eta-\alpha)\sin(\theta+\beta-\varphi)\big]$$

$$\tag{3-49}$$

式 (3-47) 可转化为

$$E_p = \frac{1}{2}\gamma H^2 \cdot K_{1p} + q_0 H \cdot K_{2p} + cH \cdot K_{3p} + c'H \cdot K_{4p} \tag{3-50}$$

其中，K_{1p}、K_{2p}、K_{3p} 和 K_{4p} 分别指与填土自重、均布超载、填土黏聚力和墙土黏结力相关的地震被动土压力系数，其计算表达式如下：

$$K_{1p} = \frac{(1-k_v)\cos(\alpha-\beta)\cos(\theta+\eta-\varphi)\sin(\alpha+\theta)}{\cos\eta\cos^2\alpha\cos(\theta+\beta)\sin(\theta+\alpha-\varphi-\delta)} \tag{3-51}$$

$$K_{2p} = \frac{(1-k_v)\cos(\theta+\eta-\varphi)\sin(\alpha+\theta)}{\cos\eta\cos\alpha\cos(\theta+\beta)\sin(\theta+\alpha-\varphi-\delta)} \tag{3-52}$$

$$K_{3p} = \frac{\cos(\alpha-\beta)\cos\varphi}{\cos\alpha\cos(\theta+\beta)\sin(\theta+\alpha-\varphi-\delta)} \tag{3-53}$$

$$K_{4p} = \frac{\cos(\theta+\alpha-\varphi)}{\cos\alpha\sin(\theta+\alpha-\varphi-\delta)} \tag{3-54}$$

3.2.4　地震被动土压力临界破裂角

从式 (3-50) 可以看出，地震被动土压力合力 E_p 是土压力破裂角 θ 的函数。当挡墙向填土方向挤压时，最危险滑动面上的被动土压力合力 E_p 值应是最小的。根据被动土压力存在的原理，欲求被动土压力临界破裂角 θ_{pcr} 使得被动土压力合力 E_p 达到极小值，只要令 $\mathrm{d}E_p / \mathrm{d}\theta = 0$ 即可。但由于公式的复杂性，这样通常会遇到难以求解的超越方程，从而得不到被动土压力临界破裂角 θ_{pcr} 的显式解答。鉴于此，本节采用图解法对土压力破裂角 θ 作相应变换，如图 3-3 所示。

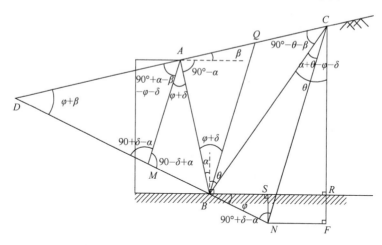

图 3-3　地震被动土压力临界破裂角的图解法

过点 B 作 BN 与水平线 BR 交 φ 角，NB 的延长线与 CA 的延长线交于点 D；过点 B 作 BQ 与 BA 交 $\varphi+\delta$ 角，且交 AC 于点 Q；过点 A 和点 C 分别作 BQ 的平行线 AM 和 CN，分别交 DN 于 M 点和 N 点；过点 C 和点 N 分别作 BR 的垂线交 BR 于 R 点和 S 点；过 N 点作 CR 的垂线交 CR 延长线于 F 点。由图 3-3 可知，点 C 的位置将随着破裂角 θ 的变化而变化，从而引起边长 $\overline{BN}$ 的变化。因此可利用几何关系和三角函数关系，将被动土压力合力 E_p 关于破裂角 θ 的函数关系转化为被动土压力合力 E_p 关于边长 $\overline{BN}$ 的函数关系。

从图 3-3 可以看出，$\overline{AB}$、$\overline{BM}$、$\overline{AM}$、$\overline{BD}$、$\overline{AD}$ 和 $\overline{DM}$ 均为常量，即在 $\triangle ABM$、$\triangle ABD$ 和 $\triangle ADM$ 中，由正弦定理可得

$$
\begin{cases}
\overline{AD} = \overline{AB} \times \dfrac{\sin(90-\alpha-\varphi)}{\sin(\varphi+\beta)} = \dfrac{H}{\cos\alpha} \cdot \dfrac{\cos(\alpha+\varphi)}{\sin(\varphi+\beta)} \\[3mm]
\overline{BD} = \overline{AB} \times \dfrac{\sin(90+\alpha-\beta)}{\sin(\varphi+\beta)} = \dfrac{H}{\cos\alpha} \cdot \dfrac{\cos(\alpha-\beta)}{\sin(\varphi+\beta)} \\[3mm]
\overline{AM} = \overline{AB} \times \dfrac{\sin(90-\alpha-\varphi)}{\sin(90+\alpha-\delta)} = \dfrac{H}{\cos\alpha} \cdot \dfrac{\cos(\alpha+\varphi)}{\cos(\alpha-\delta)} \\[3mm]
\overline{BM} = \overline{AB} \times \dfrac{\sin(\delta+\varphi)}{\sin(90+\alpha-\delta)} = \dfrac{H}{\cos\alpha} \cdot \dfrac{\sin(\delta+\varphi)}{\cos(\alpha-\delta)} \\[3mm]
\overline{DM} = \overline{AM} \times \dfrac{\sin(90-\beta-\varphi-\delta+\alpha)}{\sin(\varphi+\beta)} = \dfrac{H}{\cos\alpha} \cdot \dfrac{\cos(\alpha+\varphi)}{\cos(\alpha-\delta)} \cdot \dfrac{\cos(\beta+\varphi+\delta-\alpha)}{\sin(\varphi+\beta)}
\end{cases}
\tag{3-55}
$$

在 $\triangle ABC$ 中，由正弦定理有

$$\frac{\overline{AC}}{\sin(\theta+\alpha)}=\frac{\overline{BC}}{\sin(90-\alpha+\beta)},\quad\frac{\overline{AB}}{\sin(90-\theta-\beta)}=\frac{\overline{BC}}{\sin(90-\alpha+\beta)}\qquad(3\text{-}56)$$

所以有

$$\sin(\theta+\alpha)=\frac{\overline{AC}}{\overline{BC}}\cos(\alpha-\beta),\quad\cos(\theta+\beta)=\frac{\overline{AB}}{\overline{BC}}\cos(\alpha-\beta)\qquad(3\text{-}57)$$

在 $\triangle BCN$ 中，由正弦定理有

$$\frac{\overline{CN}}{\sin(90-\theta+\varphi)}=\frac{\overline{BC}}{\sin(90-\alpha+\delta)},\quad\frac{\overline{BN}}{\sin(\alpha+\theta-\delta-\varphi)}=\frac{\overline{BC}}{\sin(90-\alpha+\delta)}\qquad(3\text{-}58)$$

所以有

$$\cos(\theta-\varphi)=\frac{\overline{CN}}{\overline{BC}}\cos(\alpha-\delta),\quad\sin(\alpha+\theta-\varphi-\delta)=\frac{\overline{BN}}{\overline{BC}}\cos(\alpha-\delta)\qquad(3\text{-}59)$$

从而有

$$
\begin{aligned}
\sin^2(\theta-\varphi)&=1-\cos^2(\theta-\varphi)\\
&=1-\left[\frac{\overline{CN}}{\overline{BC}}\cos(\alpha-\delta)\right]^2\\
&=\frac{\overline{BC}^2-\overline{CN}^2\cos^2(\alpha-\delta)}{\overline{BC}^2}
\end{aligned}\qquad(3\text{-}60)
$$

在 $\triangle BCN$ 中，由余弦定理有

$$\overline{BC}^2=\overline{BN}^2+\overline{CN}^2-2\overline{BN}\cdot\overline{CN}\cos(90-\alpha+\delta)\qquad(3\text{-}61)$$

将式(3-61)代入式(3-60)可得

$$
\begin{aligned}
\sin^2(\theta-\varphi)&=\frac{\overline{BN}^2+\overline{CN}^2-2\overline{BN}\cdot\overline{CN}\cos(90+\delta-\alpha)-\overline{CN}^2\cos^2(\alpha-\delta)}{\overline{BC}^2}\\
&=\frac{\overline{BN}^2-2\overline{BN}\cdot\overline{CN}\cos(90+\delta-\alpha)+\overline{CN}^2\left[1-\cos^2(\alpha-\delta)\right]}{\overline{BC}^2}\\
&=\left[\frac{\overline{BN}-\overline{CN}\cdot\sin(\alpha-\delta)}{\overline{BC}}\right]^2
\end{aligned}\qquad(3\text{-}62)
$$

所以有

$$\sin(\theta-\varphi)=\frac{\overline{BN}-\overline{CN}\sin(\alpha-\delta)}{\overline{BC}}\qquad(3\text{-}63)$$

由 $\triangle CDN \backsim \triangle ADM$ 有

$$\overline{CN}=\frac{\overline{AM}}{\overline{DM}}(\overline{BD}+\overline{BN}),\quad\overline{AC}=\frac{\overline{AD}}{\overline{DM}}(\overline{BN}+\overline{BM})\qquad(3\text{-}64)$$

另外，式(3-50)也可写成如下形式：

$$
\begin{aligned}
E_{\mathrm{p}} = &\frac{1}{2}\gamma H^2 \frac{1-k_{\mathrm{v}}}{\cos\eta} \cdot \frac{\cos(\alpha-\beta)\sin(\alpha+\theta)\left[\cos(\theta-\varphi)\cos\eta - \sin(\theta-\varphi)\sin\eta\right]}{\cos^2\alpha\cos(\theta+\beta)\sin(\theta+\alpha-\varphi-\delta)} \\
&+ q_0 H \frac{1-k_{\mathrm{v}}}{\cos\eta} \cdot \frac{\sin(\alpha+\theta)\left[\cos(\theta-\varphi)\cos\eta - \sin(\theta-\varphi)\sin\eta\right]}{\cos\alpha\cos(\theta+\beta)\sin(\theta+\alpha-\varphi-\delta)} \\
&+ cH \cdot \frac{\cos(\alpha-\beta)\cos\varphi}{\cos\alpha\cos(\theta+\beta)\sin(\theta+\alpha-\varphi-\delta)} \\
&+ c'H \cdot \frac{\cos(\theta-\varphi)\cos\alpha - \sin(\theta-\varphi)\sin\alpha}{\cos\alpha\sin(\theta+\alpha-\varphi-\delta)}
\end{aligned}
\tag{3-65}
$$

将式(3-57)、式(3-59)和式(3-63)代入式(3-65)经化简可得

$$
\begin{aligned}
E_{\mathrm{p}} = &\frac{1}{2}\gamma H^2 \frac{1-k_{\mathrm{v}}}{\cos\eta} \cdot \frac{\cos(\alpha-\beta)\cdot\overline{AC}\cdot\left[\cos(\alpha-\delta-\eta)\cdot\overline{CN} - \sin\eta\cdot\overline{BN}\right]}{\cos^2\alpha\cos(\alpha-\delta)\cdot\overline{AB}\cdot\overline{BN}} \\
&+ q_0 H \frac{1-k_{\mathrm{v}}}{\cos\eta} \cdot \frac{\overline{AC}\cdot\left[\cos(\alpha-\delta-\eta)\cdot\overline{CN} - \sin\eta\cdot\overline{BN}\right]}{\cos\alpha\cos(\alpha-\delta)\cdot\overline{AB}\cdot\overline{BN}} \\
&+ cH \cdot \frac{\cos\varphi\cdot\overline{BC}^2}{\cos\alpha\cos(\alpha-\delta)\cdot\overline{AB}\cdot\overline{BN}} \\
&+ c'H \cdot \frac{\cos\delta\cdot\overline{CN} - \sin\alpha\cdot\overline{BN}}{\cos\alpha\cos(\alpha-\delta)\cdot\overline{BN}}
\end{aligned}
\tag{3-66}
$$

将式(3-55)、式(3-61)和式(3-64)代入式(3-66)，并注意三角函数关系

$$
\sin(\varphi+\beta)\cos(\alpha-\delta-\eta) - \sin\eta\cos(\varphi+\delta+\beta-\alpha) = \cos(\alpha-\delta)\sin(\varphi+\beta-\eta) \tag{3-67}
$$

式(3-66)可转化为

$$
\begin{aligned}
E_{\mathrm{p}} = &\left[\frac{1}{2}\gamma H^2 \frac{1-k_{\mathrm{v}}}{\cos\eta}\frac{\cos(\alpha-\beta)}{\cos\alpha} + q_0 H \frac{1-k_{\mathrm{v}}}{\cos\eta}\right] \\
&\times \left\{ \begin{array}{l} \dfrac{\left[\cos(\alpha-\beta)\cos(\delta+\eta-\alpha) + \sin(\varphi+\delta)\sin(\varphi+\beta-\eta)\right]}{\cos\alpha\cos^2(\beta+\varphi+\delta-\alpha)} \\[3mm] + \dfrac{\cos(\alpha-\beta)\sin(\varphi+\delta)\cos(\delta+\eta-\alpha)\cdot H}{\cos^2\alpha\cos(\alpha-\delta)\cos^2(\beta+\varphi+\delta-\alpha)}\cdot\dfrac{1}{\overline{BN}} \\[3mm] + \dfrac{\cos(\alpha-\delta)\sin(\varphi+\beta-\eta)}{\cos^2(\beta+\varphi+\delta-\alpha)\cdot H}\cdot\overline{BN} \end{array} \right\} \\
&+ \frac{c\cdot\cos\varphi\left[\begin{array}{l}\cos^2(\beta+\varphi+\delta-\alpha) + \sin^2(\beta+\varphi) \\ -2\sin(\alpha-\delta)\sin(\beta+\varphi)\cos(\beta+\varphi+\delta-\alpha)\end{array}\right]}{\cos(\alpha-\delta)\cos^2(\beta+\varphi+\delta-\alpha)}\cdot\overline{BN}
\end{aligned}
\tag{3-68}
$$

$$+2cH \cdot \frac{\cos\varphi\cos(\alpha-\beta)\left[\sin(\beta+\varphi)-\sin(\alpha-\delta)\cos(\beta+\varphi+\delta-\alpha)\right]}{\cos\alpha\cos(\alpha-\delta)\cos^2(\beta+\varphi+\delta-\alpha)}$$

$$+\frac{\cos\varphi\cos^2(\alpha-\beta)\cdot c\cdot H^2}{\cos^2\alpha\cos(\alpha-\delta)\cos^2(\beta+\varphi+\delta-\alpha)}\cdot\frac{1}{\overline{BN}}$$

$$+c'H\cdot\frac{\cos\delta\sin(\beta+\varphi)-\sin\alpha\cos(\beta+\varphi+\delta-\alpha)}{\cos\alpha\cos(\alpha-\delta)\cos(\beta+\varphi+\delta-\alpha)}$$

$$+\frac{\cos\delta\cos(\alpha-\beta)\cdot c'\cdot H^2}{\cos^2\alpha\cos(\alpha-\delta)\cos(\beta+\varphi+\delta-\alpha)}\cdot\frac{1}{\overline{BN}}$$

注意到如下三角函数关系：

$$\cos^2(\beta+\varphi+\delta-\alpha)+\sin^2(\beta+\varphi)-2\sin(\alpha-\delta)\sin(\beta+\varphi)\cos(\beta+\varphi+\delta-\alpha) \tag{3-69}$$
$$=\cos^2(\alpha-\delta)$$

$$\sin(\beta+\varphi)-\sin(\alpha-\delta)\cos(\beta+\varphi+\delta-\alpha)=\sin(\beta+\delta+\varphi-\alpha)\cos(\alpha-\delta) \tag{3-70}$$

$$\cos\delta\sin(\beta+\varphi)-\sin\alpha\cos(\beta+\varphi+\delta-\alpha)=\sin(\beta+\varphi-\alpha)\cos(\alpha-\delta) \tag{3-71}$$

式(3-68)可进一步转化为

$$E_p = I_{1p} \cdot \overline{BN} + \frac{I_{2p}}{BN} + I_{3p} \tag{3-72}$$

其中

$$I_{1p} = \frac{\cos(\alpha-\delta)}{\cos\alpha\cos^2(\beta+\delta+\varphi-\alpha)}$$
$$\times\left[\begin{array}{l}\dfrac{1}{2}\gamma H\dfrac{1-k_v}{\cos\eta}\cos(\alpha-\beta)\sin(\varphi+\beta-\eta)\\[2mm]+q_0\cdot\dfrac{1-k_v}{\cos\eta}\cos\alpha\sin(\varphi+\beta-\eta)+c\cdot\cos\varphi\cos\alpha\end{array}\right] \tag{3-73}$$

$$I_{2p} = \frac{\cos(\alpha-\beta)H^2}{\cos^3\alpha\cos(\alpha-\delta)\cos^2(\beta+\varphi+\delta-\alpha)}$$
$$\times\left[\begin{array}{l}\dfrac{1}{2}\gamma H\dfrac{1-k_v}{\cos\eta}\cos(\alpha-\beta)\sin(\delta+\varphi)\cos(\delta+\eta-\alpha)\\[2mm]+q_0\cdot\dfrac{1-k_v}{\cos\eta}\cos\alpha\sin(\delta+\varphi)\cos(\delta+\eta-\alpha)\\[2mm]+c\cdot\cos\varphi\cos\alpha\cos(\alpha-\beta)+c'\cdot\cos\alpha\cos\delta\cos(\beta+\delta+\varphi-\alpha)\end{array}\right] \tag{3-74}$$

$$I_{3p} = \frac{H}{\cos\alpha\cos^2(\beta+\varphi+\delta-\alpha)}$$
$$\times\left\{\begin{bmatrix}\dfrac{1}{2}\gamma H\dfrac{1-k_v}{\cos\eta}\cdot\dfrac{\cos(\alpha-\beta)}{\cos\alpha}+q_0\cdot\dfrac{1-k_v}{\cos\eta}\end{bmatrix}\times\begin{bmatrix}\cos(\delta+\eta-\alpha)\cos(\alpha-\beta)\\+\sin(\varphi+\delta)\sin(\varphi+\beta-\eta)\end{bmatrix}\\ +2c\cdot\cos\varphi\cos(\alpha-\beta)\sin(\beta+\varphi+\delta-\alpha)+c'\sin(\beta+\varphi-\alpha)\cos(\beta+\varphi+\delta-\alpha)\end{bmatrix}\right\}$$

$$(3\text{-}75)$$

对式(3-72)求极值，令

$$\frac{\mathrm{d}E_p}{\mathrm{d}\overline{BN}} = I_{1p} - \frac{I_{2p}}{\overline{BN}^2} = 0 \tag{3-76}$$

由此可得

$$\overline{BN} = \sqrt{\frac{I_{2p}}{I_{1p}}} \tag{3-77}$$

$$E_p = 2\sqrt{I_{1p}\cdot I_{2p}} + I_{3p} \tag{3-78}$$

由于 $\mathrm{d}^2 E_p / \mathrm{d}\overline{BN}^2 = 2I_{2p}/\overline{BN}^3 > 0$ ，因此，由式(3-78)得到的被动土压力合力 E_p 为极小值。

另外，根据图 3-3 可得

$$\tan\theta_{pcr} = \frac{\overline{BR}}{\overline{CR}} = \frac{\overline{BS}+\overline{SR}}{\overline{CF}-\overline{RF}} = \frac{\overline{BN}\cos\varphi+\overline{CN}\sin(\varphi+\delta-\alpha)}{\overline{CN}\cos(\varphi+\delta-\alpha)-\overline{BN}\sin\varphi} \tag{3-79}$$

将式(3-55)和式(3-64)代入式(3-79)可得

$$\tan\theta_{pcr} = \frac{\begin{array}{l}\cos\alpha\left[\cos(\beta+\varphi+\delta-\alpha)\cos\varphi+\sin(\beta+\varphi)\sin(\varphi+\delta-\alpha)\right]\cdot\overline{BN}\\+\cos(\alpha-\beta)\sin(\varphi+\delta-\alpha)\cdot H\end{array}}{\begin{array}{l}\cos\alpha\left[\sin(\varphi+\beta)\cos(\varphi+\delta-\alpha)-\sin\varphi\cos(\beta+\varphi+\delta-\alpha)\right]\cdot\overline{BN}\\+\cos(\alpha-\beta)\cos(\varphi+\delta-\alpha)\cdot H\end{array}} \tag{3-80}$$

注意到如下三角函数关系：

$$\cos(\beta+\varphi+\delta-\alpha)\cos\varphi+\sin(\beta+\varphi)\sin(\varphi+\delta-\alpha) = \cos(\alpha-\delta)\cos\beta \tag{3-81}$$

$$\sin(\varphi+\beta)\cos(\varphi+\delta-\alpha)-\sin\varphi\cos(\beta+\varphi+\delta-\alpha) = \cos(\alpha-\delta)\sin\beta \tag{3-82}$$

式(3-80)可转化为

$$\theta_{pcr} = \arctan\left[\frac{\cos\alpha\cos\beta\cos(\alpha-\delta)\cdot\overline{BN}+\cos(\alpha-\beta)\sin(\varphi+\delta-\alpha)\cdot H}{\cos\alpha\sin\beta\cos(\alpha-\delta)\cdot\overline{BN}+\cos(\alpha-\beta)\cos(\varphi+\delta-\alpha)\cdot H}\right] \tag{3-83}$$

地震被动土压力计算方法和地震主动土压力计算方法类似。可先采用式 (3-78) 和式 (3-83) 求解地震被动土压力合力 E_p 和临界破裂角 θ_{pcr}，再采用式 (3-46) 求解土压力合力作用点位置 z_0。在求解地震被动土压力分布强度 p 时，应先通过式 (3-27) 计算 Λ_2，根据 Λ_2 的取值再分别采用式 (3-34)、式 (3-39) 和式 (3-44) 进行求解。地震被动土压力的计算流程可参照图 3-4。

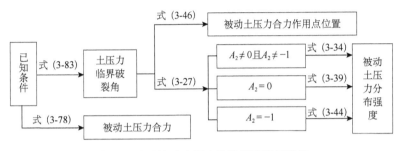

图 3-4　地震被动土压力的计算流程示意图

3.3　地震被动土压力公式与已有公式的比较

3.3.1　与王云球被动土压力计算结果的比较

王云球[6]在没有考虑均布超载 q_0、墙背与填土黏结力 c' 和垂直地震系数 k_v 等参数的条件下，通过对墙背土楔体进行整体受力平衡分析得到了地震作用下的被动土压力公式

$$E_p = \frac{1}{2}\gamma H^2 \cdot K_p \tag{3-84}$$

其中，K_p 为地震被动土压力系数

$$K_p = \frac{\cos(\alpha - \beta)}{\cos\eta\cos^2\alpha\cos^2(\varphi + \delta + \beta - \alpha)}$$
$$\times\left\{ \begin{array}{l} \cos(\alpha - \beta)\cos(\delta + \eta - \alpha) + \sin(\varphi + \delta)\sin(\varphi + \beta - \eta) \\ + \dfrac{4c}{\gamma H}\cos\eta\cos\alpha\cos\varphi\sin(\varphi + \delta + \beta - \alpha) \\ + 2\left[\sin(\varphi + \delta)\cos(\delta + \eta - \alpha) + \dfrac{2c}{\gamma H}\cos\varphi\cos\alpha\cos\eta\right]^{\frac{1}{2}} \\ \times\left[\cos(\alpha - \beta)\sin(\varphi + \beta - \eta) + \dfrac{2c}{\gamma H}\cos\varphi\cos\alpha\cos\eta\right]^{\frac{1}{2}} \end{array} \right\} \tag{3-85}$$

对应于本章公式，当 $c'=0$、$q_0=0$、$k_v=0$ 时，将其代入式(3-73)~式(3-75)，有

$$I_{1p}=\frac{1}{2}\gamma H\frac{\cos(\alpha-\delta)}{\cos\eta\cos\alpha\cos^2(\beta+\delta+\varphi-\alpha)}$$
$$\times\left[\cos(\alpha-\beta)\sin(\beta+\varphi-\eta)+\frac{2c}{\gamma H}\cos\alpha\cos\varphi\cos\eta\right] \tag{3-86}$$

$$I_{2p}=\frac{1}{2}\gamma H^3\frac{\cos^2(\alpha-\beta)}{\cos\eta\cos^3\alpha\cos(\alpha-\delta)\cos^2(\beta+\delta+\varphi-\alpha)}$$
$$\times\left[\sin(\varphi+\delta)\cos(\delta+\varphi-\alpha)+\frac{2c}{\gamma H}\cos\alpha\cos\varphi\cos\eta\right] \tag{3-87}$$

$$I_{3p}=\frac{1}{2}\gamma H^2\frac{\cos(\alpha-\beta)}{\cos\eta\cos^2\alpha\cos^2(\beta+\varphi+\delta-\alpha)}$$
$$\times\left[\begin{array}{l}\cos(\delta+\eta-\alpha)\cos(\alpha-\beta)+\sin(\varphi+\delta)\sin(\varphi+\beta-\eta)\\+\frac{4c}{\gamma H}\cos\alpha\cos\eta\cos\varphi\sin(\beta+\varphi+\delta-\alpha)\end{array}\right] \tag{3-88}$$

所以

$$E_p=2\sqrt{I_{1p}\cdot I_{2p}}+I_{3p}$$
$$=\frac{1}{2}\gamma H^2\frac{\cos(\alpha-\beta)}{\cos\eta\cos^2\alpha\cos^2(\varphi+\delta+\beta-\alpha)}$$
$$\times\left\{\begin{array}{l}2\left[\sin(\varphi+\delta)\cos(\delta+\eta-\alpha)+\frac{2c}{\gamma H}\cos\varphi\cos\alpha\cos\eta\right]^{\frac{1}{2}}\\\times\left[\cos(\alpha-\beta)\sin(\varphi+\beta-\eta)+\frac{2c}{\gamma H}\cos\varphi\cos\alpha\cos\eta\right]^{\frac{1}{2}}\\+\cos(\alpha-\beta)\cos(\delta+\eta-\alpha)+\sin(\varphi+\delta)\sin(\varphi+\beta-\eta)\\+\frac{4c}{\gamma H}\cos\eta\cos\alpha\cos\varphi\sin(\varphi+\delta+\beta-\alpha)\end{array}\right\} \tag{3-89}$$

由此可见，式(3-89)与王云球被动土压力计算结果完全一致。

3.3.2　与 Mononobe-Okabe 被动土压力公式的比较

Mononobe-Okabe 被动土压力公式是在假设挡墙墙背为非黏性土的条件下得到的。对应于本章公式，当 $c=0$、$c'=0$、$q_0=0$ 时，将其代入式(3-73)~式(3-75)，有

$$I_{1p}=\frac{1}{2}\gamma H\frac{1-k_v}{\cos\eta}\cdot\frac{\cos(\alpha-\delta)\cos(\alpha-\beta)\sin(\varphi+\beta-\eta)}{\cos\alpha\cos^2(\beta+\delta+\varphi-\alpha)} \tag{3-90}$$

$$I_{2p} = \frac{1}{2}\gamma H^3 \frac{1-k_v}{\cos\eta} \frac{\cos^2(\alpha-\beta)\sin(\delta+\varphi)\cos(\delta+\eta-\alpha)}{\cos^3\alpha\cos(\alpha-\delta)\cos^2(\beta+\varphi+\delta-\alpha)} \tag{3-91}$$

$$I_{3p} = \frac{1}{2}\gamma H^2 \frac{1-k_v}{\cos\eta} \cdot \frac{\cos(\alpha-\beta)\left[\cos(\delta+\eta-\alpha)\cos(\alpha-\beta)+\sin(\varphi+\delta)\sin(\varphi+\beta-\eta)\right]}{\cos^2\alpha\cos^2(\beta+\varphi+\delta-\alpha)} \tag{3-92}$$

所以

$$\begin{aligned}
E_p &= 2\sqrt{I_{1p}\cdot I_{2p}} + I_{3p}\\
&= \frac{1}{2}\gamma H^2 \frac{\cos(\alpha-\beta)(1-k_v)}{\cos^2\alpha\cos\eta\cos^2(\beta+\varphi+\delta-\alpha)}\\
&\quad \times \left[\begin{array}{l}\cos(\delta+\eta-\alpha)\cos(\alpha-\beta)+\sin(\varphi+\delta)\sin(\varphi+\beta-\eta)\\ +2\sqrt{\cos(\delta+\eta-\alpha)\cos(\alpha-\beta)\sin(\varphi+\delta)\sin(\varphi+\beta-\eta)}\end{array}\right]\\
&= \frac{1}{2}\gamma H^2 \frac{\cos(\alpha-\beta)(1-k_v)}{\cos^2\alpha\cos\eta\cos^2(\beta+\varphi+\delta-\alpha)}\\
&\quad \times \left[\sqrt{\cos(\delta+\eta-\alpha)\cos(\alpha-\beta)}+\sqrt{\sin(\varphi+\delta)\sin(\varphi+\beta-\eta)}\right]^2\\
&= \frac{1}{2}\gamma H^2 \frac{\cos(\alpha-\beta)(1-k_v)}{\cos^2\alpha\cos\eta\cos^2(\beta+\varphi+\delta-\alpha)}\\
&\quad \times \left[\frac{\cos(\delta+\eta-\alpha)\cos(\alpha-\beta)-\sin(\varphi+\delta)\sin(\varphi+\beta-\eta)}{\sqrt{\cos(\delta+\eta-\alpha)\cos(\alpha-\beta)}-\sqrt{\sin(\varphi+\delta)\sin(\varphi+\beta-\eta)}}\right]^2
\end{aligned} \tag{3-93}$$

注意到如下三角函数关系：

$$\begin{aligned}
&\cos(\delta+\eta-\alpha)\cos(\alpha-\beta)-\sin(\varphi+\delta)\sin(\varphi+\beta-\eta)\\
&= \cos(\beta+\varphi+\delta-\alpha)\cos(\alpha+\varphi-\eta)
\end{aligned} \tag{3-94}$$

式(3-93)可转化为

$$\begin{aligned}
E_p &= \frac{1}{2}\gamma H^2 \frac{(1-k_v)\cos(\alpha-\beta)}{\cos^2\alpha\cos\eta\cos^2(\beta+\varphi+\delta-\alpha)}\\
&\quad \times \left[\frac{\cos(\beta+\varphi+\delta-\alpha)\cos(\alpha+\varphi-\eta)}{\sqrt{\cos(\delta+\eta-\alpha)\cos(\alpha-\beta)}-\sqrt{\sin(\varphi+\delta)\sin(\varphi+\beta-\eta)}}\right]^2\\
&= \frac{1}{2}\gamma H^2 \frac{(1-k_v)\cos^2(\alpha+\varphi-\eta)}{\cos^2\alpha\cos\eta\cos(\delta+\eta-\alpha)\left[1-\sqrt{\dfrac{\sin(\varphi+\delta)\sin(\varphi+\beta-\eta)}{\cos(\delta+\eta-\alpha)\cos(\alpha-\beta)}}\right]^2}
\end{aligned} \tag{3-95}$$

由此可见，式(3-95)与 Mononobe-Okabe 被动土压力公式完全一致。

3.3.3　与 Coulomb 被动土压力公式的比较

当 $c=0$、$c'=0$、$q_0=0$、$k_v=0$、$\eta=0$ 时，即处于 Coulomb 被动土压力状态。将其代入式(3-73)~式(3-75)，有

$$I_{1p} = \frac{1}{2}\gamma H \cdot \frac{\cos(\alpha-\delta)\cos(\alpha-\beta)\sin(\varphi+\beta)}{\cos\alpha\cos^2(\beta+\delta+\varphi-\alpha)} \tag{3-96}$$

$$I_{2p} = \frac{1}{2}\gamma H^3 \frac{\cos^2(\alpha-\beta)\sin(\delta+\varphi)\cos(\alpha-\delta)}{\cos^3\alpha\cos(\alpha-\delta)\cos^2(\beta+\varphi+\delta-\alpha)} \tag{3-97}$$

$$I_{3p} = \frac{1}{2}\gamma H^2 \frac{\cos(\alpha-\beta)\big[\cos(\alpha-\delta)\cos(\alpha-\beta)+\sin(\varphi+\delta)\sin(\varphi+\beta)\big]}{\cos^2\alpha\cos^2(\beta+\varphi+\delta-\alpha)} \tag{3-98}$$

所以有

$$
\begin{aligned}
E_p &= 2\sqrt{I_{1p}\cdot I_{2p}}+I_{3p} \\
&= \frac{1}{2}\gamma H^2 \frac{\cos(\alpha-\beta)}{\cos^2\alpha\cos^2(\beta+\varphi+\delta-\alpha)} \\
&\quad \times\left[\begin{array}{l}\cos(\alpha-\delta)\cos(\alpha-\beta)+\sin(\varphi+\delta)\sin(\varphi+\beta) \\ +2\sqrt{\cos(\alpha-\delta)\cos(\alpha-\beta)\sin(\varphi+\delta)\sin(\varphi+\beta)}\end{array}\right] \\
&= \frac{1}{2}\gamma H^2 \frac{\cos(\alpha-\beta)}{\cos^2\alpha\cos^2(\beta+\varphi+\delta-\alpha)} \\
&\quad \times\left[\sqrt{\cos(\alpha-\delta)\cos(\alpha-\beta)}+\sqrt{\sin(\varphi+\delta)\sin(\varphi+\beta)}\right]^2 \\
&= \frac{1}{2}\gamma H^2 \frac{\cos(\alpha-\beta)}{\cos^2\alpha\cos^2(\beta+\varphi+\delta-\alpha)} \\
&\quad \times\left[\frac{\cos(\alpha-\delta)\cos(\alpha-\beta)-\sin(\varphi+\delta)\sin(\varphi+\beta)}{\sqrt{\cos(\alpha-\delta)\cos(\alpha-\beta)}-\sqrt{\sin(\varphi+\delta)\sin(\varphi+\beta)}}\right]^2 \\
&= \frac{1}{2}\gamma H^2 \frac{\cos(\alpha-\beta)}{\cos^2\alpha\cos^2(\beta+\varphi+\delta-\alpha)} \\
&\quad \times\left[\frac{\cos(\beta+\varphi+\delta-\alpha)\cos(\alpha+\varphi)}{\sqrt{\cos(\alpha-\delta)\cos(\alpha-\beta)}-\sqrt{\sin(\varphi+\delta)\sin(\varphi+\beta)}}\right]^2 \\
&= \frac{1}{2}\gamma H^2 \frac{\cos^2(\alpha+\varphi)}{\cos^2\alpha\cos(\alpha-\delta)\left[1-\sqrt{\dfrac{\sin(\varphi+\delta)\sin(\varphi+\beta)}{\cos(\alpha-\delta)\cos(\alpha-\beta)}}\right]^2}
\end{aligned}
\tag{3-99}
$$

由此可见，式(3-99)与 Coulomb 被动土压力公式完全一致。

3.3.4　与 Rankine 被动土压力公式的比较

当 $\alpha = 0$、$\beta = 0$、$\delta = 0$、$c' = 0$、$q_0 = 0$、$k_v = 0$、$\eta = 0$ 时，即处于 Rankine 被动土压力状态。将其代入式(3-73)～式(3-75)，有

$$I_{1p} = \frac{1}{2}\gamma H \frac{\sin\varphi}{\cos^2\varphi} + \frac{c}{\cos\varphi} \tag{3-100}$$

$$I_{2p} = \frac{1}{2}\gamma H^3 \frac{\sin\varphi}{\cos^2\varphi} + \frac{c \cdot H^2}{\cos\varphi} \tag{3-101}$$

$$I_{3p} = \frac{1}{2}\gamma H^2 \frac{1 + \sin^2\varphi}{\cos^2\varphi} + 2c \cdot H \frac{\sin\varphi}{\cos\varphi} \tag{3-102}$$

所以

$$
\begin{aligned}
E_p &= 2\sqrt{I_{1p} \cdot I_{2p}} + I_{3p} \\
&= \frac{1}{2}\gamma H^2 \left(\frac{1 + \sin\varphi}{\cos\varphi}\right)^2 + 2cH\left(\frac{1 + \sin\varphi}{\cos\varphi}\right) \\
&= \frac{1}{2}\gamma H^2 \tan^2\left(45° + \frac{\varphi}{2}\right) + 2cH\tan\left(45° + \frac{\varphi}{2}\right)
\end{aligned} \tag{3-103}
$$

由此可见，式(3-103)与 Rankine 被动土压力公式完全一致。

将式(3-100)和式(3-101)代入式(3-77)可得 $\overline{BN} = H$，因此，式(3-83)可转化为

$$\theta_{pcr} = \arctan\left[\frac{1 + \sin\varphi}{\cos\varphi}\right] = 45° + \frac{\varphi}{2} \tag{3-104}$$

由此可见，在相应的简化条件下，本章方法得到的被动土压力临界破裂角和 Rankine 理论的结果是一致的。

3.4　地震被动土压力算例对比

算例 1　为验证本章方法的正确性和实用性，将本章方法的计算结果同 Wilson 和 Elgamal[117]开展的两组被动土压力试验结果(下文分别称为试验 1 和试验 2)进行对比，如表 3-1 所示。试验在 6.7m 长、2.9m 宽的填土箱内进行，填料为 7%泥质含量的砂土，填土高度为 1.68m。通过向挡墙施加荷载使得挡墙后填土达到被动土压力极限平衡状态。当挡墙墙体位移量达到挡墙墙高的 2.7%~3.0%时，挡墙后填土达到了被动土压力极限平衡状态，并形成了三角形滑动土楔体。根据 Wilson 和 Elgamal[117]对试验情况的描述，试验 1 对应的工况为 $k_h = k_v = 0$、$\alpha = \beta = 0$、$c = 11.5\text{kPa}$、$c' = 0$、$q_0 = 0$、$H = 1.68\text{m}$、$\varphi = 51°$、$\delta = 2.3°$、

$\gamma = 19.30\text{kN/m}^3$；试验 2 对应的工况为 $k_h = k_v = 0$、$\alpha = \beta = 0$、$c = 14.5\text{kPa}$、$c' = 0$、$q_0 = 0$、$H = 1.68\text{m}$、$\varphi = 45°$、$\delta = 2.7°$、$\gamma = 19.41\text{kN/m}^3$。从对比结果可以看出，本章方法得到被动土压力合力与试验结果非常接近，对应于试验 1 和试验 2，本章方法仅比试验结果分别大了 4.7% 和 4.3%。被动土压力临界破裂角的结果也吻合得非常好。

表 3-1　本章方法与 Wilson 和 Elgamal 试验结果的对比

方法	试验 1		试验 2	
	土压力合力/(kN/m)	破裂角/(°)	土压力合力/(kN/m)	破裂角/(°)
本章方法	367	71.7	312	69.0
试验结果	385	70~71	326	67~68

算例 2　本章方法同 Shukla 和 Habibi[140] 的计算方法进行了比较。Shukla 和 Habibi[140] 在填土面水平的情况下，通过对挡墙后土楔体进行整体受力平衡分析得到了被动土压力公式。对应于不同的 k_h 和 k_v，表 3-2 对比了分别采用这两种方法得到的被动土压力合力和临界破裂角的计算结果。其中，对应的其他参数为 $\alpha = \beta = 0$、$\varphi = 30°$、$\delta = 0$、$c = 30\text{kPa}$、$c' = 0$、$q_0 = 0$、$H = 10\text{m}$、$\gamma = 17.5\text{kN/m}^3$。结果表明，这两种方法得到的结果非常接近，被动土压力合力的最大误差小于 0.1%，而临界破裂角的计算结果完全一致。良好的吻合性也验证了本章方法的正确性和有效性。

表 3-2　本章方法同 Shukla 和 Habibi 方法的对比结果

方法	$k_h = -0.2, k_v = -0.1$		$k_h = -0.2, k_v = 0.1$		$k_h = 0, k_v = 0.1$		$k_h = 0.2, k_v = 0.1$	
	合力/(kN/m)	破裂角/(°)	合力/(kN/m)	破裂角/(°)	合力/(kN/m)	破裂角/(°)	合力/(kN/m)	破裂角/(°)
本章方法	4220	58.5	3694	58.3	3402	60.0	3085	62.2
Shukla 和 Habibi (2011)	4218	58.5	3692	58.3	3400	60.0	3084	62.2

算例 3　图 3-5 对比了采用本章方法和 Mononobe-Okabe 理论得到的地震被动土压力分布情况，其对应的工况为 $H = 10\text{m}$、$\alpha = 22°$、$\beta = 5°$、$\varphi = 30°$、$\delta = \varphi / 3$、$\gamma = 16\text{kN/m}^3$、$c = 0$、$c' = 0$、$q_0 = 0$。采用本章方法和 Mononobe-Okabe 理论得到的地震被动土压力合力大小是一致的，均为 2227kN/m。但相比 Mononobe-Okabe 理论而言，本章方法给出了地震被动土压力的非线性分布情况。大量研究结果表明，地震作用下被动土压力分布情况是非线性的，因此，本章得到的地震被动土压力结果比 Mononobe-Okabe 理论更为合理。另外，采用本章方法可计算得到该工况下的地震被动土压力合力作用点位置 z_0 / H 为 0.350，大于 Mononobe-Okabe 理论假设的 0.333 墙高位置。

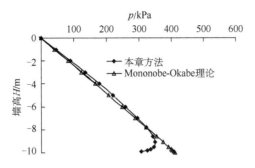

图 3-5　地震被动土压力分布情况对比分析

3.5　地震被动土压力结果与分析

为研究各参数对地震被动土压力的影响，取各参数的变化范围如下：

$k_h = -0.2$，-0.1，0，0.1，0.2，0.3，0.4

$k_v = -0.3$，-0.2，-0.1，0，0.1，0.2，0.3

$\alpha = -10°$，$-5°$，0，$5°$，$10°$，$15°$，$20°$

$\beta = 0$，$5°$，$10°$，$15°$，$20°$，$25°$，$30°$

$\varphi = 20°$，$25°$，$30°$，$35°$，$40°$，$45°$

$\delta = 0$，$\varphi / 3$，$\varphi / 2$，$2\varphi / 3$，φ

$c = 0$，5kPa，15kPa，25kPa，30kPa，35kPa

$c' = 0$，$c / 3$，$2c / 3$，c

$q_0 = 0$，5kPa，10kPa，15kPa，20kPa，25kPa，30kPa

$\gamma = 14\text{kN/m}^3$，16kN/m^3，18kN/m^3，20kN/m^3

$H = 4\text{m}$，6m，8m，10m，12m，14m，16m，18m

计算内容包括被动土压力临界破裂角 θ_{pcr}、被动土压力合力 E_p 以及被动土压力合力作用点位置 z_0 / H。

3.5.1　水平和垂直地震系数对地震被动土压力的影响

图 3-6 给出了不同水平和垂直地震系数（k_h 和 k_v）下地震被动土压力临界破裂角 θ_{pcr}、被动土压力合力 E_p 和合力作用点位置 z_0 / H 的变化情况，对应的其他参数为 $\alpha = 10°$、$\beta = 5°$、$\varphi = 30°$、$\delta = \varphi / 2$、$c = 10\text{kPa}$、$c' = 2c / 3$、$q_0 = 10\text{kPa}$、$\gamma = 18\text{kN/m}^3$、$H = 10\text{m}$。图 3-7 和图 3-8 给出了不同水平和垂直地震系数（k_h 和 k_v）

下的地震被动土压力的分布情况，对应的其他参数为 $\alpha = 10°$、$\beta = 5°$、$\varphi = 30°$、$\delta = 0$、$c = 5\text{kPa}$、$c' = 2c/3$、$q_0 = 0$、$\gamma = 18\text{kN/m}^3$、$H = 10\text{m}$。可以看出，随着水平地震系数 k_h 的增大，地震被动土压力临界破裂角 θ_{pcr} 和合力作用点位置 z_0/H 均增大，但二者的增长率不同。随着水平地震系数 k_h 的增大，临界破裂角 θ_{pcr} 的增长率逐渐增大，而合力作用点位置 z_0/H 的增长率则有所减小。地震被动土压力合力 E_p 随水平地震系数 k_h 的增大呈现出线性减小的趋势。

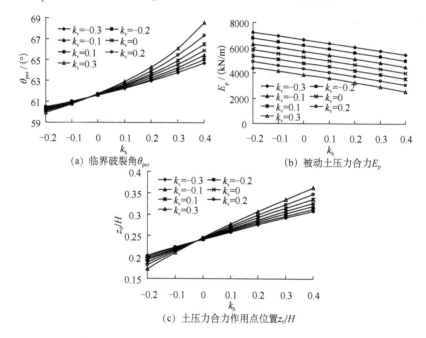

(a) 临界破裂角 θ_{pcr}　　　(b) 被动土压力合力 E_p

(c) 土压力合力作用点位置 z_0/H

图 3-6　水平和垂直地震系数对地震被动土压力的影响

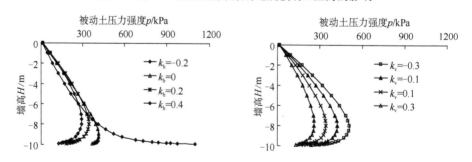

图 3-7　水平地震系数对被动土压力分布影响　　图 3-8　垂直地震系数对被动土压力分布影响

　　地震被动土压力沿墙高呈非线性分布，且分布曲线受水平地震系数 k_h 和垂直地震系数 k_v 影响显著。当水平地震系数 k_h 从−0.2 变化到 0.4 时，地震被动土压力分布曲线逐渐由凹向墙背转变为凸向墙背，如图3-7所示；当垂直地震系数k_v从−0.3变化到0.3时，地震被动土压力分布曲线凸向墙背，并往减小的方向移动，如图3-8所示。

3.5.2　墙背倾角对地震被动土压力的影响

表 3-3 给出了不同水平和垂直地震系数（k_h和k_v）作用下挡墙墙背倾角α对地震被动土压力临界破裂角θ_{pcr}、土压力合力E_p和合力作用点位置z_0/H的影响，其对应的其他参数为$\beta=5°$、$\varphi=30°$、$\delta=15°$、$c=10$kPa、$c'=2c/3$、$q_0=10$kPa、$\gamma=18$kN/m³、$H=10$m。图 3-9 给出了不同墙背倾角α对应的地震被动土压力分布情况，其他参数为$k_h=0.2$、$k_v=0.1$、$\beta=5°$、$\varphi=30°$、$\delta=0$、$c=5$kPa、$c'=2c/3$、$q_0=0$、$\gamma=18$kN/m³、$H=10$m。当墙背倾角α由−10°变化到20°时，地震被动土压力分布曲线由凹向墙背逐渐转变为凸向墙背。土压力分布曲线的这种变化减小了被动土压力合力E_p，增大了合力作用点位置z_0/H。从表3-3可以看出（对应于$k_h=0.2$、$k_v=0.1$），临界破裂角θ_{pcr}和被动土压力合力E_p分别减小了16.1%和60.0%，合力作用点位置z_0/H由0.204增大为0.337。

表 3-3　不同水平和垂直地震系数作用下挡墙墙背倾角(α)对地震被动土压力的影响

α /(°)	k_h=−0.2, k_v=−0.1			k_h=0, k_v=0			k_h=0.2, k_v=0.1			k_h=0.4, k_v=0.1			k_h=0.4, s_v=0.2		
	θ_{pcr} /(°)	E_p /(kN/m)	z_0/H	θ_{pcr} /(°)	E_p /(kN/m)	z_0/H	θ_{pcr} /(°)	E_p /(kN/m)	z_0/H	θ_{pcr} /(°)	E_p /(kN/m)	z_0/H	θ_{pcr} /(°)	E_p /(kN/m)	z_0/H
−10	70.2	13995	0.131	70.7	11334	0.161	71.6	8629	0.204	72.9	6825	0.258	73.4	5813	0.275
−5	67.7	10808	0.149	68.4	8832	0.182	69.5	6816	0.227	71.2	5492	0.280	71.7	4696	0.295
0	65.2	8728	0.166	66.1	7193	0.202	67.5	5619	0.249	69.6	4602	0.299	70.2	3949	0.314
5	62.8	7302	0.182	63.9	6066	0.223	65.6	4791	0.271	68.0	3982	0.318	68.8	3426	0.331
10	60.4	6289	0.197	61.7	5264	0.243	63.7	4201	0.292	66.6	3536	0.336	67.4	3049	0.347
15	57.9	5552	0.213	59.5	4681	0.264	61.8	3770	0.314	65.2	3210	0.353	66.1	2773	0.363
20	55.5	5011	0.229	57.3	4253	0.288	60.1	3455	0.337	63.9	2972	0.370	64.9	2571	0.378

注：$\beta=5°$，$\varphi=30°$，$\delta=15°$，$c=10$kPa，$c'=2c/3$，$q_0=10$kPa，$\gamma=18$kN/m³，$H=10$m

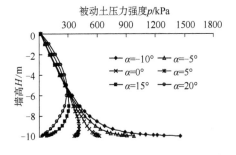

图 3-9　墙背倾角对被动土压力分布的影响

3.5.3 填土面倾角对地震被动土压力的影响

表 3-4 给出了不同水平和垂直地震系数（k_h 和 k_v）作用下挡墙背后填土面倾角 β 对地震被动土压力临界破裂角 θ_{pcr}、被动土压力合力 E_p 和合力作用点位置 z_0 / H 的影响，其对应的其他参数为 $\alpha = 10°$、$\varphi = 30°$、$\delta = 15°$、$c = 10\text{kPa}$、$c' = 2c / 3$、$q_0 = 10\text{kPa}$、$\gamma = 18\text{kN/m}^3$、$H = 10\text{m}$。图 3-10 给出了不同填土面倾角 β 对应的地震被动土压力分布情况，其他参数为 $k_h = 0.2$、$k_v = 0.1$、$\alpha = 10°$、$\varphi = 30°$、$\delta = 0$、$c = 5\text{kPa}$、$c' = 2c / 3$、$q_0 = 0$、$\gamma = 18\text{kN/m}^3$、$H = 10\text{m}$。随着填土面倾角 β 的增大，地震被动土压力临界破裂角 θ_{pcr} 和土压力合力作用点位置 z_0 / H 显著减小，被动土压力合力 E_p 显著增大，土压力分布曲线也受填土面倾角 β 影响显著。当填土面倾角 β 由 0 增大到 30°时（对应于 $k_h = 0.2$、$k_v = 0.1$），临界破裂角 θ_{pcr} 和土压力合力作用点位置 z_0 / H 分别减小了 30.1%和 67.2%，被动土压力合力 E_p 增大了 376.1%，地震被动土压力分布曲线由凸向墙背逐渐转变为凹向墙背。

表 3-4　不同水平和垂直地震系数作用下填土面倾角(β)对地震被动土压力的影响

β /(°)	k_h=−0.2, k_v=−0.1			k_h=0, k_v=0			k_h=0.2, k_v=0.1			k_h=0.4, k_v=0.1			k_h=0.4, k_v=0.2		
	θ_{pcr} /(°)	E_p /(kN/m)	z_0/H	θ_{pcr} /(°)	E_p /(kN/m)	z_0/H	θ_{pcr} /(°)	E_p /(kN/m)	z_0/H	θ_{pcr} /(°)	E_p /(kN/m)	z_0/H	θ_{pcr} /(°)	E_p /(kN/m)	z_0/H
0	63.6	5205	0.239	65.3	4304	0.286	68.1	3358	0.332	72.4	2701	0.371	73.7	2292	0.382
5	60.4	6289	0.197	61.7	5264	0.243	63.7	4201	0.292	66.6	3536	0.336	67.4	3049	0.347
10	57.3	7669	0.161	58.3	6487	0.203	59.8	5272	0.251	61.8	4579	0.296	62.3	3988	0.308
15	54.5	9490	0.129	55.3	8103	0.167	56.4	6687	0.212	57.7	5947	0.254	58.1	5214	0.266
20	51.9	11999	0.103	52.5	10333	0.135	53.2	8640	0.174	54.1	7830	0.213	54.4	6900	0.223
25	49.4	15654	0.080	49.8	13586	0.107	50.3	11494	0.140	50.9	10582	0.173	51.1	9363	0.182
30	47.0	21385	0.061	47.2	18697	0.082	47.6	15988	0.109	48.0	14919	0.136	48.1	13245	0.143

注：α=10°，φ=30°，δ=15°，c=10kPa，c'=2c/3，q_0=10kPa，γ=18kN/m³，H=10m

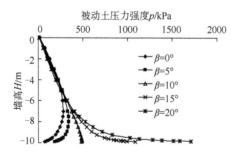

图 3-10　填土面倾角对地震被动土压力分布的影响

3.5.4　填土内摩擦角和墙背外摩擦角对地震被动土压力的影响

表 3-5 给出了不同水平和垂直地震系数(k_h 和 k_v)作用下填土内摩擦角 φ 和墙背外摩擦角 δ 对地震被动土压力临界破裂角 θ_{pcr}、被动土压力合力 E_p 和合力作用点位置 z_0 / H 的影响，其对应的其他参数为 $\alpha = 10°$、$\beta = 5°$、$c = 10\text{kPa}$、$c' = 2c/3$、$q_0 = 10\text{kPa}$、$\gamma = 18\text{kN/m}^3$、$H = 10\text{m}$。图 3-11 给出了填土内摩擦角 φ 对地震被动土压力分布的影响，其对应的其他参数为 $k_h = 0.2$、$k_v = 0.1$、$\alpha = 10°$、$\beta = 5°$、$\delta = 0$、$c = 5\text{kPa}$、$c' = 2c/3$、$q_0 = 0$、$\gamma = 18\text{kN/m}^3$、$H = 10\text{m}$。图 3-12 给出了墙背外摩擦角 δ 对地震被动土压力分布的影响，其对应的其他参数为 $k_h = 0.2$、$k_v = 0.1$、$\alpha = 10°$、$\beta = 5°$、$\varphi = 30°$、$c = 5\text{kPa}$、$c' = 2c/3$、$q_0 = 0$、$\gamma = 18\text{kN/m}^3$、$H = 10\text{m}$。随着填土内摩擦角 φ 的增大，地震被动土压力临界破裂角 θ_{pcr} 和土压力合力 E_p 增大，土压力分布曲线往增大的方向移动。另外还可以看到，随着填土内摩擦角 φ 的增大，土压力分布曲线的非线性特性也随之增强。

表 3-5　不同水平和垂直地震系数作用下填土内摩擦角(φ)和墙背外摩擦角(δ)

对地震被动土压力的影响

φ, δ /(°)	k_h=−0.2, k_v=−0.1			k_h=0, k_v=0			k_h=0.2, k_v=0.1			k_h=0.4, k_v=0.1			k_h=0.4, k_v=0.2		
	θ_{pcr} /(°)	E_p /(kN/m)	z_0/H	θ_{pcr} /(°)	E_p /(kN/m)	z_0/H	θ_{pcr} /(°)	E_p /(kN/m)	z_0/H	θ_{pcr} /(°)	E_p /(kN/m)	z_0/H	θ_{pcr} /(°)	E_p /(kN/m)	z_0/H
φ=20, δ=0	43.6	2816	0.271	47.1	2415	0.357	52.8	1969	0.401	62.7	1632	0.416	66.2	1385	0.420
φ=30, δ=0	50.1	3835	0.320	52.3	3320	0.376	55.5	2771	0.410	59.9	2458	0.425	61.2	2149	0.428
φ=30, δ=φ/3	57.2	5271	0.226	58.8	4459	0.277	61.2	3610	0.325	64.6	3092	0.362	65.5	2678	0.371
φ=30, δ=2φ/3	63.2	7631	0.174	64.3	6322	0.214	66.0	4974	0.263	68.4	4113	0.311	69.1	3531	0.325
φ=40, δ=0	56.0	5406	0.363	57.4	4730	0.398	59.3	4025	0.423	61.6	3705	0.436	62.3	3269	0.438
φ=40, δ=φ/3	64.3	9229	0.205	65.1	7867	0.241	66.2	6473	0.281	67.7	5745	0.316	68.1	5021	0.324
φ=40, δ=2φ/3	71.3	19146	0.127	71.7	15933	0.151	72.3	12686	0.184	73.1	10827	0.221	73.3	9367	0.232

注：α=10°, β=5°, c=10kPa, c'=2c/3, q_0=10kPa, γ=18kN/m³, H=10m

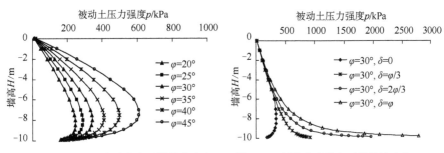

图 3-11　填土内摩擦角对被地震动土　　　图 3-12　墙背外摩擦角对地震被动上

压力分布的影响　　　　　　　　压力分布的影响

随着挡墙墙背外摩擦角 δ 的增大，地震被动土压力临界破裂角 θ_{pcr} 和土压力合力

E_p 均显著增大，土压力合力作用点位置 z_0/H 显著减小。当墙背外摩擦角 δ 由 0 变化到 $2\varphi/3$ 时(对应于 $k_h=0.2$、$k_v=0.1$、$\varphi=30°$)，临界破裂角 θ_{pcr} 和土压力合力 E_p 分别增大了 18.9% 和 79.5%，土压力合力作用点位置 z_0/H 由 0.410 减小到 0.263。地震被动土压力分布曲线同样也受墙背外摩擦角 δ 影响显著，当墙背外摩擦角 δ 由 0 变化到 $2\varphi/3$ 时(对应于 $\varphi=30°$)，土压力分布曲线由凸向墙背转变为凹向墙背。

3.5.5 填土黏聚力和墙土黏结力对地震被动土压力的影响

表 3-6 给出了不同水平和垂直地震系数(k_h 和 k_v)作用下填土黏聚力 c 和墙背与填土黏结力 c' 对地震被动土压力临界破裂角 θ_{pcr}、被动土压力合力 E_p 和合力作用点位置 z_0/H 的影响，其对应的其他参数为 $\alpha=10°$、$\beta=5°$、$\varphi=30°$、$\delta=15°$、$q_0=10\text{kPa}$、$\gamma=18\text{kN/m}^3$、$H=10\text{m}$。图 3-13 给出了填土黏聚力 c 对地震被动土压力分布的影响，其对应的其他参数为 $k_h=0.2$、$k_v=0.1$、$\alpha=10°$、$\beta=5°$、$\varphi=30°$、$\delta=0$、$c'=0$、$q_0=0$、$\gamma=18\text{kN/m}^3$、$H=10\text{m}$。图 3-14 给出了墙背与填土黏结力 c' 对地震被动土压力分布的影响，对应的其他参数为 $k_h=0.2$、$k_v=0.1$、$\alpha=10°$、$\beta=5°$、$\varphi=30°$、$\delta=0$、$c=30\text{kPa}$、$q_0=0$、$\gamma=18\text{kN/m}^3$、$H=10\text{m}$。随着填土黏聚力 c 的增大，地震被动土压力合力 E_p 和合力作用点位置 z_0/H 均增大，临界破裂角 θ_{pcr} 大致不变，被动土压力分布曲线往增大的方向移动。

表 3-6　不同水平和垂直地震系数作用下填土黏聚力(c)和墙背与填土黏结力(c')
对地震被动土压力的影响

c, c' /kPa	$k_h=-0.2, k_v=-0.1$			$k_h=0, k_v=0$			$k_h=0.2, k_v=0.1$			$k_h=0.4, k_v=0.1$			$k_h=0.4, k_v=0.2$		
	θ_{pcr} /(°)	E_p /(kN/m)	z_0/H	θ_{pcr} /(°)	E_p /(kN/m)	z_0/H	θ_{pcr} /(°)	E_p /(kN/m)	z_0/H	θ_{pcr} /(°)	E_p /(kN/m)	z_0/H	θ_{pcr} /(°)	E_p /(kN/m)	z_0/H
$c=0, c'=0$	60.0	5677	0.191	61.4	4658	0.237	63.8	3597	0.285	67.6	2914	0.326	69.1	2415	0.335
$c=15, c'=0$	60.0	6412	0.208	61.2	5396	0.253	63.0	4346	0.303	65.6	3706	0.345	66.2	3227	0.357
$c=15, c'=2c/3$	60.4	6549	0.202	61.6	5524	0.247	63.5	4464	0.297	66.0	3810	0.341	66.7	3327	0.352
$c=30, c'=0$	60.0	7147	0.221	61.0	6132	0.266	62.5	5091	0.315	64.4	4473	0.357	64.8	4001	0.369
$c=30, c'=c/3$	60.4	7330	0.214	61.5	6305	0.259	63.0	5251	0.308	65.0	4619	0.351	65.3	4144	0.363
$c=30, c'=2c/3$	60.9	7508	0.207	62.0	6473	0.252	63.4	5408	0.301	65.4	4761	0.346	65.9	4284	0.358
$c=30, c'=c$	61.3	7682	0.201	62.4	6638	0.246	63.9	5560	0.296	65.9	4901	0.341	66.3	4420	0.353

注：$\alpha=10°$, $\beta=5°$, $\varphi=30°$, $\delta=15°$, $q_0=10\text{kPa}$, $\gamma=18\text{kN/m}^3$, $H=10\text{m}$

随着墙背与填土黏结力 c' 的增大，土压力临界破裂角 θ_{pcr} 和土压力合力 E_p 逐渐增大，土压力合力作用点位置 z_0/H 逐渐减小。但墙背与填土黏结力 c' 对临界破裂角 θ_{pcr} 的影响不显著。当墙背与填土黏结力 c' 由 0 增大到 c 时(对应于

$c = 30\text{kPa}$ ），土压力分布曲线始终为凸向墙背，且不同墙背与填土黏结力 c' 对应的土压力分布曲线大致交于一点。

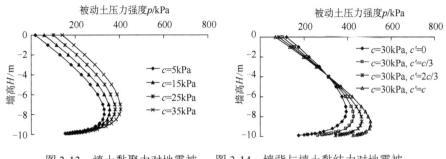

图 3-13　填土黏聚力对地震被　　图 3-14　墙背与填土黏结力对地震被
动土压力分布的影响　　　　　动土压力分布的影响

3.5.6　均布超载对地震被动土压力的影响

表 3-7 给出了不同水平和垂直地震系数（ k_{h} 和 k_{v} ）作用下均布超载 q_0 对地震被动土压力临界破裂角 θ_{pcr} 、被动土压力合力 E_{p} 和合力作用点位置 z_0 / H 的影响，对应的其他参数为 $\alpha = 10°$ 、 $\beta = 5°$ 、 $\varphi = 30°$ 、 $\delta = 15°$ 、 $c = 10\text{kPa}$ 、 $c' = 2c / 3$ 、 $\gamma = 18\text{kN/m}^3$ 、 $H = 10\text{m}$ 。图 3-15 给出了均布超载 q_0 对地震被动土压力分布的影响，对应的其他参数为 $k_{\mathrm{h}} = 0.2$ 、 $k_{\mathrm{v}} = 0.1$ 、 $\alpha = 10°$ 、 $\beta = 5°$ 、 $\varphi = 30°$ 、 $\delta = 10°$ 、 $c = 5\text{kPa}$ 、 $c' = 2c / 3$ 、 $\gamma = 18\text{kN/m}^3$ 、 $H = 10\text{m}$ 。随着均布超载 q_0 的增大，被动土压力合力 E_{p} 和合力作用点位置 z_0 / H 均随之增大，临界破裂角 θ_{pcr} 大致不变，地震被动土压力曲线往增大的方向平移。

表 3-7　不同水平和垂直地震系数作用下均布超载(q_0)对地震被动土压力的影响

q_0 /kPa	$k_{\mathrm{h}}=-0.2, k_{\mathrm{v}}=-0.1$			$k_{\mathrm{h}}=0, k_{\mathrm{v}}=0$			$k_{\mathrm{h}}=0.2, k_{\mathrm{v}}=0.1$			$k_{\mathrm{h}}=0.4, k_{\mathrm{v}}=0.1$			$k_{\mathrm{h}}=0.4, k_{\mathrm{v}}=0.2$		
	θ_{pcr} /(°)	E_{p} /(kN/m)	z_0/H	θ_{pcr} /(°)	E_{p} /(kN/m)	z_0/H	θ_{pcr} /(°)	E_{p} /(kN/m)	z_0/H	θ_{pcr} /(°)	E_{p} /(kN/m)	z_0/H	θ_{pcr} /(°)	E_{p} /(kN/m)	z_0/H
0	60.4	5727	0.190	61.7	4803	0.234	63.7	3845	0.282	66.5	3247	0.324	67.3	2809	0.336
5	60.4	6008	0.194	61.7	5033	0.239	63.7	4023	0.287	66.5	3391	0.330	67.3	2929	0.342
10	60.4	6289	0.197	61.7	5264	0.243	63.7	4201	0.292	66.6	3536	0.336	67.4	3049	0.347
15	60.3	6570	0.201	61.6	5494	0.247	63.7	4379	0.297	66.6	3680	0.341	67.4	3169	0.352
20	60.3	6851	0.203	61.6	5725	0.251	63.7	4557	0.301	66.6	3824	0.346	67.5	3289	0.357
25	60.3	7132	0.206	61.6	5955	0.254	63.7	4735	0.305	66.7	3969	0.350	67.5	3409	0.361
30	60.3	7413	0.209	61.6	6186	0.257	63.7	4913	0.309	66.7	4113	0.354	67.6	3529	0.365

注： $\alpha=10°$ ， $\beta=5°$ ， $\varphi=30°$ ， $\delta=15°$ ， $c=10\text{kPa}$ ， $c'=2c/3$ ， $\gamma=18\text{kN/m}^3$ ， $H=10\text{m}$

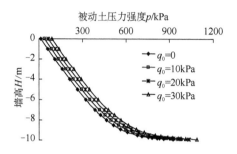

图 3-15   均布超载对地震被动土压力分布的影响

3.5.7   挡墙墙高和填土重度对地震被动土压力的影响

表 3-8 给出了不同水平和垂直地震系数(k_h 和 k_v)作用下填土重度(γ)和挡墙墙高(H)对地震被动土压力临界破裂角 θ_{pcr}、被动土压力合力 E_p 和合力作用点位置 z_0/H 的影响，其对应的其他参数为 $\alpha=10°$、$\beta=5°$、$\varphi=30°$、$\delta=10°$、$c=10\text{kPa}$、$c'=2c/3$、$q_0=10\text{kPa}$。图 3-16 给出了填土重度 γ 对地震被动土压力分布的影响，对应的其他参数为 $k_h=0.2$、$k_v=0.1$、$\alpha=10°$、$\beta=5°$、$\varphi=30°$、$\delta=10°$、$c=5\text{kPa}$、$c'=2c/3$、$q_0=0$、$H=10\text{m}$。图 3-17 给出了土压力合力 E_p 与墙高 H 的比值（E_p/H）和墙高 H 的关系曲线，其对应的其他变量为 $k_h=0.2$、$k_v=0.1$、$\alpha=10°$、$\beta=5°$、$\varphi=30°$、$\delta=10°$、$c=10\text{kPa}$、$c'=2c/3$、$q_0=10\text{kPa}$。随着填土重度 γ 的增大，被动土压力合力 E_p 和合力作用点位置 z_0/H 均随之增大，临界破裂角 θ_{pcr} 大致保持不变，被动土压力分布曲线往增大的方向移动。

表 3-8   不同水平和垂直地震系数作用下填土重度(γ)和挡墙墙高(H)对地震被动土压力的影响

$\gamma/(\text{kN/m}^3)$ H/m	$k_h=-0.2, k_v=-0.1$			$k_h=0, k_v=0$			$k_h=0.2, k_v=0.1$			$k_h=0.4, k_v=0.1$			$k_h=0.4, k_v=0.2$		
	θ_{pcr} /(°)	E_p /(kN/m)	z_0/H	θ_{pcr} /(°)	E_p /(kN/m)	z_0/H	θ_{pcr} /(°)	E_p /(kN/m)	z_0/H	θ_{pcr} /(°)	E_p /(kN/m)	z_0/H	θ_{pcr} /(°)	E_p /(kN/m)	z_0/H
$\gamma=14, H=10$	60.4	5152	0.201	61.7	4331	0.247	63.6	3480	0.296	66.4	2951	0.341	67.1	2564	0.352
$\gamma=16, H=10$	60.4	5720	0.199	61.7	4797	0.245	63.7	3840	0.294	66.5	3243	0.338	67.3	2806	0.350
$\gamma=18, H=10$	60.4	6289	0.197	61.7	5264	0.243	63.7	4201	0.292	66.6	3536	0.336	67.4	3049	0.347
$\gamma=20, H=10$	60.3	6857	0.196	61.6	5730	0.241	63.7	4561	0.291	66.6	3828	0.334	67.5	3292	0.345
$\gamma=18, H=6$	60.5	2545	0.205	61.8	2151	0.251	63.6	1743	0.301	66.1	1490	0.346	66.8	1305	0.358
$\gamma=18, H=10$	60.4	6289	0.197	61.7	5264	0.243	63.7	4201	0.292	66.6	3536	0.336	67.4	3049	0.347
$\gamma=18, H=14$	60.3	11669	0.193	61.6	9720	0.239	63.7	7696	0.287	66.8	6422	0.330	67.7	5491	0.341

注：$\alpha=10°$, $\beta=5°$, $\varphi=30°$, $\delta=10°$, $c=10\text{kPa}$, $c'=2c/3$, $q_0=10\text{kPa}$

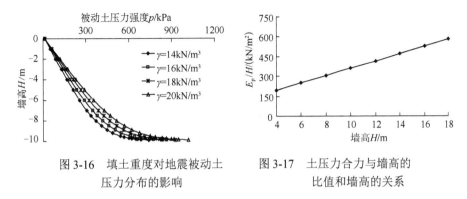

图 3-16　填土重度对地震被动土
压力分布的影响

图 3-17　土压力合力与墙高的
比值和墙高的关系

挡墙墙高 H 越大，地震被动土压力合力 E_p 也就越大。可以看出，土压力合力 E_p 与挡墙墙高 H 的二次方大致呈线性关系。随着挡墙墙高 H 的增大，土压力合力作用点位置 z_0 / H 减小，临界破裂角 θ_{pcr} 大致保持不变。

3.6　本 章 小 结

本章推导了地震被动土压力及其非线性分布的通用解答，并对地震动土压力进行了参数分析。主要工作小结如下：

(1)建立了复杂条件下地震被动土压力的分析模型，引入薄层微元分析法获得了地震被动土压力强度分布、土压力合力大小和作用点位置公式。公式考虑了水平和垂直地震系数、墙背倾角、填土面倾角、填土内摩擦角、墙背外摩擦角、填土黏聚力、墙背与填土黏结力、均布超载等诸多因素的影响。

(2)采用图解法获得了复杂条件下地震被动土压力临界破裂角的显式解析解。

(3)通过将地震被动土压力公式同已有公式进行对比分析和算例比较，验证了本章公式的正确性和有效性。

(4)讨论了水平和垂直地震系数、墙背倾角、填土面倾角、填料内摩擦角、墙背外摩擦角、填土黏聚力、墙背与填土黏结力、均布超载、填土重度、挡墙墙高等因素对地震被动土压力临界破裂角、土压力合力、合力作用位置、被动土压力非线性分布特性的影响。

第4章　地震土压力计算软件开发

4.1　概　　述

本书在推导地震主动和被动土压力公式时，考虑了较多因素的影响，公式推导过程比较复杂，表达式也比较繁琐。在实际工程中，往往需要比较简洁或简化的计算形式来快速实现工程设计和计算。为便于本书理论公式的推广应用，本章基于 Visual Basic 语言开发地震土压力计算软件。

Visual Basic 是美国微软公司于 1991 年推出的。Visual 意为可视的、可见的，指的是开发像 Windows 操作系统的图形用户界面（Graphic User Interface，GUI）的方法，它不需要编写大量代码去描述界面元素的外观和位置，只要把预先建立好的对象拖放到屏幕上相应的位置即可。Basic 的意思是"初始者通用符号指令代码"（Beginners' All-purpose Symbolic Instruction Code）。Visual Basic 是一种可视化的、面向对象和采用事件驱动方式的结构化高级程序设计语言，可用于开发 Windows 环境下的各类应用程序。

地震动土压力计算软件开发的理论依据为本节推导的地震土压力计算公式（详见第 2 章和第 3 章内容）。在地震土压力软件开发时，考虑了水平地震系数、垂直地震系数、墙背倾角、填土面倾角、填土黏聚力、填土内摩擦角、墙土黏结力、墙背外摩擦角以及均布超载等因素。计算软件可输出地震主动和被动土压力合力大小、合力作用点位置、主动和被动土压力临界破裂角、土压力非线性分布规律、黏性土地震主动土压力裂缝深度等计算结果。输出方式采用图形输出和文件输出相结合的方式，其中，输出文件为"txt"文本文件。同时，软件也具备了参数输入检测功能（容错功能）以及软件使用过程中的"人机对话"功能。本软件已申请中华人民共和国国家版权局计算机软件著作权登记，软件登记名称为"挡墙地震土压力计算软件 V1.0（简称土压力计算软件）"；登记号为"2014SR 206495"。

4.2　软件设计内容

地震土压力计算软件图标如图 4-1 所示。该图标（设置 Icon 属性）为自选图形，为一红色的重力式挡墙模型，挡墙后面的灰色轮廓寓意着土压力沿挡墙墙高的非线性分布。

　　整个软件共有 1700 余条源代码。软件主要由主
界面窗口、主动土压力计算窗口和被动土压力计算
窗口组成，如图 4-2~图 4-4 所示。软件的计算功能

图 4-1　土压力软件图标

分别在"主动土压力计算窗口"和"被动土压力计算窗口"中实现。各窗口的设计
内容分述如下。

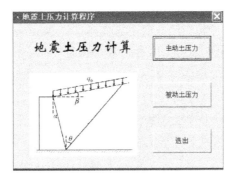

图 4-2　地震土压力计算软件主界面窗口

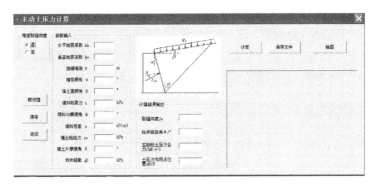

图 4-3　地震主动土压力计算窗口

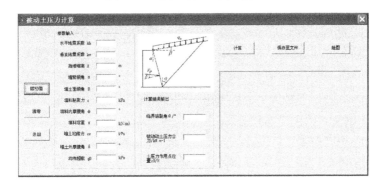

图 4-4　地震被动土压力计算窗口

4.2.1　主窗口界面设计

软件的主界面窗口(Form1)主要包括"主动土压力""被动土压力"和"退出"3 个命令按钮(Commandbutton)、1 个图像框(Image)显示了地震土压力的分析模型、1 个标签(Label)表述本软件的名称为"地震土压力计算"。

软件的主界面窗口(Form1)的窗体属性"Borderstyle"设置为 3-Fix Dialog,不允许使用者对窗口大小进行调整;窗体属性"Icon"采用如图 4-1 所示的自选图形,因此软件的图标也相应地改变;窗体属性"Caption"为"地震土压力计算程序";窗体字体"Font"属性为宋体;窗体属性"MinButton"和"MaxButton"均设为 False,不允许使用者对主界面窗口进行最大化和最小化处理;窗体的"Height"和"Width"属性分别为5790 缇和7860 缇。

主界面窗口(Form1)中标签(Label)的"Caption"属性为"地震土压力计算";标签(Label)的"Font"属性为"华文新魏";"Height"和"Width"属性分别为 735缇和3760 缇。

主界面窗口(Form1)中设置图像框(Image)主要是为了展示地震土压力分析模型。图像框(Image)的"Height"和"Width"属性分别为 3015 缇和 3822 缇。使用者无法对图像框(Image)的内容作任何修改。

主界面窗口(Form1)中 3 个命令按钮(Commandbutton)的"Font"属性均为宋体,"Height"和"Width"属性均为 885 缇和2091 缇。

4.2.2　主动土压力计算窗口界面设计

主动土压力计算窗口(Form2)分别按考虑裂缝深度和不考虑裂缝深度两种情况来设计,如图 4-3 所示。相应的地震主动土压力计算理论公式详见第 2 章有关内容。主动土压力计算窗口(Form2)设计了 1 个"考虑裂缝深度"框架(Frame1)以及相应的单选框(Optionbutton);1 个参数输入框架(Frame2)以及相应的输入文本框(Textbox)和标签说明(Label);1 个计算结果输出框架(Frame3)以及相应的输出文本框(Textbox)和标签说明(Label);1 个图像框(Image)用于显示地震主动土压力的理论分析模型;1 个图形框(PictureBox)用于显示地震主动土压力非线性分布结果;6 个命令按钮(Commandbutton)分别为"赋初值""清零""返回""计算""保存文件"以及"绘图"按钮。

主动土压力界面窗口(Form2)的窗体属性"Borderstyle"设置为 3-Fix Dialog,"Movable"属性为 Ture,软件使用者可以移动窗口,但无法对窗口大小进行调整;窗体属性"Icon"同样采用如图 4-1 所示的自选图形;窗体属性"Caption"为"主动土压力计算"，窗体字体"Font"属性为宋体；窗体属性"MinButton"和"MaxButton"均设为 False，计算界面窗口没有最大化和最小化按钮；窗体的"Height"和"Width"属性分别为 6810 缇和 15120 缇。

"考虑裂缝深度"框架(Frame1)的"Height"和"Width"属性分别为 73 缇和 89 缇；"Borderstyle"属性设为 1-Fixed Single，即框架(Frame1)的外轮廓为可见模式。框架(Frame1)中有 2 个单选框(Optionbutton1 和 Optionbutton2)，供软件使用者选择是否在计算时考虑黏性土主动土压力裂缝深度的影响。

"参数输入"框架(Frame2)中共有 11 个文本框(Textbox1~Textbox11)、若干标签(Label)说明参数的类别及其量纲。框架(Frame2)的"Height"和"Width"属性分别为 5775 缇和 3495 缇；"Font"属性为宋体。文本框(Textbox)的"Borderstyle"属性设为 1-Fixed Single；文本框(Textbox)的"Height"和"Width"属性均为 270 缇和 855 缇；文本框(Textbox)的"Left"属性设为等值，均为 1800 缇，因此，所有文本框(Textbox)左右对齐；上下相邻的文本框(Textbox)的"Top"属性值相差 480 缇，文本框(Textbox)沿铅直方向呈等间距排列。在对参数类别进行说明时，标签(Label)的"Caption"属性的格式为"参数的名称+符号"，采用右对齐；对参数量纲说明时，标签(Label)的"Caption"属性直接设置为对应的国际制单位，为左对齐。标签(Label)中所指的各参数名称及符号，软件使用者可方便地从图像框(Image)中主动土压力分析模型示意图中找到相应的角度。

"计算结果输出"框架(Frame3)主要用于地震主动土压力裂缝深度、主动土压力临界破裂角、土压力合力以及合力作用点位置等计算结果的输出。该框架(Frame3)中共有 4 个文本框(Textbox12~Textbox15)以及相应的 4 个标签说明(Label)。"计算结果输出"框架(Frame3)属性设置和"参数输入"框架(Frame2)的属性设置大同小异，这里不再赘述。需要说明的是，"裂缝深度"输出文本框(Textbox12)与"考虑裂缝深度"框架(Frame1)中的单选框(Optionbutton1)设置了关联事件。若单击了"考虑裂缝深度"框架(Frame1)中"是"单选框，"裂缝深度"输出文本框(Textbox12)中的"BackColor"属性设为&H80000004，即文本框(Textbox12)的背景颜色为白色；若单击了"否"单选框(Optionbutton2)，"裂缝深度"输出文本框(Textbox12)的"BackColor"属性则转变为&H80000011，即文本框(Textbox12)的背景颜色变为灰色，将不作任何计算结果的输出。

图像框(Image)主要用于显示地震主动土压力分析模型以及各符号参数所代表的物理意义。图像框(Image)的"Borderstyle"属性为 False，图像框(Image)的边框不可见；"Height"和"Width"属性分别为 169 缇和 241 缇；"Stretch"属性为 Ture，图像框(Image)中的图形可根据图像框(Image)的大小进行自动调整，以保证图形在图像框(Image)范围内完整显示。图像框(Image)中的"Picture"属性是"jpg"图形文件,图形给出了地震主动土压力的理论分析模型,并指出了墙背倾角 α、填土面倾角 β、墙土外摩擦角 δ、临界破裂角 θ 以及均布超载 q_0 在理论分析模型中所代表的角度和物理意义。

图形框(PictureBox)主要功能在于显示地震主动土压力非线性分布的计算结果。图形框(PictureBox)的"Borderstyle"属性设为 1-Fixed Single,图形框(PictureBox)的外轮廓清晰可见;图形框(PictureBox)的"Height"和"Width"属性分别为 273 缇和 377 缇。图形框(PictureBox)显示功能在点击"绘图"命令按钮(Commandbutton)后实现。

主动土压力界面窗口(Form2)中共有 6 个命令按钮(Commandbutton1~Commandbutton6),Capiton 属性依次为"赋初值""清零""返回""计算""保存文件"以及"绘图"。其中,"赋初值""清零"和"返回"命令按钮(Commandbutton1~Commandbutton3)大小相等,左右对齐,"Height"和"Width"属性均为 33 缇和 73 缇。"计算""保存文件"和"绘图"命令按钮(Commandbutton4~ Command-button6)大小相等,"Height"和"Width"属性均为 33 缇和 93 缇。"赋初值"(Commandbutton1)和"清零"(Commandbutton2)命令按钮和"参数输入"框架(Frame2)中的文本框(Textbox)建立关联事件,单击"赋初值"命令按钮,"参数输入"框架(Frame2)中各文本框(Textbox)将显示各参数初值,软件使用者可根据需要自行修改各参数;单击"清零"命令按钮,"参数输入"框架(Frame2)中各文本框(Textbox)将转变为空白文本框。"返回"(Commandbutton3)命令按钮的功能在于实现主动土压力界面窗口(Form2)和主界面窗口(Form1)之间的切换。"计算"命令按钮(Commandbutton4)将完成地震主动土压力的计算,并将计算结果输出到"计算结果输出"框架(Frame3)所对应的各文本框(Textbox)中。"保存文件"命令按钮(Commandbutton5)可将地震主动土压力计算结果保存到指定的文件目录下,保存文件类型为"txt"。"绘图"命令按钮(Commandbutton6)与图形框(PictureBox)存在关联事件,单击"绘图"命令按钮,地震主动土压力非线性分布结果将输出到图形框(PictureBox)内。

4.2.3 被动土压力计算窗口界面设计

被动土压力计算窗口如图 4-4 所示,相应的地震被动土压力计算公式详见第 3章有关内容。在进行被动土压力计算时,无需考虑黏性土裂缝深度的影响,因此不同于主动土压力计算窗口,被动土压力计算窗口无需设置"是否考虑裂缝深度"框架和"裂缝深度输出"的文本框。

被动土压力计算窗口设计了 1 个参数输入框架(Frame)以及相应的输入文本框(Textbox)和标签说明(Label)、1 个计算结果输出框架(Frame)以及相应的输出文本框(Textbox)和标签说明(Label)、1 个图像框(Image)用于展示地震被动土压力分析模型、1 个图形框(PictureBox)用于显示地震被动土压力非线性分布结果、6 个命令按钮(Commandbutton)分别为"赋初值""清零""返回""计算""保存文件"和"绘图"按钮。

被动土压力界面窗口(Form3)的窗体属性"Icon"同样采用自选图形,如图 4-1 所示,窗体属性"Caption"设为"被动土压力计算",因此,自选图形以及"Caption"属性均出现在"被动土压力计算界面"的标题栏上。窗口(Form3)的"Movable"属性为 Ture,"Borderstyle"属性为 3-Fix Dialog,窗口可以移动,但不可调整窗口大小。窗体属性"MinButton"和"MaxButton"均设为 False,计算界面窗口不设最大化和最小化按钮;窗体的"Height"和"Width"属性分别为 6810 缇和 15120 缇。

"参数输入"框架(Frame2)中共有 11 个文本框(Textbox1~Textbox11)、若干标签(Label)说明参数的类别及其量纲。"参数输入"框架(Frame2)的"Height"和"Width"属性分别为 5775 缇和 3495 缇。文本框(Textbox)的"Left"属性设为等值,均为 1800 缇,所有文本框(Textbox)左右对齐;上下相邻的文本框(Textbox)的"Top"属性值为差值 480 缇的等差数列。其他属性设置同主动土压力界面窗口(Form2)。

"计算结果输出"框架(Frame3)主要是地震被动土压力临界破裂角、被动土压力合力以及合力作用点位置计算结果的输出界面。框架(Frame3)中共有 3 个文本框(Textbox12~Textbox14)以及 3 个对应的标签说明(Label)。"计算结果输出"框架(Frame3)的"Height"和"Width"属性为 3015 缇和 3135 缇。其他属性设置同主动土压力界面窗口(Form2)。

图像框(Image)主要用于显示地震被动土压力分析模型以及各符号参数所代表的物理意义。图像框(Image)的"Height"和"Width"属性分别为 169 缇和 241 缇;"Stretch"属性为 Ture,图像框(Image)中的图形可根据图像框(Image)的大小进行自动调整。图像框(Image)中的"Picture"属性是"jpg"图形文件,显示的是地震被动土压力的分析模型。

图形框(PictureBox)主要功能在于显示地震被动土压力非线性分布的计算结果。图形框(PictureBox)的属性参数设置同主动土压力界面窗口(Form2),这里不再赘述。单击"绘图"命令按钮(Commandbutton),可在图形框(PictureBox)区域显示地震被动土压力非线性分布结果。

被动土压力界面窗口（Form3）中也有 6 个命令按钮（Commandbutton1~Commandbutton6），Capiton 属性依次设为"赋初值""清零""返回""计算""保存文件"以及"绘图"。 各个命令按钮的参数属性设置同主动土压力界面窗口（Form2）。单击"赋初值"（Commandbutton1）命令按钮，可在"参数输入"框架（Frame2）中各文本框（Textbox）显示参数初值，软件使用者可根据地震被动土压力计算要求自行修改；单击"清零"（Commandbutton2）命令按钮，"参数输入"框架（Frame2）中的文本框（Textbox）所有数值清零。"返回"（Commandbutton3）命令按钮实现被动土压力界面窗口（Form3）和主界面窗口（Form1）之间的切换。"计算"命令按钮（Commandbutton4）将完成地震被动土压力的计算，计算结果将输出到"计算结果输出"框架（Frame3）所对应的文本框（Textbox12~Textbox14）内。"保存文件"命令按钮（Commandbutton5）可将地震被动土压力及其非线性分布计算结果保存到指定的文件目录下。"绘图"命令按钮（Commandbutton6）将地震被动土压力非线性分布结果输出到图形框（PictureBox）内。

4.3　软件使用说明

4.3.1　文件的启动与运用

软件的 Icon 属性文件（文件格式为"ico"）已内嵌在软件中；主界面窗口（Form1）、主动土压力界面窗口（Form2）和被动土压力界面窗口（Form3）中图像框（Image）的"Picture"属性（文件格式为"jpg"）图形文件均已内嵌在软件之中。因此，在启动软件时，相应的图形文件将自行加载在显示窗口之中。

软件是在 Visual Basic 基础上直接通过编译生成"exe"可执行文件的，因此无需安装便可直接应用本软件。软件的总大小仅为 568KB，对计算机硬件要求较低，只要满足以下基本要求即可：①CPU，基本配置 1.5GHz，推荐配置 2.0GHz及以上；②硬盘，足够的硬盘空间；③内存，基本配置 256MB，推荐配置 512MB及以上。对软件环境也没有特殊要求，在 Windows XP、Windows 2000、Windows2003、Windows7、Windows8、Windows10 等操作系统下均可运行。

软件允许使用者对软件进行重命名。使用者只要双击软件图标即可启动本软件，或通过鼠标右键"打开"本软件，或通过键盘焦点操作按"Enter"键即可打开本软件。本节给出的软件操作使用说明是在 Windows XP 操作系统下实现的。

4.3.2　主界面窗口使用说明

打开软件后，首先进入程序主界面窗口，如图 4-2 所示。主界面窗口主要由 3 个命令按钮、图像框、主题标签等控件组成。

主界面窗口的默认焦点在"主动上压力"命令按钮上，软件使用者可通过"Table"键或"←↑→↓"键来切换焦点。在程序主界面窗口中，只有"主动土压力""被动土压力"和"退出"3 个命令按钮可获得焦点。

单击"主动土压力"命令按钮，进入主动土压力计算窗口；单击"被动土压力"，进入被动土压力计算窗口；单击"退出"命令按钮，窗口关闭，结束程序。各命令按钮也可采用焦点操作：通过"Table"键或"←↑→↓"键实现焦点在 3 个命令按钮之间的切换，然后按"Enter"键即可。焦点操作可以使软件使用者在没有鼠标等输入设备时，也能顺利地使用本软件。

主界面窗口没有最大化和最小化按钮，软件使用者无法对窗口进行最大化和最小化处理。软件使用者可点击控制按钮结束程序，也可采用"Alt+F4"快捷键关闭程序，其效果和单击"退出"命令按钮是一样的。

软件使用者无法调整主界面窗口大小，但可以移动窗口(将鼠标置于窗口的标题栏，点击左键不放，拖动鼠标即可)。

主界面窗口中的图像框给出的是地震土压力的理论分析模型简图，以供软件使用者参考。软件使用者无法对主窗口的"地震土压力计算"标签以及图像框进行任何修改。

主界面窗口的另一重要功能是实现"主动土压力计算窗口"和"被动土压力计算窗口"之间的切换。"主动土压力计算窗口"和"被动土压力计算窗口"无法直接切换，需要借助"主界面窗口"作为载体来进行。这点在下文中的"主动土压力计算窗口使用说明"和"被动土压力计算窗口使用说明"均有提及。

4.3.3　主动土压力计算窗口使用说明

主动土压力计算窗口包含"考虑裂缝深度"单选框、参数输入模块、计算结果输出模块、绘图模块、图像框以及 6 个命令按钮。

软件使用者进入主动土压力计算窗口后，应首先选择是否考虑裂缝深度的影响。可通过点击"考虑裂缝深度"中的单选框来进行选择。软件的默认设置为考虑裂缝深度的影响。"考虑裂缝深度"单选框与"结果输出"模块中的裂缝深度输出文本框建立关联事件。如果点击考虑裂缝深度，裂缝深度输出文本框的背景颜色为白色，裂缝深度计算结果将在此输出；如果点击不考虑裂缝深度，裂缝深度输出文本框的背景颜色则为灰色，文本框不作任何输出。

"参数输入"模块主要用于地震主动土压力各影响因素的输入，包括水平地震系数 k_h、垂直地震系数 k_v、挡墙墙高 H(m)、墙背倾角 α(°)、填土面倾角 β(°)、填土黏聚力 c(kPa)、填土内摩擦角 φ(°)、填土重度 γ(kN/m³)、墙土黏结力 c_w(kPa)、墙土外摩擦角 δ(°)以及均布超载 q_0(kPa)。在参数输入文本框中，软件具有一定的错误检测功能(容错功能)。如果软件使用者在参数输入文本框内输入了字母、标

图4-5　参数输入时的报错提示窗

点符号等非数字字符，软件会自动检测，并弹出如图4-5所示的报错对话框。如果单击"重试(R)"按钮，软件使用者须重新输入数值符号，才能进行下一步的计算；如果单击"取消"按钮，则终止程序。

"赋初值"命令按钮只和"参数输入"模块中的各文本框建立了关联事件，其作用在于快速给各参数赋初值。软件使用者可直接在参数输入文本框内修改各初始参数以达到自己的计算要求。"赋初值"命令按钮所对应的计算工况为 $k_h = 0.1$、$k_v = 0$、$H = 8\text{m}$、$\alpha = 5°$、$\beta = 10°$、$c = 5\text{kPa}$、$\varphi = 30°$、$\gamma = 16\text{kN/m}^3$、$c_w = 0$、$\delta = 2\varphi/3$、$q_0 = 10\text{kPa}$。采用软件对该工况进行计算，计算结果如图4-6所示。

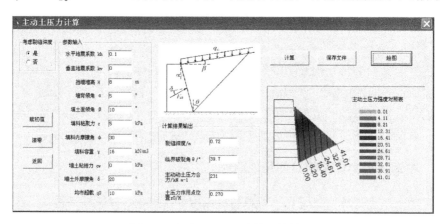

图4-6　地震主动土压力的计算结果

"清零"命令按钮与"参数输入"模块中各文本框以及"结果输出"模块各文本框建立关联事件。点击"清零"命令按钮，各文本框所有内容清空。

点击"返回"命令按钮将关闭主动土压力计算窗口，同时打开软件主界面窗口。主动土压力计算窗口与被动土压力计算窗口不能直接切换，只有通过"返回"

到主窗口界面，才可进入被动土压力计算窗口。

　　图像框给出了地震主动土压力计算模型，并指出了墙背倾角 α、填土面倾角 β、墙土外摩擦角 δ、临界破裂角 θ 在计算模型中所代表的角度，以及均布超载 q_0、主动土压力合力 E_a 所表示的物理意义，供软件使用者参考。软件使用者无法对图像框进行任何修改。

　　"计算结果输出"模块主要用于输出地震主动土压力裂缝深度(m)、临界破裂角 θ(°)、主动土压力合力 E_a(kN/m)和土压力合力作用点位置 z_0/H。"计算结果输出"各文本框与"计算"命令按钮建立关联事件。"计算结果输出"模块是软件主动土压力计算结果界面输出功能的载体。

　　"计算"命令按钮是主动土压力计算窗口的核心内容。如果软件使用者点击了"考虑裂缝深度"中的"是"单选框，软件将通过迭代计算求解黏性土主动土压力裂缝深度，迭代计算的精度控制在 0.01m 以内，并会以对话框的形式先给出裂缝深度的计算结果，以便于软件使用者判断计算结果是否合理可信，如图4-7所示。如果软件使用者单击"确定"按钮，软件将进一步计算，并将计算结果输出到"计算结果输出"模块；如果软件使用者单击了"取消"按钮，软件将自行结束计算，并回到主动土压力计算窗口。如果软件使用者点击了"考虑裂缝深度"中的"否"单选框，软件在计算时，裂缝深度以上的主动土压力分布强度按负值考虑，此时得到的主动土压力合力比考虑裂缝深度时的主动土压力合力更小。计算得到的主动土压力临界破裂角 θ 为墙后土楔体滑动破裂面与铅垂面的夹角，精确到 0.1°。计算得到的主动土压力合力作用点位置 z_0/H 进行了归一化处理，其中，z_0 为主动土压力合力作用点位置到墙踵的垂直距离；H 为挡墙墙高。z_0/H 的计算结果精确到 0.001。主动土压力合力 E_a 计算结果精确到 1kN/m。"计算"命令按钮的计算结果全部输出在"计算结果输出"模块

图 4-7　主动土压力裂缝深度确认对话框

内的文本框中，而关于主动土压力非线性分布情况，则需要通过"绘图"命令按钮和图形框来实现。

　　"绘图"命令按钮和绘图模块(即图形框)为互关联控件。点击"绘图"命令按钮，土压力非线性分布情况将绘制在图形框内。在绘制土压力非线性分布强度时，采用了不同的颜色来对比土压力分布强度的量值，并设置了网格，如图4-8所示。如果考虑主动土压力裂缝深度的影响，裂缝深度以上土压力分布强度为 0；如果

不考虑主动土压力裂缝深度的影响，裂缝深度以上土压力分布强度则为负值，这可以很清楚地从图 4-8 中看出。图 4-8 对比了考虑和不考虑裂缝深度影响时的土压力强度分布情况，其所对应的工况为 $k_h = 0.1$、$k_v = 0$、$H = 8m$、$\alpha = 5°$、$\beta = 10°$、$c = 10kPa$、$\varphi = 30°$、$\gamma = 16kN/m^3$、$c_w = 4kPa$、$\delta = 2\varphi/3$、$q_0 = 10kPa$。在进行主动土压力非线性分布绘图时，主动土压力分布强度并没有绘至墙踵，而是绘至 $0.90H \sim 0.95H$ 位置处，这主要是因为：存在一些工况，在墙踵位置主动土压力分布强度趋于无穷大，这样难以完整地显示在软件的图形框内。主动土压力分布强度为矢量，在绘制主动土压力分布强度时应确定其作用方向。根据主动土压力理论的基本假设，墙后土楔体处于主动土压力极限平衡状态，墙土摩擦力完全发挥，因此主动土压力分布强度与墙背面垂线的夹角为 δ，且沿着墙背面向下；与水平面的夹角为 $\alpha + \delta$。

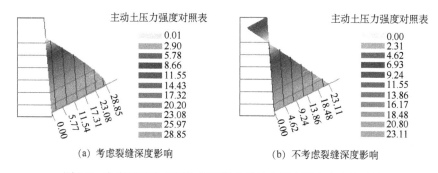

(a) 考虑裂缝深度影响　　　　　　　　(b) 不考虑裂缝深度影响

图 4-8　考虑和不考虑裂缝深度影响时的土压力强度分布的对比

　　软件计算结果的文件输出通过"保存文件"命令按钮来实现。点击"保存文件"按钮，弹出文件保存对话框，如图 4-9 所示。软件使用者可指定保存目录和文件名。输出文件的类型只限于"txt"文件，输出文件中包含各输入参数的数值、计算时有无考虑裂缝深度、主动土压力裂缝深度、临界破裂角、主动土压力合力及其作用点位置、主动土压力非线性分布等。其中，主动土压力非线性分布结果共输出 19 条数据，软件使用者可根据这 19 条数据采用其他绘图软件重新绘图。输出文件大小约为 4KB，输出文件的具体内容和文本格式详见 4.4 节"软件计算算例"中的 4.4.1 节"地震主动土压力计算算例"。当输出文件保存成功时，"保存文件"命令按钮将自行显示为"保存成功"。需要指出的是，在保存文件之前，需要给各参数赋初始值，否则会出现报错信息。

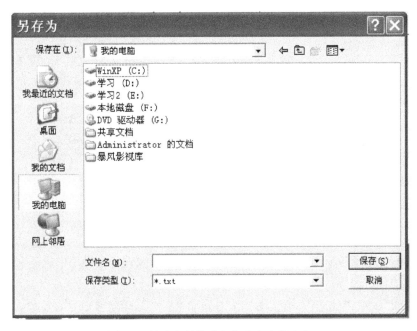

图 4-9　输出文件的路径指定和文件命名

　　如果对"主动土压力计算界面窗口"进行焦点操作，各命令按钮和各文本框均可获得焦点。焦点切换同样可通过"Table"键或"←↑→↓"键来实现，其中，进入主动土压力计算界面窗口时的默认焦点在"返回"命令按钮上。

4.3.4　被动土压力计算窗口使用说明

　　被动土压力计算窗口主要包含参数输入模块、计算结果输出模块、绘图模块、图像框以及 6 个命令按钮。

　　"参数输入"模块主要用于地震被动土压力各计算参数的输入，参数说明标签同主动土压力计算窗口，这里不再赘述。参数输入文本框中也设置了"非数字字符"检测功能，如果软件使用者输入了字母、标点符号等非数字字符，同样会弹出如图 4-5 所示的报错对话框，此时软件使用者需要修改输入的非数字符号才能进行下一步计算。

　　"赋初值"命令按钮在于快速给参数输入模块赋初始值。"赋初值"命令按钮所对应的计算工况为 $k_h = 0.1$、$k_v = 0$、$H = 8\text{m}$、$\alpha = 5°$、$\beta = 10°$、$c = 5\text{kPa}$、$\varphi = 30°$、$\gamma = 16\text{kN/m}^3$、$c_w = 0$、$\delta = 2\varphi/3$、$q_0 = 10\text{kPa}$。软件对该工况的计算结果如图 4-10 所示。

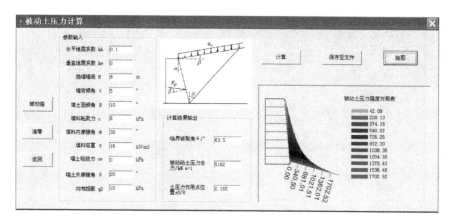

图 4-10　地震被动土压力的计算结果

"清零"命令按钮可将"参数输入"模块和"参数输出"模块中的各文本框数据清空。

"返回"命令按钮将关闭被动土压力计算窗口，打开软件主界面窗口。被动土压力计算窗口与主动土压力计算窗口不能直接切换，只有通过"返回"到主窗口界面，才可进入主动土压力计算窗口。

图像框给出了地震被动土压力计算模型，并指出了墙背倾角 α、填土面倾角 β、墙土外摩擦角 δ、临界破裂角 θ 所代表的角度，以及均布超载 q_0、被动土压力合力 E_p 所表示的物理意义。软件使用者无法对图像框进行任何修改。

"计算结果输出"模块主要输出地震被动土压力临界破裂角 $\theta(°)$、被动土压力合力 $E_p(kN/m)$ 和被动土压力合力作用点位置 z_0/H，并通过"计算"命令按钮来实现。

"计算"命令按钮是被动土压力计算窗口的核心内容。计算得到的被动土压力临界破裂角 θ 为墙后土楔体滑动破裂面与铅垂面的夹角，精确到 $0.1°$。计算得到的被动土压力合力作用点位置 z_0/H 也进行了归一化处理，z_0/H 的计算结果精确到 0.001。被动土压力合力 E_p 计算结果精确到 1kN/m。计算结果全部输出在"计算结果输出"模块内。

点击 "绘图"命令按钮，被动土压力非线性分布结果将绘制在绘图模块中。在进行被动土压力非线性分布绘图时，被动土压力分布强度也没有绘至墙踵，而是在 $0\sim0.95H$ 区域内绘制被动土压力分布强度，其原因与主动土压力情况相同：存在一些工况，在墙踵位置被动土压力分布强度趋于无穷大，如此将使得被动土压力非线性分布情况难以完整地显示在软件的图形框内。被动土压力分布强度为矢量，在绘制被动土压力分布强度时也应确定其作用方向。根据被动土压力理论

的基本假设,墙后土楔体处于被动土压力极限平衡状态,墙土摩擦力得到完全发挥,因此被动土压力分布强度与墙背面垂线的夹角为 δ,且沿着墙背面向上;与水平面的夹角为 $|\delta - \alpha|$。

被动土压力计算结果可通过"保存文件"命令按钮来实现文件输出。当文件保存成功后,"保存文件"命令按钮将显示为"保存成功"。具体的操作步骤及注意事项同主动土压力。

被动土压力计算界面窗口也支持焦点操作。操作方法详见主动土压力计算界面窗口,这里不再赘述。

4.4 软件计算算例

4.4.1 地震主动土压力计算算例

考虑黏性土主动土压力裂缝深度的影响,输入的参数为 $k_h = 0.1$、$k_v = 0$、$H = 10\text{m}$、$\alpha = 5°$、$\beta = 5°$、$c = 10\text{kPa}$、$\varphi = 30°$、$\gamma = 16\text{kN/m}^3$、$c_w = 3\text{kPa}$、$\delta = \varphi/3$、$q_0 = 10\text{kPa}$。分别点击"计算"和"绘图"命令按钮,地震主动土压力计算结果如图4-11 所示。然后点击"保存文件",指定文件的保存路径为"D:\",将文件命名为"AEP-1.txt"。文件"AEP-1.txt"中包含的信息有:计算时有无考虑裂缝深度、各输入参数的数值、主动土压力裂缝深度、主动土压力临界破裂角、主动土压力合力大小及其作用点位置、主动土压力强度非线性分布数值。文件的具体内容和文本格式如下:

############地震作用下主动土压力计算###############

考虑裂缝深度的影响

水平地震系数	0.1
垂直地震系数	0
挡墙墙高/m	10
墙背倾角/(°)	5
土体倾角/(°)	5
填土黏聚力/kPa	10
填土内摩擦角/(°)	30
填土重度/(kN/m³)	16
墙土黏聚力/kPa	3
墙土外摩擦角/(°)	10

均布超载/kPa　　　　10

##################计算结果输出##################

主动土压力裂缝深度/m　1.71

主动土压力临界破裂角/（°）　　30.9

主动土压力合力/（kN/m）　　　　　　180

主动土压力作用点位置 z_0/H　　　　　　2.648

#############主动土压力分布强度输出#############

"距墙顶高度 z_0/m","主动土压力强度"

1.71263	-3.369534×10^{-7}
2.126998	1.998564
2.541367	4.00598
2.955735	6.02331
3.370104	8.051802
3.784472	10.09297
4.198841	12.14862
4.613209	14.22102
5.027578	16.31295
5.441947	18.42798
5.856315	20.57071
6.270683	22.74723
6.685052	24.96591
7.099421	27.23854
7.513789	29.58259
7.928157	32.02547
8.342526	34.61378
8.756895	37.43637
9.171264	40.69748

　　算例中得到的主动土压力裂缝深度为 1.71m，因此输出文件中给出了沿挡墙墙高从 1.71m 至 9.17m（0.917H）区间的地震主动土压力强度分布情况，共 19 列数

据。可以看出，在本算例中，裂缝深度 1.71m 位置处的主动土压力分布强度接近于 0，主动土压力强度沿墙高逐渐增大，在接近墙踵位置达到最大值。

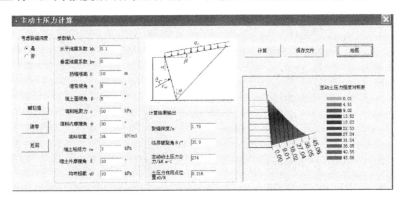

图 4-11 考虑裂缝深度地震主动土压力的计算算例

如果不考虑裂缝深度的影响，同样采用上述参数进行计算，可得到主动土压力计算结果如图 4-12 所示。将计算结果保存在"AEP-2.txt"文件中，文件"AEP-2.txt"的主要内容和文本格式如下：

############地震作用下主动土压力计算##############
不考虑裂缝深度的影响

水平地震系数   0.1
垂直地震系数   0
挡墙墙高/m   10
墙背倾角/ (°)   5
填土面倾角/ (°)   5
填土黏聚力/kPa   10
填土内摩擦角/ (°)   30
填土重度/ (kN/m^3)   16
墙土黏聚力/kPa   3
墙土外摩擦角/ (°)   10
均布超载/kPa   10

#################计算结果输出##################
主动土压力临界破裂角/ (°)   19.4
主动土压力合力/ (kN/m)   143
主动土压力作用点位置 z_0/H 0.187

############主动土压力分布强度输出##############

"距墙顶高度 z_0/m","主动土压力强度"

0.5	−6.545166
1	−4.623147
1.5	−2.682506
2	−0.7207698
2.5	1.265048
3	3.278593
3.5	5.324375
4	7.408062
4.5	9.536904
5	11.72037
5.5	13.97114
6	16.3067
6.5	18.75206
7	21.34474
7.5	24.14442
8	27.25435
8.5	30.87572
9	35.48389
9.5	42.7187

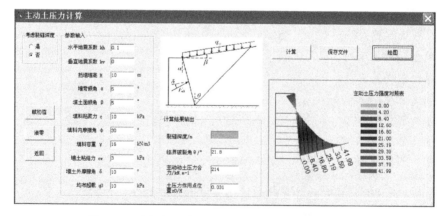

图 4-12　不考虑裂缝深度地震主动土压力的计算算例

不考虑黏性土主动土压力裂缝深度时，裂缝深度输出文本框的背景颜色为灰色，不作任何输出。输出文件的主动土压力分布强度为沿挡墙墙高从 $0.05H{\sim}0.95H$ 的数值。其中，在裂缝深度(1.71m)以上位置，土压力分布强度为负值。

对比这两种情况的计算结果可以发现，裂缝深度对主动土压力临界破裂角、土压力合力大小以及合力作用点位置影响显著。当不考虑裂缝深度影响时，主动土压力合力计算结果偏小，在工程应用上是偏不安全的。因此，在实际工程中，应结合实际情况考虑黏性土裂缝深度的影响。

4.4.2　地震被动土压力计算算例

地震被动土压力计算时输入的各参数为 $k_h = 0.1$、$k_v = 0$、$H = 10$m、$\alpha = 5°$、$\beta = 5°$、$c = 20$kPa、$\varphi = 30°$、$\gamma = 16$kN/m^3、$c_w = 10$kPa、$\delta = \varphi/3$、$q_0 = 10$kPa。分别点击"计算""绘图"命令按钮后，计算结果如图 4-13 所示。点击"保存文件"命令按钮，输出文件保存为"PEP.txt"。保存成功后，"保存文件"命令按钮显示为"保存成功"。"PEP.txt"文件的主要内容和文本格式如下：

############地震作用下被动土压力计算##############

水平地震系数	0.1
垂直地震系数	0
挡墙墙高/m	10
墙背倾角/（°）	5
土体倾角/（°）	5
填土黏聚力/kPa	20
填土内摩擦角/（°）	30
填土重度/（kN/m^3）	16
墙土黏聚力/kPa	10
墙土外摩擦角/（°）	10
均布超载/kPa	10

###################计算结果输出###################

被动土压力临界破裂角/（°）	61.9
被动土压力合力/（kN/m）	4897
被动土压力作用点位置 z_0/H	0.213

#############被动土压力分布强度输出##############

"距墙顶高度 z_0/m","被动土压力强度"

0.5	99.48496
1	123.7687
1.5	148.7737
2	174.6048
2.5	201.3901
3	229.2877
3.5	258.4959
4	289.2674
4.5	321.9304
5	356.9202
5.5	394.8305
6	436.4962
6.5	483.1383
7	536.633
7.5	600.0541
8	678.9001
8.5	784.3453
9	944.2939
9.5	1263.529

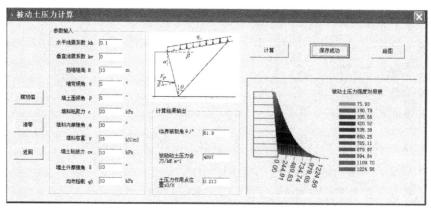

图 4-13　地震被动土压力计算算例

在进行被动土压力计算时，输出文件中给出的是 $0.05H\sim0.95H$ 区域内的挡墙后被动土压力分布强度，共 19 列数据。从本算例计算结果可以看出，被动土压力分布强度呈非线性分布，且沿墙高逐渐增大，在靠近墙踵位置趋于无穷大。

4.5　本 章 小 结

本章基于 Visual Basic 语言，开发了地震土压力计算软件。软件共有 1700 余条指令。本章的主要内容如下：

(1)完成了地震主动和被动土压力理论公式的导入。通过软件开发使得繁琐的土压力理论公式能方便地应用。

(2)完成了地震土压力软件的功能设计。设置了主程序界面、主动和被动土压力计算界面；设计和完成了土压力软件的参数输入模块、计算结果输出模块，以及土压力非线性分布的绘图模块；实现了土压力计算结果的界面输出和文件输出；部分地考虑了程序的"错误检测功能"和"人机对话功能"。

(3)结合软件功能，撰写了软件操作使用说明书，并给出了地震主动和被动土压力的计算算例。

第5章 结论与展望

5.1 研究工作总结

本书针对 Mononobe-Okabe 理论的不足，结合地震土压力的研究现状，综合考虑多种因素研究黏性土地震土压力非线性分布的通用公式，求解复杂条件下地震土压力临界破裂角的显式解，研究黏性土主动土压力裂缝深度的计算方法，得到了地震主动和被动土压力及其非线性分布规律较完备的理论解答，并完成了地震土压力的软件开发。主要研究工作总结如下：

(1)基于 Mononobe-Okabe 的基本假设，考虑水平地震系数、垂直地震系数、墙背倾角、填土面倾角、填土黏聚力、填土与墙背的黏结力、填土内摩擦角和外摩擦角、均布超载等诸多因素的影响，建立了复杂条件下地震主动和被动土压力的分析模型。引入薄层微元分析法的思想，建立了薄层微元土体单元的主动和被动土压力极限平衡状态方程组。通过联立求解方程组、三角函数转化、微分方程求解等数学手段，建立了复杂条件下地震主动和被动土压力合力、土压力合力作用点位置以及土压力非线性分布的函数表达式。

(2)根据主动和被动土压力存在的原理，建立了复杂条件下主动和被动土压力临界破裂角的图解模型，通过图解法将主动和被动土压力合力与破裂角的函数关系转变为土压力合力与边长的关系，并通过导数求极值的方法得到了主动和被动土压力临界破裂角的显式解析解。有效地避免了复杂条件下主动或被动土压力合力对破裂角求导数时遇到的数学难题。

(3)根据黏性土主动土压力裂缝深度的含义，建立了裂缝深度与临界破裂角的函数关系，并结合主动土压力临界破裂角的显式解析解，提出了裂缝深度的迭代计算方法，并验证了本书所提出的迭代计算方法具有快速收敛的特点。对比Rankine 理论，迭代计算的求解方法考虑到了水平和垂直地震系数、填土黏聚力、内摩擦角、填土重度、墙土黏结力、墙背倾角、填土面倾角等诸多因素对裂缝深度的影响，因此计算结果更为合理。

(4)通过参数简化，验证了王云球公式、Mononobe-Okabe 公式、Coulomb 公式、Rankine 公式是本书地震主动和被动土压力公式的特例。通过与已有试验结果的对比，验证了地震主动和被动土压力公式的正确性和有效性。通过与已发表文献的算例对比，说明了本书地震主动和被动土压力公式的全面性和合理性，并分析了不同文献计算结果出现差异性的原因。

(5) 对地震主动和被动土压力进行了参数分析。研究了水平地震系数、垂直地震系数、墙背倾角、填土面倾角、填土黏聚力、填土与墙背的黏结力、填土内摩擦角和外摩擦角等因素对地震主动和被动土压力合力、合力作用点位置以及土压力临界破裂角的影响规律及其显著性；并研究了这些因素对黏性土主动土压力裂缝深度的影响。参数分析结果以图、表的形式给出。

(6) 基于 Visual Basic 语言完成了地震土压力计算软件的开发。设置了软件的主程序界面、主动和被动土压力计算界面；完成了土压力计算软件的参数输入模块、计算结果输出模块，以及土压力非线性分布绘图模块；实现了土压力计算结果的界面输出和文件输出；部分地考虑了程序的"错误检测功能"（容错功能）和"人机对话功能"。并结合软件功能，撰写了软件操作使用说明书，给出了地震主动和被动土压力的计算算例。

5.2　研究工作展望

(1) 地震土压力公式推导时，忽略了微元土体单元之间的剪切力和摩擦力，由此产生的误差有待于进一步研究。

(2) 地震土压力公式，尤其是在土压力非线性分布方面，有待于大量试验的检验。

(3) 地震土压力计算软件还需进一步调试和完善，尤其是软件的容错功能。

参 考 文 献

［1］ Xu C, Xu X W, Yao X,et al. Three (nearly) complete inventories of landslides triggered by the May 12, 2008 Wenchuan Mw 7.9 earthquake of China and their spatial distribution statistical analysis. Landslides, 2014, 11(3): 441-461.

［2］ Chigira M, Wu X Y, Inokuchi T, et al. Landslides induced by the 2008 Wenchuan earthquake, Sichuan, China. Geomorphology, 2010, 118(3/4): 225-238.

［3］ 吉随旺, 唐永建, 胡德贵,等. 四川省汶川地震灾区干线公路典型震害特征分析. 岩石力学与工程学报, 2009, 28(6): 1250-1260.

［4］ 周德培, 张建经, 汤涌. 汶川地震中道路边坡工程震害分析. 岩石力学与工程学报, 2010, 29(3): 565-576.

［5］ Mononobe N. Considerations into earthquake vibrations and vibration theories. Journal of the Japan Society of Civil Engineers, 1924, 10(5): 1063-1094.

［6］ Mononobe N, Matsuo O. On the determination of earth pressure during earthquakes. Proceeding of the World Engineering Congress, Tokyo, 1929:179-187.

［7］ Okabe S. General theory on earth pressure and seismic stability of retaining wall and dam. Journal of the Japan Society of Civil Engineers, 1924, 10(6): 1277-1323.

［8］ Kapila J P. Earthquake resistant design of retaining walls. Proceedings of the Second Earthquake Symposium, Roorkee, India, 1962: 97-108.

［9］ 李昀, 杨果林, 林宇亮. 加筋格宾挡墙地震反应与动土压力分析. 四川大学学报(工程科学版), 2009, 41(4): 63-69.

［10］ 王云球. 黏性土地震土压力的计算方法. 水运工程, 1980, 8: 7-13.

［11］ 陈国祝. 黏性土地震土压力的一般性计算方法. 河海大学学报(自然科学版), 1982, 2: 49-62.

［12］ 冯震, 王娜, 林玮, 等. 在考虑惯性力情况下挡土墙后黏性填土主动土压力的计算. 地震工程与工程振动, 2008, 28(1): 152-156.

［13］ Kim W C, Park D, Kim B. Development of a generalised formula for dynamic active earth pressure. Geotechnique, 2010, 60(9): 723-727.

［14］ Ghosh S, Saran S K. Graphical method to obtain dynamic active earth pressure on rigid retaining wall supporting c-φ backfill. Electronic Journal of Geotechnical Engineering, 2010, 15: 1-5.

［15］ Ghosh S, Sengupta S. Extension of Mononobe-Okabe theory to evaluate seismic active earth pressure supporting c-φ backfill. Electronic Journal of Geotechnical Engineering, 2012, 17: 495-504.

［16］ Shukla S K, Habibi D. Dynamic active thrust from c-phi soil backfills. Soil Dynamic and Earthquake Engineering, 2011, 31(3): 526-529.

［17］ Caltabiano S, Cascone E, Maugeri M. Static and seismic limit equilibrium analysis of sliding retaining walls under different surcharge conditions. Soil Dynamic and Earthquake Engineering, 2012, 37: 38-55.

［18］ Wang J J, Zhang, H P, Chai H J, et al. Seismic passive resistance with vertical seepage and surcharge. Soil Dynamics and Earthquake Engineering, 2008, 28(9): 728-737.

［19］ Wang J J, Zhang H P, Liu M W, et al. Seismic passive earth pressure with seepage for cohesionless soil. Marine Georesources and Geotechnology, 2012, 30(1): 86-101.

［20］ 应宏伟, 蒋波, 谢康和. 考虑土拱效应的挡土墙主动土压力分布. 岩土工程学报, 2007, 29(5): 717-722.

［21］ 应宏伟, 蒋波, 谢康和. 平行竖墙间的土拱效应与侧土压力计算. 水利学报, 2006, 37(11): 1303-1308.

［22］ 涂兵雄, 贾金青. 考虑土拱效应的黏性填土挡土墙主动土压力研究. 岩石力学与工程学报, 2012, 31(5): 1064-1070.

［23］ Morrison J E E, Ebeling R M. Limit equilibrium computation of dynamic passive earth pressure. Canadian Geotechnical Journal, 1995, 32(3): 481-487.

［24］ Seed H B, Whitman R V. Design of earth retaining structures for dynamic loads. Proceeding of the ASCE Specialty Conference on Lateral Stresses in Ground and Design of Earth-Retaining Structures, Ithaca, N Y, 1970: 103-147.

［25］ 李涛. 地震主动土压力简化计算公式. 铁道工程学报, 1996, 1: 103-105.

［26］ 梁波. 地震条件下桥台台背主动土压力简化计算方法. 铁道工程学报, 1999, 2: 36-38.

［27］ Ichibara M, Matsuzawa H. Earth pressure during earthquake. Soils and Foundations, 1973, 13(4): 75-86.

［28］ Sherif M A, Ishibashi I, Lee C D. Earth pressures against rigid retaining walls. Journal of Geotechnical Engineering, 1982, 108(5): 679-695.

［29］ Matsuzawa H, Ishibashi I, Kawamura M. Dynamic soil and water pressure of submerged soils.

Journal of Geotechnical Engineering, 1985, 111(10): 1161-1176.

［30］Steedman R S, Zeng X. The influence of phase on the calculation of pseudo-static earth pressure on a retaining wall. Geotechnique, 1990, 40(1): 103-112.

［31］王渭漳, 吴亚中. 墙背土压力分布计算的新理论及其工程应用. 北京: 人民交通出版社, 1996.

［32］Kumar J, Rao K S S. Passive pressure determination by method of slices. International Journal for Numerical and Analytical Methods in Geomechanics, 1997, 21(5): 337-345.

［33］Chen Z, Li S. Evaluation of active earth pressure by the generalized method of slices. Canadian Geotechnical Journal, 1998, 35(4): 591-599.

［34］Azad A, Yasrobi S S, Pak A. Seismic active pressure distribution history behind rigid retaining walls. Soils Dynamic and Earthquake Engineering, 2008, 28(5): 365-375.

［35］Ahmadabadi M, Ghanbari A. New procedure for active earth pressure calculation in retaining walls with reinforced cohesive-frictional backfill. Geotextiles and Geomembranes, 2009, 27(6): 456-463.

［36］张永兴, 陈林. 地震作用下挡土墙主动土压力分布. 深圳大学学报理工版, 2012, 29(1): 31-37.

［37］Lo S C R, Xu D W. A strain based design method for the collapse limit state of reinforced soil walls and slopes. Canadian Geotechnical Journal, 1992, 29(8): 832-842.

［38］Enoki M, Yagi N, Yatabe R. Generalized slice method for slope stability analysis. Soils and Foundations, 1990, 30(2): 1-13.

［39］Nouri H, Fakher A, Jones C J F P. Development of horizontal slice method for seismic stability analysis of reinforced slopes and walls. Geotextiles and Geomembranes, 2006, 24(2): 175-187.

［40］Nouri H, Fakher A, Jones C J F P. Evaluating the effects of the magnitude and amplification of pseudo-static acceleration on reinforced soil slopes and walls using the limit equilibrium horizontal slices method. Geotextiles and Geomembranes, 2008, 26(3): 263-278.

［41］Shekarian S, Ghanbari A, Farhadi A. New seismic parameters in the analysis of retaining walls with reinforced backfill. Geotextiles and Geomembranes, 2008, 26(4): 350-356.

［42］Zhang G, Wang LP. Stability analysis of strain-softening slope reinforced with stabilizing piles. Journal of Geotechnical and Geoenvironmental Engineering, 2010, 136(11): 1578-1582.

［43］顾慰慈. 挡土墙土压力计算手册. 北京: 中国建材工业出版社, 2005.

［44］Wang Y Z. Distribution of earth pressure on a retaining wall. Geotechnique, 2000, 50(1): 83-88.

［45］王立强, 王元战, 迟丽华. 挡土墙地震土压力及其分布. 中国港湾建设, 2007, 151(5): 1-5.

［46］杨剑, 高玉峰, 程永锋,等. 地震作用下倾斜挡土墙被动土压力的研究. 岩土工程学报,

2009, 31(9): 1391-1397.

[47] Zhu D Y, Qian Q. Determination of passive earth pressure coefficients by the method of triangular slices. Canadian Geotechnical Journal, 2000, 37(2): 485-491.

[48] Zhu D Y, Qian Q H, Lee C F. Active and passive critical slip fields for cohesionless soils and calculation of lateral earth pressures. Geotechnique, 2001, 51(5): 407-423.

[49] 林宇亮, 杨果林, 赵炼恒, 等. 地震动土压力水平层分析法. 岩石力学与工程学报, 2010, 29(12): 2581-2591.

[50] 林宇亮, 杨果林, 赵炼恒. 地震条件下挡墙后黏性土主动土压力研究. 岩土力学, 2011, 32(8): 2479-2486.

[51] 卢廷浩. 考虑黏聚力及墙背黏着力的主动土压力公式. 岩土力学, 2002, 23(4): 470-473.

[52] 张建经, 冯君, 肖世国, 等. 支挡结构抗震设计的 2 个关键技术问题. 西南交通大学学报, 2009, 44(3): 321-326.

[53] Torisu S S, Sato J, Towhata I, et al. 1-G model tests and hollow cylindrical torsional shear experiments on seismic residual displacements of fill dams form the viewpoint of seismic performace-based design. Soil Dynamic and Earthquake Engineering, 2010, 30(6): 423-437.

[54] Bang S. Active earth pressure behind retaining walls. Journal of Geotechnical Engineering, 1985, 111(3): 407-412.

[55] Sherif M A, Ishibashi I, Lee C D. Earth pressure against rigid retaining walls. Journal of Geotechnical Engineering, 1982, 108(5): 679-695.

[56] 徐日庆, 龚慈, 魏纲, 等. 考虑平动位移效应的刚性挡土墙土压力理论. 浙江大学学报(工学版), 2005, 39(1): 119-122.

[57] 彭述权, 刘爱华, 樊玲. 不同位移模式刚性挡墙主动土压力研究. 岩土工程学报, 2009, 31(1): 32-35.

[58] 卢坤林, 朱大勇, 杨扬. 考虑土拱效应的非极限主动土压力计算方法. 中国公路学报, 2010, 23(1): 19-25.

[59] 张永兴, 陈林. 挡土墙非极限状态主动土压力分布. 土木工程学报, 2011, 44(4): 112-119.

[60] Zhang J M, Shamoto Y, Tokimatsu K. Evaluation of earth pressure under any lateral deformation. Soils and Foundations, 1998, 38(1): 15-33.

[61] Zhang J M, Shamoto Y, Tokimatsu K. Seismic earth pressure theory for retaining walls under any lateral displacement. Soils and Foundations, 1998, 38(2): 143-163.

[62] Richards R, Elms D G. Seismic behavior of gravity retaining walls. Journal of Geotechnical Engineering Division, 1979, 105(4): 449-464.

[63] Zarrabi-Kashani K. Sliding of gravity retaining wall during earthquakes considering vertical

accelerations and changing inclination of failure surface. Cambridge, MA:Department of Civil Engineering, Massachusetts Institute of Technology,1979.

［64］ Nadim F. Tilting and sliding of gravity retaining walls during earthquake. Cambridge, Massachusetts: Department of Civil Engineering,Massachusetts Institute of Technology, 1980.

［65］ Wong C P. Seismic analysis and an improved seismic design procedure for gravity retaining walls. Cambridge, Massachusetts: Department of Civil Engineering, Massachusetts Institute of Technology, 1982.

［66］ Choudhury D, Nimbalkar S S. Pseudo-dynamic approach of seismic active earth pressure behind retaining wall. Geotechnical and Geological Engineering, 2006, 24(5): 1103-1113.

［67］ Kolathayar S, Ghosh P. Seismic active earth pressure on walls with bilinear backface using pseudo-dynamic approach. Computers and Geotechnics, 2009, 36(7): 1229-1236.

［68］ Sima G. Pseudo-dynamic active force and pressure behind battered retaining wall supporting inclined backfill. Soil Dynamics and Earthquake Engineering, 2010, 30(11): 1226-1232.

［69］ Sima G, Richi P S. Seismic Active earth pressure on the back of battered retaining wall supporting inclined backfill. International Journal of Geomechanics, 2012, 12(1): 54-63.

［70］ Ahmad S M, Choudhury D. Pseudo-dynamic approach of seismic design for waterfront reinforced soil-wall. Geotextiles and Geomembranes, 2008, 26(4): 291-301.

［71］ 张嘎, 张建民. 成层地基与浅埋结构物动力相互作用的简化分析. 工程力学, 2002, 19(6): 93-97.

［72］ Choudhury D, Chatterjee S. Dynamic active earth pressure on retaining structures. Sadhana, 2006, 31(6): 721-730.

［73］ 周健, 董鹏, 池永. 软土地下结构的地震土压力分析研究. 岩土力学, 2004, 25(4): 554-559.

［74］ Navarro C, Samartin A. Dynamic earth pressures against a retaining wall caused by Rayleigh waves. Engineering Structures, 1989, 11(1): 31-36.

［75］ 范文, 沈珠江, 俞茂宏. 基于统一强度理论的土压力极限上限分析. 岩土工程学报, 2005, 16(2): 1147-1153.

［76］ Yang X L. Seismic passive pressures of earth structures by nonlinear optimization. Archive of Applied Mechanics, 2011, 81(9): 1195-1202.

［77］ Yang X L, Yin J H. Estimation of seismic passive earth pressures with nonlinear failure criterion. Engineering Structures, 2006, 28(3): 342-348.

［78］ Yang X L. Upper bound limit analysis of active earth pressure with different fracture surface and nonlinear yield criterion. Theoretical and Applied Fracture Mechanics, 2007, 47(1): 46-56.

［79］ Soubra A H. Static and seismic passive earth pressure coefficients on rigid retaining structures.

Canadian Geotechnical Journal, 2000, 37(2): 463-478.

［80］陈昌富, 唐仁华, 梁冠亭. 基于混合粒子群算法和能量法主动土压力计算. 岩土力学, 2012, 33(6): 1845-1850.

［81］Cheng Y M. Seismic lateral earth pressure coefficients for c-φ soils by slip line method. Computers and Geotechnics, 2003, 30(8): 661-670.

［82］Panos K, George M, Costas P. Distribution of seismic earth pressures on gravity walls by wave-based stress limit analysis. Proceedings of the Conference of Geotechnical Earthquake Engineering and Soil Dynamics IV, Sacramento, California, 2008.

［83］Santolo D A S, Evangelista A. Dynamic active earth pressure on cantilever retaining walls. Computers and Geotechnics, 2011, 38(8): 1041-1051.

［84］彭明祥. 挡土墙被动土压力的库仑统一解. 岩土工程学报, 2008, 30(12): 1783-1788.

［85］彭明祥. 挡土墙主动土压力的库仑统一解. 岩土力学, 2009, 30(2): 379-386.

［86］彭明祥. 挡土墙主动土压力塑性临界深度的解析解. 岩土力学, 2010, 31(10): 3179-3183.

［87］彭明祥. 挡土墙被动土压力的滑移线解. 岩土工程学报, 2011, 33(3): 460-469.

［88］彭明祥. 挡土墙地震主动土压力的库仑解. 岩石力学与工程学报, 2012, 31(3): 640-648.

［89］Nadim F, Whitman R V. Seismically induced movement of retaining walls. Journal of the Geotechnical Engineering Division, ASCE, 1983, 109(7): 915-931.

［90］Nadim F, Whitman R V. Coupled sliding and tilting of gravity retaining walls during earthquakes. Proceedings of 8th WCEE, San Francisco, CA, 1984.

［91］Jung C, Bobet A. Seismic earth pressures behind retaining walls: effects of rigid-body motions. Proceedings of the Conference of Geotechnical Earthquake Engineering and Soil Dynamics IV, Sacramento, California, 2008.

［92］Psarropoulos P N, Klonaris G, Gazetas G. Seismic earth pressures on rigid and flexible retaining walls. Soil Dynamics and Earthquake Engineering, 2005, 25(7/10): 795-809.

［93］Zeng X. Earthquake induced displacement of gravity retaining walls. The 3rd International Conference on Recent Advances in Geotechnical EESD, 1995, 3: 339-342.

［94］Zeng X. Seismic response of gravity quay walls Ⅰ: Centrifuge modeling. Journal of Geotechnical and Geoenvironmental Engineering, 1998, 124(5): 406-417.

［95］Madabhushi S P G, Zeng X. Seismic response of gravity quay walls II: Numerical modeling. Journal of Geotechnical and Geoenvironmental Engineering, 1998, 124(5): 418-427.

［96］Zeng X, Steedman R S. Rotating block method for seismic displacement of gravitywalls. Journal of Geotechnical and Geoenvironmental Engineering, ASCE, 2001, 126(8): 709-717.

［97］陈学良. 挡土墙地震反应的波动模拟分析. 哈尔滨: 中国地震局工程力学研究所, 2001.

[98] 陈学良, 袁一凡. 求解振动方程的一种显式积分格式及其精度与稳定性. 地震工程与工程振动, 2002, 22(3): 9-14.

[99] 陈学良, 袁一凡. 挡土墙地震反应的波动模拟—现代地震工程进展. 南京: 东南大学出版社, 2002: 266-271.

[100] 袁一凡, 陈学良. 挡土墙地震反应的波动模拟分析—新世纪地震工程与防震减灾. 北京: 地震出版社, 2002: 585-579.

[101] 陈学良, 袁一凡. 挡土墙地震反应非线性波动模拟. 地震工程与工程振动, 2003, 23(4): 9-16.

[102] Linda A A, Nicholas S. Seismic earth pressures on cantilever retaining structures. Journal of Geotechnical and Geoenvironmental Engineering, ACSE, 2010, 136(10): 1324-1333.

[103] Dewoolkar M M, Ko H Y, Pak R Y S. Experimental developments for studying static and seismic behavior of retaining walls with liquefiable backfills. Soil Dynamics and Earthquake Engineering, 2000, 19(8): 583-593.

[104] 张连卫, 张建民. 考虑各向异性的土压力离心模型试验研究. 长江科学院院报, 2012, 29(2): 68-71.

[105] Woodward P K, Griffitas D V. Comparison of the pseudo-static and dynamic behavior of gravity retaining walls. Journal of Geotechnical and Geological Engineering, 1996, 14(2): 269-290.

[106] Koseki J, Munaf Y, Tatsuoka F,et al.Shaking and tilt table tests of geosynthetic-reinforced soil and conventional-type retaining walls. Geosynthetics International, 1998, 5(1/2): 73-96.

[107] Watanbe K, Munaf Y, Koseki J,et al. Behaviors of several types of model retaining walls subjected to irregular excitation. Soils and Foundations, 2003, 143(5): 13-27.

[108] Tamura S, Tokimatsu K. Seismic earth pressure acting on embedded footing based on large-scale shaking table tests. Seismic Performance and Simulation of Pile Foundations, ASCE, Davis, California, USA, 2006: 83-96.

[109] 刘昌清, 李世元, 刘少飞. 重力式支挡结构动土压力试验. 西南交通大学学报, 2010, 45(3): 357-372.

[110] 陈学良, 陶夏新, 陈宪麦, 等. 重力挡土墙地震反应研究评述. 自然灾害学报, 2006, 15(3): 139-146.

[111] 朱桐浩, 郑素璋, 兰永珍. 模拟地震荷载作用重力式挡土墙土压力的模型试验. 四川建筑科学研究, 1983, 1: 35-37.

[112] Sherif M S, Fang Y S. Dynamic earth pressures on walls rotating about the top. Soils and Foundations, 1984, 24(4): 109-117.

［113］Ishibashi I, Fang Y S. Dynamic earth pressures with different wall movement modes. Soils and Foundations, 1987, 27(4): 11-22.

［114］Ichihara M, Matsuzawa H. Earth pressure during earthquake. Soils and Foundations, 1973, 13(4): 75-85.

［115］李兴高, 刘维宁. 挡墙上作用土压力和水土压力的测试研究. 岩石力学与工程学报, 2005, 24(12): 2149-2154.

［116］刘超, 宋飞, 张嘎,等. 各向异性砂土主动土压力的离心模型试验研究. 岩石力学与工程学报, 2009, 28(增 1): 3201-3206.

［117］Wilson P, Elgamal A. Large-scale passive earth pressure load displacement tests and numerical simulation. Journal of Geotechnical and Geoenvironmental Engineering, 2010, 136(12): 1634-1643.

［118］周应英. 桥用刚性挡土墙的土压力模型试验研究. 中外公路, 1987, 7(3): 14-18.

［119］周应英. 刚性挡土墙土压力研究. 长沙交通学院学报, 1988, 4(1): 48-56.

［120］周应英, 任美龙. 刚性挡土墙主动土压力试验研究. 岩土工程学报, 1990, 12(2): 19-26.

［121］徐日庆, 陈页开, 杨仲轩. 刚性挡墙被动土压力模型试验研究. 岩土工程学报, 2002, 24(5): 569-575.

［122］龚慈, 魏纲, 徐日庆. RT 模式下刚性挡墙土压力计算方法研究. 岩土力学, 2006, 27(9): 1588-1592.

［123］章瑞文, 徐日庆. 平移模式下挡土墙墙背土侧压力系数的计算. 中国公路学报, 2007, 20(1): 14-18.

［124］章瑞文, 徐日庆, 郭印. 考虑挡土墙墙体平移的墙后分层填土主动土压力分布. 水利学报, 2008, 39(2): 250-255.

［125］章瑞文, 徐日庆, 郭印. 挡土墙墙后土体应力状态及土压力分布研究. 浙江大学学报(工学版), 2008, 42(1): 111-115.

［126］Lin Y L, Leng W M, Yang G L,et al. Seismic active earth pressure of cohesive-frictional soil on retaining wall based on a slice analysis method. Soil Dynamics and Earthquake Engineering, 2015, 70: 133-147.

［127］Lin Y L, Yang X, Yang G L,et al.A closed-form solution for seismic passive earth pressure behind a retaining wall supporting cohesive-frictional backfill. Acta Geotechnica, 2017, 12(2): 453-461.

［128］Alampalli S, Elgamal A W. Ret aining wall: Computation of seismically induced deformations. Proceeding of the 2nd International Conference on Recent Advances in Geotechnical Earthquake Engineering and Soil Dynamics, University of Missouri Rolla, USA, 1991:

635-642.

[129] Siller T J, Christiano P P, Bielak J. Seismic response of tiedback retaining walls. Earthquake Engineering and Structural Dynamics, 1991, 20(7): 605-620.

[130] Veletsos A S, Younan A H. Dynamic modeling and response of soil-wall system. Journal of Geotechnical and Geoenvironmental Engineering, ASCE, 1994, 120(12): 2155-2179.

[131] Richards Jr R, Huang C, Fishman K L. Seismic earth pressure on retaining structures. Journal of Geotechnical and Geoenvironmental Engineering, ASCE, 1999, 125(9): 771-778.

[132] 陈昌富, 曾玉莹, 肖淑君, 等. 基于 CSA 和薄层单元法主动土压力计算方法. 岩石力学与工程学报, 2005, 24(增 2): 5292-5296.

[133] 刘金龙, 陈陆望, 栾茂田. 挡土墙土压力非线性分布的计算方法研究. 重庆建筑大学学报, 2008, 30(4): 87-90.

[134] Al Atik L, Sitar N. Seismic earth pressures on cantilever retaining structures. Journal of Geotechnical and Geoenvironmental Engineering, 2010, 136(10): 1324-1333.

[135] Shukla S K, Gupta S K, Sivakugan N. Active earth pressure on retaining wall for c-φ soil backfill under seismic loading condition. Journal of Geotechnical and Geoenvironmental Engineering, 2009, 135(5): 690-696.

[136] 李广信. 高等土力学. 北京: 清华大学出版社, 2004.

[137] Yang X L, Yin J H. Estimaition of seismic passive earth pressure with nonlinear failure criterion. Enginerring Structures, 2006, 28(3): 342-348.

[138] Soubra A H, Macuh B. Active and passive earth pressure coefficients by a kinematical approach. Geotechnical Engineering, 2002, 21(1): 119-131.

[139] Yang X L. Upper bound limit analysis of active earth pressure with differents fracture surface with nonlinear yield criterion.Theoretical and Applied Fracture Mechanics, 2007, 47(1): 46-56.

[140] Shukla S K, Habibi D. Dynamic passive pressure from c-φ soil backfills. Soil Dynamics and Earthquake Engineering, 2011, 31: 845-848.

附录 地震土压力计算软件源程序代码

```
'''''''''''''''''''''''''''''''''''''''''''''主程序窗口'''''''''''''''''''''''''''''''''''''''''''''''''''''
Private Sub Command1_Click()  '地震主动土压力计算
Form1.Hide
Form2.Show
Form2.czdzxs.Text = ""
Form2.spdzxs.Text = ""
Form2.dqqg.Text = ""
Form2.qbqj.Text = ""
Form2.tlnjl.Text = ""
Form2.tlrz.Text = ""
Form2.qtnjl.Text = ""
Form2.qtwmcj.Text = ""
Form2.jbcz.Text = ""
Form2.ttqj.Text = ""
Form2.lfsd.Text = ""
Form2.ljplj.Text = ""
Form2.zdtylhl.Text = ""
Form2.tylzydwz.Text = ""
Form2.Command5.Caption = "保存文件"
'Form2.Label22.Caption = ""
End Sub
Private Sub Command2_Click()  '地震被动土压力计算
Form1.Hide
Form3.Show
Form3.czdzxs.Text = ""
Form3.spdzxs.Text = ""
Form3.dqqg.Text = ""
Form3.qbqj.Text = ""
Form3.tlnjl.Text = ""
```

```
    Form3.tlnmcj.Text = ""
    Form3.tlrz.Text = ""
    Form3.qtnjl.Text = ""
    Form3.qtwmcj.Text = ""
    Form3.jbcz.Text = ""
    Form3.ljplj.Text = ""
    Form3.bdtylhl.Text = ""
    Form3.tylzydwz.Text = ""
    Form3.ttqj.Text = ""
    End Sub
    Private Sub Command3_Click()
        Unload Me
    End Sub
    '''''''''''''''''''''''''''''''''''''''''''''''''主动土压力计算窗口
'''''''''''''''''''''''''''''''''''''''''''''''''''

    Option Explicit
    Dim tafar As Double, tfai As Double, tbeta As Double, tdeita As Double
'定义 afar 作为墙背与垂直方向的夹角，fai 作为 r 与楔形土体背面法向的夹角
    Dim tc As Double, tc1 As Double        '定义 c，c1 分别为土体之间的黏聚力，
土体与墙体之间的黏聚力
    Dim tyita As Double                '定义地震角
    Dim tganma As Double        '定义土体重度
    Dim tsita As Double        '定义破裂角
    Dim tkh As Double, tkv As Double        '定义水平，竖向地震荷载
    Dim tn1a As Double, tn2a As Double, tn3a As Double '定义中间变量
    Dim ta1 As Double, tb1 As Double        '定义中间变量
    Dim thc, thc1 As Single        '定义裂缝深度
    Dim twh As Single        '定义挡墙墙高
    Dim i1a As Double, i2a As Double, i3a As Double
    Dim k1a As Double, k2a As Double, k3a As Double, k4a As Double    '
定义中间变量
    Dim tq0 As Single        '定义初始应力
    Dim tE As Double        '定义土压力
    Dim tbn As Double        '定义 bn 的长度
    Dim tz0h As Single        '定义作用点的位置
```

```
Dim ti As Integer      '定义循环变量
Private Declare Function CreateFontIndirect Lib "gdi32" _
Alias "CreateFontIndirectA" _
 (lpLogFont As LOGFONT) _
As Long
Private Declare Function SelectObject Lib "gdi32" _
(ByVal hdc As Long, _
ByVal hObject As Long) _
As Long
Private Declare Function TextOut Lib "gdi32" _
Alias "TextOutA" _
(ByVal hdc As Long, _
ByVal x As Long, _
ByVal y As Long, _
ByVal lpString As String, _
ByVal nCount As Long) _
As Long
Private Declare Function DeleteObject Lib "gdi32" _
(ByVal hObject As Long) _
As Long
Private Declare Function SetBkMode Lib "gdi32" _
(ByVal hdc As Long, _
ByVal nBkMode As Long) _
As Long
Private Type LOGFONT
lfHeight As Long
lfWidth As Long
lfEscapement As Long
lfOrientation As Long
lfWeight As Long
lfItalic As Byte
lfUnderline As Byte
lfStrikeOut As Byte
lfCharSet As Byte
lfOutPrecision As Byte
```

```
lfClipPrecision As Byte
lfQuality As Byte
lfPitchAndFamily As Byte
lfFaceName As String * 50
End Type
Dim RF As LOGFONT
Dim NewFont As Long
Dim OldFont As Long
Private Sub Command1_Click()   '赋初值
Form2.czdzxs.Text = 0
Form2.spdzxs.Text = 0.1
Form2.dqqg.Text = 8
Form2.qbqj.Text = 5
Form2.tlnjl.Text = 5
Form2.tlnmcj.Text = 30
Form2.tlrz.Text = 16
Form2.qtnjl.Text = 0
Form2.qtwmcj.Text = 20
Form2.jbcz.Text = 10
Form2.ttqj.Text = 10
End Sub
Private Sub Command2_Click()   '清除文本框内容
Pic.Cls
Form2.czdzxs.Text = ""
Form2.spdzxs.Text = ""
Form2.dqqg.Text = ""
Form2.qbqj.Text = ""
Form2.tlnjl.Text = ""
Form2.tlnmcj.Text = ""
Form2.tlrz.Text = ""
Form2.qtnjl.Text = ""
Form2.qtwmcj.Text = ""
Form2.jbcz.Text = ""
Form2.lfsd.Text = ""
Form2.ljplj.Text = ""
```

```
Form2.zdtylhl.Text = ""
Form2.tylzydwz.Text = ""
Form2.ttqj.Text = ""
End Sub
Private Sub Command3_Click()   '退出命令按钮
Form2.Hide
Pic.Cls
Form2.czdzxs.Text = ""
Form2.spdzxs.Text = ""
Form2.dqqg.Text = ""
Form2.qbqj.Text = ""
Form2.tlnjl.Text = ""
Form2.tlnmcj.Text = ""
Form2.tlrz.Text = ""
Form2.qtnjl.Text = ""
Form2.qtwmcj.Text = ""
Form2.jbcz.Text = ""
Form2.lfsd.Text = ""
Form2.ljplj.Text = ""
Form2.zdtylhl.Text = ""
Form2.tylzydwz.Text = ""
Form2.ttqj.Text = ""
Form1.Show
End Sub
Private Sub Form2_Load()
Option2.SetFocus
End Sub
Private Sub Command4_Click()   '单击计算命令按钮
Dim tsmall As Double
Dim tq1 As Double
Dim ss As String
tkh = Val(Form2.spdzxs.Text)        '读取文本框内数值,水平地震系数
tkv = Val(Form2.czdzxs.Text)        '垂直地震系数
twh = Val(Form2.dqqg.Text)          '挡墙墙高
tafar = Val(Form2.qbqj.Text)        '墙背倾角
```

```
tc = Val(Form2.tlnjl.Text)          '填土黏聚力
tfai = Val(Form2.tlnmcj.Text)       '填土内摩擦角
tganma = Val(Form2.tlrz.Text)       '填土重度
tc1 = Val(Form2.qtnjl.Text)         '墙土黏结力
tdeita = Val(Form2.qtwmcj.Text)     '墙土外摩擦角
tq0 = Val(Form2.jbcz.Text)          '均布超载
tbeta = Val(Form2.ttqj.Text)        '土体表面倾角
tyita = Atn(tkh / (1 - tkv))         '地震角
tafar = tafar * 3.14159 / 180
tfai = tfai * 3.14159 / 180
tdeita = tdeita * 3.14159 / 180
tbeta = tbeta * 3.14159 / 180
If Option2.Value = True Then  '不考虑裂缝深度
i1a = Cos(tafar + tdeita) / (Cos(tafar) * Cos(tafar + tdeita + tfai
- tbeta) ^ 2) * (0.5 * tganma * twh * (1 - tkv) * Cos(tafar - tbeta) *
Sin(tfai - tbeta - tyita) + tq0 * (1 - tkv) * Cos(tafar) * Sin(tfai -
tbeta - tyita) / Cos(tyita) + tc * Cos(tfai) * Cos(tafar))
   i2a = Cos(tafar - tbeta) * twh ^ 2 / (Cos(tafar) ^ 3 * Cos(tafar +
tdeita) * Cos(tafar + tdeita + tfai - tbeta) ^ 2) * (0.5 * tganma * twh
* (1 - tkv) * Cos(tafar - tbeta) * Sin(tdeita + tfai) * Cos(tafar + tdeita
+ tyita) / Cos(tyita) + tq0 * (1 - tkv) * Cos(tafar) * Sin(tdeita + tfai)
* Cos(tafar + tdeita + tyita) / Cos(tyita) + tc * Cos(tafar) * Cos(tafar
- tbeta) * Cos(tfai) + tc1 * Cos(tafar) * Cos(tdeita) * Cos(tafar + tdeita
+ tfai - tbeta))
   i3a = twh / (Cos(tafar) * Cos(tafar + tdeita + tfai - tbeta) ^ 2)
* ((0.5 * tganma * twh * (1 - tkv) * Cos(tafar - tbeta) / (Cos(tyita)
* Cos(tafar)) + tq0 * (1 - tkv) / Cos(tyita)) * (Cos(tafar - tbeta) *
Cos(tafar + tdeita + tyita) + Sin(tfai + tdeita) * Sin(tfai - tbeta -
tyita)) + 2 * tc * Cos(tfai) * Cos(tafar - tbeta) * Sin(tafar + tdeita
+ tfai - tbeta) + tc1 * Sin(tafar + tfai - tbeta) * Cos(tafar + tdeita
+ tfai - tbeta))
   i1a = Cos(tafar + tdeita) / (Cos(tafar) * Cos(tafar + tdeita + tfai
- tbeta) ^ 2) * (0.5 * tganma * (twh) * (1 - tkv) * Cos(tafar - tbeta)
* Sin(tfai - tbeta - tyita) / Cos(tyita) + (tq0) * (1 - tkv) * Cos(tafar)
* Sin(tfai - tbeta - tyita) / Cos(tyita) + tc * Cos(tfai) * Cos(tafar))
```

i2a = Cos(tafar - tbeta) * (twh - thc) ^ 2 / (Cos(tafar) ^ 3 * Cos(tafar + tdeita) * Cos(tafar + tdeita + tfai - tbeta) ^ 2) * (0.5 * tganma * (twh) * (1 - tkv) * Cos(tafar - tbeta) * Sin(tdeita + tfai) * Cos(tafar + tdeita + tyita) / Cos(tyita) + (tq0) * (1 - tkv) * Cos(tafar) * Sin(tdeita + tfai) * Cos(tafar + tdeita + tyita) / Cos(tyita) + tc * Cos(tafar) * Cos(tafar - tbeta) * Cos(tfai) + tc1 * Cos(tafar) * Cos(tdeita) * Cos(tafar + tdeita + tfai - tbeta))

i3a = (twh - thc) / (Cos(tafar) * Cos(tafar + tdeita + tfai - tbeta) ^ 2) * ((0.5 * tganma * (twh) * (1 - tkv) * Cos(tafar - tbeta) / (Cos(tyita) * Cos(tafar)) + (tq0) * (1 - tkv) / Cos(tyita)) * (Cos(tafar - tbeta) * Cos(tafar + tdeita + tyita) + Sin(tfai + tdeita) * Sin(tfai - tbeta - tyita)) + 2 * tc * Cos(tfai) * Cos(tafar - tbeta) * Sin(tafar + tdeita + tfai - tbeta) + tc1 * Sin(tafar + tfai - tbeta) * Cos(tafar + tdeita + tfai - tbeta))

tbn = Sqr(i2a / i1a)

tE = -1 * 2 * Sqr(i1a * i2a) + i3a

tsita = Atn((tbn * Cos(tafar + tdeita) * Cos(tafar) * Cos(tbeta) - (twh) * Sin(tfai + tdeita + tafar) * Cos(tafar - tbeta)) / ((twh) * Cos(tfai + tdeita + tafar) * Cos(tafar - tbeta) + Cos(tafar) * Sin(tbeta) * Cos(tafar + tdeita) * tbn))

tn1a = Cos(tfai + tsita - tyita) * (Cos(tbeta + tsita) * Sin(tafar + tyita) - Cos(tafar - tbeta) * Sin(tsita - tyita)) / (Cos(tsita + tbeta) * (Cos(tafar + tdeita + tyita) * Sin(tfai + tsita - tbeta) - Cos(tfai + tsita - tyita) * Sin(tafar + tdeita - tbeta)))

tn2a = (Cos(tfai + tsita - tyita) * Cos(tafar - tbeta) + Sin(tafar + tyita) * Sin(tfai + tsita + tbeta)) / (Cos(tafar + tdeita + tyita) * Sin(tfai + tsita + tbeta) - Cos(tfai + tsita - tyita) * Sin(tafar + tdeita - tbeta))

tn3a = Cos(tafar - tbeta) * Cos(tbeta + tyita) * Cos(tfai) / (Cos(tsita + tbeta) * (Cos(tafar + tdeita + tyita) * Sin(tfai + tsita + tbeta) - Cos(tfai + tsita - tyita) * Sin(tafar + tdeita - tbeta)))

ta1 = 1 + tn1a * Cos(tbeta + tsita) * Sin(tafar + tsita + tfai + tdeita) / (Sin(tafar + tsita) * Cos(tfai + tsita - tyita))

tb1 = 2 * (Sin(tafar + tdeita - tbeta) * Cos(tafar - tbeta) * Cos(tfai) * tc - Cos(tbeta + tsita) * Sin(tbeta + tsita + tfai) * Cos(tdeita) *

```
tc1) / (Sin(tafar + tsita) * (Cos(tafar + tdeita + tyita) * Sin(tfai +
tsita + tbeta) - Cos(tfai + tsita - tyita) * Sin(tafar + tdeita - tbeta)))
    tz0h = (tn1a * tb1 / (4 - 2 * ta1) + tn1a * (1 - tkv) * Cos(tafar
- tbeta) * tganma * twh / (3 * (2 - ta1) * Cos(tyita) * Cos(tafar)) +
tn1a * (1 - tkv) * tq0 / ((2 - ta1) * Cos(tyita)) - 0.5 * tn2a * tc1 +
0.5 * tn3a * tc) * twh / ((tn1a * tb1) / (1 - ta1) + tn1a * (1 - tkv)
* Cos(tafar - tbeta) * tganma * twh / (2 * (1 - ta1) * Cos(tyita) *
Cos(tafar)) + tn1a * (1 - tkv) * tq0 / ((1 - ta1) * Cos(tyita)) - tn2a
* tc1 + tn3a * tc) / twh
    'tz0h = (tn1a * tb1 / (4 - 2 * ta1) + tn1a * (1 - tkv) * Cos(tafar
- tbeta) * tganma * (twh - thc) / (3 * (2 - ta1) * Cos(tyita) * Cos(tafar))
+ tn1a * (1 - tkv) * tq1 / ((2 - ta1) * Cos(tyita)) - 0.5 * tn2a * tc1
+ 0.5 * tn3a * tc) * (twh - thc) / ((tn1a * tb1) / (1 - ta1) + tn1a *
(1 - tkv) * Cos(tafar - tbeta) * tganma * (twh - thc) / (2 * (1 - ta1)
* Cos(tyita) * Cos(tafar)) + tn1a * (1 - tkv) * tq1 / ((1 - ta1) * Cos(tyita))
- tn2a * tc1 + tn3a * tc)
    tsita = tsita * 180 / 3.14159        '弧度转换为角度
    Form2.lfsd.Text = ""
    Form2.ljplj.Text = Format(tsita, "0.0")
    Form2.zdtylhl.Text = Format(tE, "0")
    Form2.tylzydwz.Text = Format(tz0h, "0.000")
    End If
    If Option1.Value = True Then    '考虑裂缝深度
    tsmall = 0.01
    thc = 0
    Do While tsmall >= 0.00001
    i1a = Cos(tafar + tdeita) / (Cos(tafar) * Cos(tafar + tdeita + tfai
- tbeta) ^ 2) * (0.5 * tganma * (twh - thc) * (1 - tkv) * Cos(tafar -
tbeta) * Sin(tfai - tbeta - tyita) / Cos(tyita) + (tq0 + tganma * thc)
* (1 - tkv) * Cos(tafar) * Sin(tfai - tbeta - tyita) / Cos(tyita) + tc
* Cos(tfai) * Cos(tafar))
    i2a = Cos(tafar - tbeta) * (twh - thc) ^ 2 / (Cos(tafar) ^ 3 * Cos(tafar
+ tdeita) * Cos(tafar + tdeita + tfai - tbeta) ^ 2) * (0.5 * tganma *
(twh - thc) * (1 - tkv) * Cos(tafar - tbeta) * Sin(tdeita + tfai) * Cos(tafar
+ tdeita + tyita) / Cos(tyita) + (tq0 + tganma * thc) * (1 - tkv) * Cos(tafar)
```

```
* Sin(tdeita + tfai) * Cos(tafar + tdeita + tyita) / Cos(tyita) + tc *
Cos(tafar) * Cos(tafar - tbeta) * Cos(tfai) + tc1 * Cos(tafar) *
Cos(tdeita) * Cos(tafar + tdeita + tfai - tbeta))
    i3a = (twh - thc) / (Cos(tafar) * Cos(tafar + tdeita + tfai - tbeta)
^ 2) * ((0.5 * tganma * (twh - thc) * (1 - tkv) * Cos(tafar - tbeta) /
(Cos(tyita) * Cos(tafar)) + (tq0 + tganma * thc) * (1 - tkv) / Cos(tyita))
* (Cos(tafar - tbeta) * Cos(tafar + tdeita + tyita) + Sin(tfai + tdeita)
* Sin(tfai - tbeta - tyita)) + 2 * tc * Cos(tfai) * Cos(tafar - tbeta)
* Sin(tafar + tdeita + tfai - tbeta) + tc1 * Sin(tafar + tfai - tbeta)
* Cos(tafar + tdeita + tfai - tbeta))
    tbn = Sqr(i2a / i1a)
    tsita = Atn((tbn * Cos(tafar + tdeita) * Cos(tafar) * Cos(tbeta) -
(twh - thc) * Sin(tfai + tdeita + tafar) * Cos(tafar - tbeta)) / ((twh
- thc) * Cos(tfai + tdeita + tafar) * Cos(tafar - tbeta) + Cos(tafar)
* Sin(tbeta) * Cos(tafar + tdeita) * tbn))
    tn1a = (Cos(tfai + tsita - tyita) * (Cos(tbeta + tsita) * Sin(tafar
+ tyita) - Cos(tafar - tbeta) * Sin(tsita - tyita)) / (Cos(tsita + tbeta)
* (Cos(tafar + tdeita + tyita) * Sin(tfai + tsita + tbeta) - Cos(tfai
+ tsita - tyita) * Sin(tafar + tdeita - tbeta))))
    tn2a = (Cos(tfai + tsita - tyita) * Cos(tafar - tbeta) + Sin(tafar
+ tyita) * Sin(tfai + tsita + tbeta)) / (Cos(tafar + tdeita + tyita) *
Sin(tfai + tsita + tbeta) - Cos(tfai + tsita - tyita) * Sin(tafar + tdeita
- tbeta))
    tn3a = (Cos(tafar - tbeta) * Cos(tbeta + tyita) * Cos(tfai) /
(Cos(tsita + tbeta) * (Cos(tafar + tdeita + tyita) * Sin(tfai + tsita
+ tbeta) - Cos(tfai + tsita - tyita) * Sin(tafar + tdeita - tbeta))))
    thc1 = thc
    thc = (tn2a * tc1 * Cos(tyita) - tn3a * tc * Cos(tyita) - tn1a * tq0
* (1 - tkv)) / (tn1a * tganma * (1 - tkv))
    tsmall = Abs(thc - thc1)
    Loop
    If thc < 0 Then
    thc = 0
    End If
    thc = Format(thc, "0.00")
```

```
    ss = "请确认裂缝深度是" & thc & "m 吗?"
    ti = MsgBox(ss, 1 + vbQuestion, "确认裂缝深度") '确认裂缝深度
    If ti = 2 Then  '按了取消按钮
    End  '结束程序
    Else
    End If
    tq1 = tq0 + tganma * thc        '考虑裂缝深度的边界条件
    ta1 = 1 + tn1a * Cos(tbeta + tsita) * Sin(tafar + tsita + tfai + tdeita)
/ (Sin(tafar + tsita) * Cos(tfai + tsita - tyita))
    tb1 = 2 * (Sin(tafar + tdeita - tbeta) * Cos(tafar - tbeta) * Cos(tfai)
* tc - Cos(tbeta + tsita) * Sin(tbeta + tsita + tfai) * Cos(tdeita) *
tc1) / (Sin(tafar + tsita) * (Cos(tafar + tdeita + tyita) * Sin(tfai +
tsita + tbeta) - Cos(tfai + tsita - tyita) * Sin(tafar + tdeita - tbeta)))
    tz0h = (tn1a * tb1 / (4 - 2 * ta1) + tn1a * (1 - tkv) * Cos(tafar
- tbeta) * tganma * (twh - thc) / (3 * (2 - ta1) * Cos(tyita) * Cos(tafar))
+ tn1a * (1 - tkv) * tq1 / ((2 - ta1) * Cos(tyita)) - 0.5 * tn2a * tc1
+ 0.5 * tn3a * tc) * (twh - thc) / ((tn1a * tb1) / (1 - ta1) + tn1a *
(1 - tkv) * Cos(tafar - tbeta) * tganma * (twh - thc) / (2 * (1 - ta1)
* Cos(tyita) * Cos(tafar)) + tn1a * (1 - tkv) * tq1 / ((1 - ta1) * Cos(tyita))
- tn2a * tc1 + tn3a * tc)
    tz0h = (tn1a * tb1 / (2 * (ta1 - 2)) + tn1a * (1 - tkv) * Cos(tafar
- tbeta) * tganma * (twh - thc) / (3 * (ta1 - 2) * Cos(tyita) * Cos(tafar))
+ tn1a * (1 - tkv) * (tq0 + tganma * thc) / ((ta1 - 2) * Cos(tyita)) +
0.5 * tn2a * tc1 - 0.5 * tn3a * tc) * (twh - thc) / (tn1a * tb1 / (ta1
- 1) + tn1a * (1 - tkv) * Cos(tafar - tbeta) * tganma * (twh - thc) /
(2 * (ta1 - 1) * Cos(tyita) * Cos(tafar)) + tn1a * (1 - tkv) * (tq0 +
tganma * thc) / ((ta1 - 1) * Cos(tyita)) + tn2a * tc1 - tn3a * tc) / (twh)
    tsita = tsita * 180 / 3.14159
    k1a = (1 - tkv) * Cos(tafar - tbeta) * Cos(tfai + tsita - tyita) *
Sin(tafar + tsita) / (Cos(tyita) * Cos(tafar) ^ 2 * Cos(tbeta + tsita)
* Sin(tafar + tsita + tdeita + tfai))
    k2a = (1 - tkv) * Cos(tfai + tsita - tyita) * Sin(tafar + tsita) /
(Cos(tyita) * Cos(tafar) * Cos(tbeta + tsita) * Sin(tafar + tsita + tdeita
+ tfai))
    k3a = Cos(tafar - tbeta) * Cos(tfai) / (Cos(tafar) * Cos(tbeta + tsita)
```

```
* Sin(tafar + tsita + tdeita + tfai))
    k4a = Cos(tafar + tfai + tsita) / (Cos(tafar) * Sin(tafar + tsita
+ tdeita + tfai))
    'tE = 0.5 * tganma * (twh - thc) ^ 2 * k1a + tq1 * (twh - thc) * k2a
- tc * (twh - thc) * k3a - tc1 * (twh - thc) * k4a
    tE = -2 * Sqr(i1a * i2a) + i3a
    Form2.lfsd.Text = Format(thc, "0.00")
    Form2.ljplj.Text = Format(tsita, "0.0")
    Form2.zdtylhl.Text = Format(tE, "0")
    Form2.tylzydwz.Text = Format(tz0h, "0.000")
    End If
    End Sub
    Private Sub Command5_Click()    '主动土压力保存文件
    Dim tspan As Single
    Dim tsmall As Single
    Dim tq1 As Single
    Dim tz0(1 To 21) As Single
    Dim tp(1 To 21) As Single
    Dim fn As Integer
    tkh = Val(Form2.czdzxs.Text)         '读取文本框内数值,水平地震系数
    tkv = Val(Form2.spdzxs.Text)         '垂直地震系数
    twh = Val(Form2.dqqg.Text)           '挡墙墙高
    tafar = Val(Form2.qbqj.Text)         '墙背倾角
    tc = Val(Form2.tlnjl.Text)           '填土黏聚力
    tfai = Val(Form2.tlnmcj.Text)        '填土内摩擦角
    tganma = Val(Form2.tlrz.Text)         '填土重度
    tc1 = Val(Form2.qtnjl.Text)          '墙土黏结力
    tdeita = Val(Form2.qtwmcj.Text)      '墙土外摩擦角
    tq0 = Val(Form2.jbcz.Text)           '均布超载
    tbeta = Val(Form2.ttqj.Text)         '土体表面倾角
    tyita = Atn(tkh / (1 - tkv))          '地震角
    tafar = tafar * 3.14159 / 180
    tfai = tfai * 3.14159 / 180
    tdeita = tdeita * 3.14159 / 180
    tbeta = tbeta * 3.14159 / 180
```

```
Dim a
On Error Resume Next
Err.Clear
CommonDialog1.InitDir = App.Path
'调用 commondialog 控件，并使其初始化路径为当前路径
CommonDialog1.CancelError = True
CommonDialog1.Filter = "*.txt|*.txt" '文件类型为 txt
CommonDialog1.ShowSave 'commondialog 对话框的调用
If Err.Number = 0 Then
Open CommonDialog1.FileName For Output As #6
If Err.Number = 0 Then
If Option2.Value = True Then   '不考虑裂缝深度
tspan = twh / 20
i1a = Cos(tafar + tdeita) / (Cos(tafar) * Cos(tafar + tdeita + tfai
- tbeta) ^ 2) * (0.5 * tganma * (twh) * (1 - tkv) * Cos(tafar - tbeta)
* Sin(tfai - tbeta - tyita) / Cos(tyita) + (tq0) * (1 - tkv) * Cos(tafar)
* Sin(tfai - tbeta - tyita) / Cos(tyita) + tc * Cos(tfai) * Cos(tafar))
   i2a = Cos(tafar - tbeta) * (twh - thc) ^ 2 / (Cos(tafar) ^ 3 * Cos(tafar
+ tdeita) * Cos(tafar + tdeita + tfai - tbeta) ^ 2) * (0.5 * tganma *
(twh) * (1 - tkv) * Cos(tafar - tbeta) * Sin(tdeita + tfai) * Cos(tafar
+ tdeita + tyita) / Cos(tyita) + (tq0) * (1 - tkv) * Cos(tafar) * Sin(tdeita
+ tfai) * Cos(tafar + tdeita + tyita) / Cos(tyita) + tc * Cos(tafar) *
Cos(tafar - tbeta) * Cos(tfai) + tc1 * Cos(tafar) * Cos(tdeita) * Cos(tafar
+ tdeita + tfai - tbeta))
   i3a = (twh - thc) / (Cos(tafar) * Cos(tafar + tdeita + tfai - tbeta)
^ 2) * ((0.5 * tganma * (twh) * (1 - tkv) * Cos(tafar - tbeta) / (Cos(tyita)
* Cos(tafar)) + (tq0) * (1 - tkv) / Cos(tyita)) * (Cos(tafar - tbeta)
* Cos(tafar + tdeita + tyita) + Sin(tfai + tdeita) * Sin(tfai - tbeta
- tyita)) + 2 * tc * Cos(tfai) * Cos(tafar - tbeta) * Sin(tafar + tdeita
+ tfai - tbeta) + tc1 * Sin(tafar + tfai - tbeta) * Cos(tafar + tdeita
+ tfai - tbeta))
   tbn = Sqr(i2a / i1a)
   tE = -1 * 2 * Sqr(i1a * i2a) + i3a
   tsita = Atn((tbn * Cos(tafar + tdeita) * Cos(tafar) * Cos(tbeta) -
(twh) * Sin(tfai + tdeita + tafar) * Cos(tafar - tbeta)) / ((twh) * Cos(tfai
```

```
+ tdeita + tafar) * Cos(tafar - tbeta) + Cos(tafar) * Sin(tbeta) *
Cos(tafar + tdeita) * tbn))
    tn1a = Cos(tfai + tsita - tyita) * (Cos(tbeta + tsita) * Sin(tafar
+ tyita) - Cos(tafar - tbeta) * Sin(tsita - tyita)) / (Cos(tsita + tbeta)
* (Cos(tafar + tdeita + tyita) * Sin(tafar + tsita + tbeta) - Cos(tfai
+ tsita - tyita) * Sin(tafar + tdeita - tbeta))
    tn2a = (Cos(tfai + tsita - tyita) * Cos(tafar - tbeta) + Sin(tafar
+ tyita) * Sin(tfai + tsita + tbeta)) / (Cos(tafar + tdeita + tyita) *
Sin(tfai + tsita + tbeta) - Cos(tfai + tsita - tyita) * Sin(tafar + tdeita
- tbeta))
    tn3a = Cos(tafar - tbeta) * Cos(tbeta + tyita) * Cos(tfai) / (Cos(tsita
+ tbeta) * Cos(tafar + tdeita + tyita) * Sin(tfai + tsita + tbeta) -
Cos(tfai + tsita - tyita) * Sin(tafar + tdeita - tbeta))
    tn1a = Cos(tfai + tsita - tyita) * (Cos(tbeta + tsita) * Sin(tafar
+ tyita) - Cos(tafar - tbeta) * Sin(tsita - tyita)) / (Cos(tsita + tbeta)
* (Cos(tafar + tdeita + tyita) * Sin(tfai + tsita + tbeta) - Cos(tfai
+ tsita - tyita) * Sin(tafar + tdeita - tbeta))
    tn2a = (Cos(tfai + tsita - tyita) * Cos(tafar - tbeta) + Sin(tafar
+ tyita) * Sin(tfai + tsita + tbeta)) / (Cos(tafar + tdeita + tyita) *
Sin(tfai + tsita + tbeta) - Cos(tfai + tsita - tyita) * Sin(tafar + tdeita
- tbeta))
    tn3a = Cos(tafar - tbeta) * Cos(tbeta + tyita) * Cos(tfai) / (Cos(tsita
+ tbeta) * (Cos(tafar + tdeita + tyita) * Sin(tfai + tsita + tbeta) -
Cos(tfai + tsita - tyita) * Sin(tafar + tdeita - tbeta))
    ta1 = 1 + tn1a * Cos(tbeta + tsita) * Sin(tafar + tsita + tfai + tdeita)
/ (Sin(tafar + tsita) * Cos(tfai + tsita - tyita))
    tb1 = 2 * (Sin(tafar + tdeita - tbeta) * Cos(tafar - tbeta) * Cos(tfai)
* tc - Cos(tbeta + tsita) * Sin(tbeta + tsita + tfai) * Cos(tdeita) *
tc1) / (Sin(tafar + tsita) * (Cos(tafar + tdeita + tyita) * Sin(tfai +
tsita + tbeta) - Cos(tfai + tsita - tyita) * Sin(tafar + tdeita - tbeta)))
    tz0h = (tn1a * tb1 / (4 - 2 * ta1) + tn1a * (1 - tkv) * Cos(tafar
- tbeta) * tganma * twh / (3 * (2 - ta1) * Cos(tyita) * Cos(tafar)) +
tn1a * (1 - tkv) * tq0 / ((2 - ta1) * Cos(tyita)) - 0.5 * tn2a * tc1 +
0.5 * tn3a * tc) * twh / ((tn1a * tb1) / (1 - ta1) + tn1a * (1 - tkv)
* Cos(tafar - tbeta) * tganma * twh / (2 * (1 - ta1) * Cos(tyita) *
```

```
Cos(tafar)) + tn1a * (1 - tkv) * tq0 / ((1 - ta1) * Cos(tyita)) - tn2a
* tc1 + tn3a * tc) / twh
    If ta1 = 0 Then
    For ti = 1 To 20 Step 1
    tz0(ti) = tspan + tspan * (ti - 1)
    tp(ti) = tn1a * (tb1 * Log((twh - tz0(ti)) / (twh)) - (1 - tkv) *
(tq0) / Cos(tyita) - (1 - tkv) * Cos(tafar - tbeta) * tganma * (twh) /
(Cos(tyita) * Cos(tafar))) + tn2a * tc1 - tn3a * tc
    Next ti
    ElseIf ta1 = -1 Then
    For ti = 1 To 20 Step 1
    tz0(ti) = tspan + tspan * (ti - 1)
    tp(ti) = tn1a * ((1 - tkv) * Cos(tafar + tbeta) * tganma * (twh -
tz0(ti)) * Log((twh - tz0(ti)) / (twh - thc)) / (Cos(tyita) * Cos(tafar))
- tb1 * tz0(ti) / twh - (1 - tkv) * (twh - tz0(ti)) * tq0 / (Cos(tyita)
* twh)) + tn2a * tc1 - tn3a * tc
    Next ti
    Else
    For ti = 1 To 19 Step 1
    tz0(ti) = tspan + tspan * (ti - 1)
    tp(ti) = -tn1a * (tb1 / ta1 + (1 - tkv) * Cos(tafar - tbeta) * tganma
* (twh) / ((1 + ta1) * Cos(tyita) * Cos(tafar)) + (1 - tkv) * (tq0) /
Cos(tyita)) * ((twh) / (twh - tz0(ti))) ^ ta1 + tn1a * (1 - tkv) * Cos(tafar
- tbeta) * tganma * (twh - tz0(ti)) / ((1 + ta1) * Cos(tyita) * Cos(tafar))
+ tn1a * tb1 / ta1 + tn2a * tc1 - tn3a * tc
    Next ti
    End If
    tsita = tsita * 180 / 3.14159
    tsita = Format(tsita, "0.0")
    tE = Format(tE, "0")
    tz0h = Format(tz0h, "0.000")
    'Print #6, spdzxs.Text
    'fn = FreeFile   '得到未使用的文件号
    'Open "d:\LYL_AEP.txt" For Output As #fn
    Print #6, "###########地震作用下主动土压力计算###############"
```

```
Print #6, "不考虑裂缝深度的影响"
Print #6,
Print #6, "水平地震系数    ", Form2.spdzxs.Text
Print #6, "垂直地震系数    ", Form2.czdzxs.Text
Print #6, "挡墙墙高/m    ", Form2.dqqg.Text
Print #6, "墙背倾角/°    ", Form2.qbqj.Text
Print #6, "填土黏聚力/kPa ", Form2.tlnjl.Text
Print #6, "填土内摩擦角/°  ", Form2.tlnmcj.Text
Print #6, "土体倾角/°    ", Form2.ttqj.Text
Print #6, "填土重度/kN.m-3", Form2.tlrz.Text
Print #6, "墙土黏聚力/kPa ", Form2.qtnjl.Text
Print #6, "墙土外摩擦角/°  ", Form2.qtwmcj.Text
Print #6, "均布超载/kPa    ", Form2.jbcz.Text
Print #6,
Print #6, "#################计算结果输出#################"
Print #6, "主动土压力临界破裂角/°  ", tsita
Print #6, "主动土压力合力/kN.m-1   ", tE
Print #6, "主动土压力作用点位置 z0/H", tz0h
Print #6,
Print #6, "############主动土压力分布强度输出############"
Write #6, "距墙顶高度 z0/m", "主动土压力强度"
For ti = 1 To 19 Step 1
Print #6, tz0(ti), tp(ti)
Next ti
Close 6
Form2.Command5.Caption = "保存成功"
'Form2.Label22.Caption = "保存在 D:\LYL_AEP.txt"
End If
If Option1.Value = True Then    '考虑裂缝深度
tsmall = 0.01
thc = 0
Do While tsmall >= 0.00001
i1a = Cos(tafar + tdeita) / (Cos(tafar) * Cos(tafar + tdeita + tfai
- tbeta) ^ 2) * (0.5 * tganma * (twh - thc) * (1 - tkv) * Cos(tafar -
tbeta) * Sin(tfai - tbeta - tyita) / Cos(tyita) + (tq0 + tganma * thc)
```

```
* (1 - tkv) * Cos(tafar) * Sin(tfai - tbeta - tyita) / Cos(tyita) + tc
* Cos(tfai) * Cos(tafar))

    i2a = Cos(tafar - tbeta) * (twh - thc) ^ 2 / (Cos(tafar) ^ 3 * Cos(tafar
+ tdeita) * Cos(tafar + tdeita + tfai - tbeta) ^ 2) * (0.5 * tganma *
(twh - thc) * (1 - tkv) * Cos(tafar - tbeta) * Sin(tdeita + tfai) * Cos(tafar
+ tdeita + tyita) / Cos(tyita) + (tq0 + tganma * thc) * (1 - tkv) * Cos(tafar)
* Sin(tdeita + tfai) * Cos(tafar + tdeita + tyita) / Cos(tyita) + tc *
Cos(tafar) * Cos(tafar - tbeta) * Cos(tfai) + tc1 * Cos(tafar) *
Cos(tdeita) * Cos(tafar + tdeita + tfai - tbeta))

    i3a = (twh - thc) / (Cos(tafar) * Cos(tafar + tdeita + tfai - tbeta)
^ 2) * ((0.5 * tganma * (twh - thc) * (1 - tkv) * Cos(tafar - tbeta) /
(Cos(tyita) * Cos(tafar)) + (tq0 + tganma * thc) * (1 - tkv) / Cos(tyita))
* (Cos(tafar - tbeta) * Cos(tafar + tdeita + tyita) + Sin(tfai + tdeita)
* Sin(tfai - tbeta - tyita)) + 2 * tc * Cos(tfai) * Cos(tafar - tbeta)
* Sin(tafar + tdeita + tfai - tbeta) + tc1 * Sin(tafar + tfai - tbeta)
* Cos(tafar + tdeita + tfai - tbeta))

    tbn = Sqr(i2a / i1a)

    tsita = Atn((tbn * Cos(tafar + tdeita) * Cos(tafar) * Cos(tbeta) -
(twh - thc) * Sin(tfai + tdeita + tafar) * Cos(tafar - tbeta)) / ((twh
- thc) * Cos(tfai + tdeita + tafar) * Cos(tafar - tbeta) + Cos(tafar)
* Sin(tbeta) * Cos(tafar + tdeita) * tbn))

    tn1a = Cos(tfai + tsita - tyita) * (Cos(tbeta + tsita) * Sin(tafar
+ tyita) - Cos(tafar - tbeta) * Sin(tsita - tyita)) / (Cos(tsita + tbeta)
* (Cos(tafar + tdeita + tyita) * Sin(tfai + tsita + tbeta) - Cos(tfai
+ tsita - tyita) * Sin(tafar + tdeita - tbeta)))

    tn2a = (Cos(tfai + tsita - tyita) * Cos(tafar - tbeta) + Sin(tafar
+ tyita) * Sin(tfai + tsita + tbeta)) / (Cos(tafar + tdeita + tyita) *
Sin(tfai + tsita + tbeta) - Cos(tfai + tsita - tyita) * Sin(tafar + tdeita
- tbeta))

    tn3a = Cos(tafar - tbeta) * Cos(tbeta + tyita) * Cos(tfai) / (Cos(tsita
+ tbeta) * (Cos(tafar + tdeita + tyita) * Sin(tfai + tsita + tbeta) -
Cos(tfai + tsita - tyita) * Sin(tafar + tdeita - tbeta)))

    thc1 = thc

    thc = (tn2a * tc1 * Cos(tyita) - tn3a * tc * Cos(tyita) - tn1a * tq0
* (1 - tkv)) / (tn1a * tganma * (1 - tkv))
```

```
tsmall = Abs(thc - thc1)
Loop
If thc < 0 Then
thc = 0
End If
tspan = (twh - thc) / 20
tq1 = tq0 + tganma * thc          '考虑裂缝深度的边界条件
tE = -1 * 2 * Sqr(i1a * i2a) + i3a
ta1 = 1 + tn1a * Cos(tbeta + tsita) * Sin(tafar + tsita + tfai + tdeita)
/ (Sin(tafar + tsita) * Cos(tfai + tsita - tyita))
tb1 = 2 * (Sin(tafar + tdeita - tbeta) * Cos(tafar - tbeta) * Cos(tfai)
* tc - Cos(tbeta + tsita) * Sin(tbeta + tsita + tfai) * Cos(tdeita) *
tc1) / (Sin(tafar + tsita) * (Cos(tafar + tdeita + tyita) * Sin(tfai +
tsita + tbeta) - Cos(tfai + tsita - tyita) * Sin(tafar + tdeita - tbeta)))
tz0h = (tn1a * tb1 / (4 - 2 * ta1) + tn1a * (1 - tkv) * Cos(tafar
- tbeta) * tganma * (twh - thc) / (3 * (2 - ta1) * Cos(tyita) * Cos(tafar))
+ tn1a * (1 - tkv) * tq1 / ((2 - ta1) * Cos(tyita)) - 0.5 * tn2a * tc1
+ 0.5 * tn3a * tc) * (twh - thc) / ((tn1a * tb1) / (1 - ta1) + tn1a *
(1 - tkv) * Cos(tafar - tbeta) * tganma * (twh - thc) / (2 * (1 - ta1)
* Cos(tyita) * Cos(tafar)) + tn1a * (1 - tkv) * tq1 / ((1 - ta1) * Cos(tyita))
- tn2a * tc1 + tn3a * tc)
If ta1 = 0 Then
tspan = (twh - thc) / 20
For ti = 1 To 19 Step 1
tz0(ti) = thc + tspan + tspan * (ti - 1)
tp(ti) = tn1a * (tb1 * Log((twh - tz0(ti)) / (twh - thc)) - (1 - tkv)
* (tq0 + tganma * thc) / Cos(tyita) _
- (1 - tkv) * Cos(tafar - tbeta) * tganma * (twh - thc) / (Cos(tyita)
* Cos(tafar))) + tn2a * tc1 - tn3a * tc
Next ti
ElseIf ta1 = -1 Then
For ti = 1 To 19 Step 1
tz0(ti) = thc + tspan + tspan * (ti - 1)
tp(ti) = tn1a * ((1 - tkv) * Cos(tafar - tbeta) * tganma * (twh -
tz0(ti)) * Log((twh - tz0(ti)) / (twh - thc)) / (Cos(tyita) * Cos(tafar))
```

```
 - tb1 * (tz0(ti) - thc) / (twh - thc) - (1 - tkv) * (twh - tz0(ti)) *
tq1 / (Cos(tyita) * (twh - thc))) + tn2a * tc1 - tn3a * tc
    Next ti
    Else
    For ti = 1 To 19 Step 1
    tz0(ti) = thc + tspan * (ti - 1)
    tp(ti) = -tn1a * (tb1 / ta1 + (1 - tkv) * Cos(tafar - tbeta) * tganma
* (twh - thc) / ((1 + ta1) * Cos(tyita) * Cos(tafar)) + (1 - tkv) * (tq0
+ tganma * thc) / Cos(tyita)) * ((twh - thc) / (twh - tz0(ti))) ^ ta1
+ tn1a * (1 - tkv) * Cos(tafar - tbeta) * tganma * (twh - tz0(ti)) / ((1
+ ta1) * Cos(tyita) * Cos(tafar)) + tn1a * tb1 / ta1 + tn2a * tc1 - tn3a
* tc
    Next ti
    End If
    tsita = tsita * 180 / 3.14159
    tsita = Format(tsita, "0.0")
    tE = Format(tE, "0")
    tz0h = Format(tz0h, "0.000")
    thc = Format(thc, "0.00")
    fn = FreeFile   '取得未使用的文件号
    'Open "d:\LYL_AEP.txt" For Output As #fn
    Print #6, "###########地震作用下主动土压力计算##############"
    Print #6, "考虑裂缝深度的影响"
    Print #6,
    Print #6, "水平地震系数    ", Form2.spdzxs.Text
    Print #6, "垂直地震系数    ", Form2.czdzxs.Text
    Print #6, "挡墙墙高/m      ", Form2.dqqg.Text
    Print #6, "墙背倾角/°      ", Form2.qbqj.Text
    Print #6, "土体倾角/°      ", Form2.ttqj.Text
    Print #6, "填土黏聚力/kPa ", Form2.tlnjl.Text
    Print #6, "填土内摩擦角/° ", Form2.tlnmcj.Text
    Print #6, "填土重度/kN.m-3", Form2.tlrz.Text
    Print #6, "墙土黏聚力/kPa ", Form2.qtnjl.Text
    Print #6, "墙土外摩擦角/° ", Form2.qtwmcj.Text
    Print #6, "均布超载/kPa    ", Form2.jbcz.Text
```

```
Print #6,
Print #6, "###################计算结果输出###################"
Print #6, "主动土压力裂缝深度/m ", thc
Print #6, "主动土压力临界破裂角/°  ", tsita
Print #6, "主动土压力合力/kN.m-1   ", tE
Print #6, "主动土压力作用点位置z0/H", tz0h
Print #6,
Print #6, "#############主动土压力分布强度输出###############"
Write #6, "距墙顶高度z0/m", "主动土压力强度"
For ti = 1 To 19 Step 1
Print #6, tz0(ti), tp(ti)
Next ti
Close fn
Form2.Command5.Caption = "保存成功"
'Form2.Label22.Caption = "保存在 D:\LYL_AEP.txt"
End If
End If
Close #6
End If
Err.Clear
End Sub
Private Sub Command6_Click()        '绘图按键
Pic.Cls
'不考虑裂缝深度的情况下绘制土压力分布（还需考虑假如 if 判断）
DrawWidth = 2
Pic.Line (2 * 8, 1 * 8)-(2 * 8 + 5 * 8 * Tan(tafar), 1 * 8 + 5 * 8),
vbBlack       '绘制挡土墙轮廓，将其扩大五倍便于显示
    Pic.Line (2 * 8, 1 * 8)-(2 * 8 - 1.5 * 8, 1 * 8), vbBlack '
    Pic.Line (2 * 8 - 1.5 * 8, 1 * 8)-(0.5 * 8, 6 * 8), vbBlack
    Pic.Line (0.5 * 8, 6 * 8)-(2 * 8 + 5 * 8 * Tan(tafar), 1 * 5 *
8), vbBlack
'不考虑裂缝深度的情况下绘制土压力分布（还需考虑假如 if 判断）
Dim k As Integer          '定义用于绘制土压力分布的循环变量
Dim uk As Integer         '定义循环变量 k 的上限 uk
Dim pldis As Double       '定义 pldis 作为压力线之间的竖直间距
```

```
Dim spx As Single          '定义绘制压力线的起点 x 坐标
Dim spy As Single          '定义绘制压力线的起点的 y 坐标
Dim epx As Single          '定义绘制压力线的终点的 x 坐标
Dim epy As Single          '定义绘制压力线的终点的 y 坐标
Dim h As Double          '定义 h 为土体深度
Dim hpie As Double          '定义 hpie 用于作为深度转换的中间变量
Dim pre() As Double          '定义 pre 作为土压力强度
Dim premax As Double          '定义该变量用于存储应力的最大值便于颜色控制
Dim premax1 As Double          '定义不需绘制的土压力值的最大值
Dim premin As Double          '定义该变量用于存储应力的最小值便于颜色控制
Dim lengthmax As Double          '防止图形过大，为限制线长定义该变量
Dim linescf As Single          '用于缩放最大线长的变量
Dim scf As Integer          '定义用于缩放 pre 长度的变量
Dim tsmall As Single
Dim tq1 As Double          '考虑裂缝深度的新的边界条件
Dim lcol As Long
Dim h0 As Double          '不考虑裂缝深度情况下应力为 0 的点所处的位置
Dim precurrent As String          '定义变量用于输出文字时调用
Dim zbxh As Double          '定义用于绘制坐标轴时的循环变量
Dim zbxc As Double          '定义用于绘制坐标轴刻度线的线长
tkh = Val(Form2.czdzxs.Text)          '读取文本框内数值,水平地震系数
tkv = Val(Form2.spdzxs.Text)          '垂直地震系数
twh = Val(Form2.dqqg.Text)          '挡墙墙高
tafar = Val(Form2.qbqj.Text)          '墙背倾角
tc = Val(Form2.tlnjl.Text)          '填土黏聚力
tfai = Val(Form2.tlnmcj.Text)          '填土内摩擦角
tganma = Val(Form2.tlrz.Text)          '填土重度
tc1 = Val(Form2.qtnjl.Text)          '墙土黏结力
tdeita = Val(Form2.qtwmcj.Text)          '墙土外摩擦角
tq0 = Val(Form2.jbcz.Text)          '均布超载
tbeta = Val(Form2.ttqj.Text)          '土体表面倾角
tyita = Atn(tkh / (1 - tkv))          '地震角
pldis = 0.01
h = 0          '定义 h 的初始值
h0 = 0.001
```

```
scf = 3            '缩放因子，防止应力值太小显示不明显
tafar = tafar * 3.14159 / 180
tfai = tfai * 3.14159 / 180
tdeita = tdeita * 3.14159 / 180
tbeta = tbeta * 3.14159 / 180
zbxc = 4
If Option2.Value = True Then   '不考虑裂缝深度
uk = 5 * twh / pldis              '为循环变量的上限赋值
i1a = Cos(tafar + tdeita) / (Cos(tafar) * Cos(tafar + tdeita + tfai
- tbeta) ^ 2) * (0.5 * tganma * (twh) * (1 - tkv) * Cos(tafar - tbeta)
* Sin(tfai - tbeta - tyita) / Cos(tyita) + (tq0) * (1 - tkv) * Cos(tafar)
* Sin(tfai - tbeta - tyita) / Cos(tyita) + tc * Cos(tfai) * Cos(tafar))
    i2a = Cos(tafar - tbeta) * (twh - thc) ^ 2 / (Cos(tafar) ^ 3 * Cos(tafar
+ tdeita) * Cos(tafar + tdeita + tfai - tbeta) ^ 2) * (0.5 * tganma *
(twh) * (1 - tkv) * Cos(tafar - tbeta) * Sin(tdeita + tfai) * Cos(tafar
+ tdeita + tyita) / Cos(tyita) + (tq0) * (1 - tkv) * Cos(tafar) * Sin(tdeita
+ tfai) * Cos(tafar + tdeita + tyita) / Cos(tyita) + tc * Cos(tafar) *
Cos(tafar - tbeta) * Cos(tfai) + tc1 * Cos(tafar) * Cos(tdeita) * Cos(tafar
+ tdeita + tfai - tbeta))
    i3a = (twh - thc) / (Cos(tafar) * Cos(tafar + tdeita + tfai - tbeta)
^ 2) * ((0.5 * tganma * (twh) * (1 - tkv) * Cos(tafar - tbeta) / (Cos(tyita)
* Cos(tafar)) + (tq0) * (1 - tkv) / Cos(tyita)) * (Cos(tafar - tbeta)
* Cos(tafar + tdeita + tyita) + Sin(tfai + tdeita) * Sin(tfai - tbeta
- tyita)) + 2 * tc * Cos(tfai) * Cos(tafar - tbeta) * Sin(tafar + tdeita
+ tfai - tbeta) + tc1 * Sin(tafar + tfai - tbeta) * Cos(tafar + tdeita
+ tfai - tbeta))
    tbn = Sqr(i2a / i1a)
    tE = -1 * 2 * Sqr(i1a * i2a) + i3a
    tsita = Atn((tbn * Cos(tafar + tdeita) * Cos(tafar) * Cos(tbeta) -
(twh) * Sin(tfai + tdeita + tafar) * Cos(tafar - tbeta)) / ((twh) * Cos(tfai
+ tdeita + tafar) * Cos(tafar - tbeta) + Cos(tafar) * Sin(tbeta) *
Cos(tafar + tdeita) * tbn))
    tn1a = Cos(tfai + tsita - tyita) * (Cos(tbeta + tsita) * Sin(tafar
+ tyita) - Cos(tafar - tbeta) * Sin(tsita - tyita)) / (Cos(tsita + tbeta)
* (Cos(tafar + tdeita + tyita) * Sin(tafar + tsita + tbeta) - Cos(tfai
```

```
+ tsita - tyita) * Sin(tafar + tdeita - tbeta)))

    tn2a = (Cos(tfai + tsita - tyita) * Cos(tafar - tbeta) + Sin(tafar
+ tyita) * Sin(tfai + tsita + tbeta)) / (Cos(tafar + tdeita + tyita) *
Sin(tfai + tsita + tbeta) - Cos(tfai + tsita - tyita) * Sin(tafar + tdeita
- tbeta))

    tn3a = Cos(tafar - tbeta) * Cos(tbeta + tyita) * Cos(tfai) / (Cos(tsita
+ tbeta) * Cos(tafar + tdeita + tyita) * Sin(tfai + tsita + tbeta) -
Cos(tfai + tsita - tyita) * Sin(tafar + tdeita - tbeta))

    tn1a = Cos(tfai + tsita - tyita) * (Cos(tbeta + tsita) * Sin(tafar
+ tyita) - Cos(tafar - tbeta) * Sin(tsita - tyita)) / (Cos(tsita + tbeta)
* (Cos(tafar + tdeita + tyita) * Sin(tfai + tsita + tbeta) - Cos(tfai
+ tsita - tyita) * Sin(tafar + tdeita - tbeta)))

    tn2a = (Cos(tfai + tsita - tyita) * Cos(tafar - tbeta) + Sin(tafar
+ tyita) * Sin(tfai + tsita + tbeta)) / (Cos(tafar + tdeita + tyita) *
Sin(tfai + tsita + tbeta) - Cos(tfai + tsita - tyita) * Sin(tafar + tdeita
- tbeta))

    tn3a = Cos(tafar - tbeta) * Cos(tbeta + tyita) * Cos(tfai) / (Cos(tsita
+ tbeta) * (Cos(tafar + tdeita + tyita) * Sin(tfai + tsita + tbeta) -
Cos(tfai + tsita - tyita) * Sin(tafar + tdeita - tbeta)))

    ta1 = 1 + tn1a * Cos(tbeta + tsita) * Sin(tafar + tsita + tfai + tdeita)
/ (Sin(tafar + tsita) * Cos(tfai + tsita - tyita))

    tb1 = 2 * (Sin(tafar + tdeita - tbeta) * Cos(tafar - tbeta) * Cos(tfai)
* tc - Cos(tbeta + tsita) * Sin(tbeta + tsita + tfai) * Cos(tdeita) *
tc1) / (Sin(tafar + tsita) * (Cos(tafar + tdeita + tyita) * Sin(tfai +
tsita + tbeta) - Cos(tfai + tsita - tyita) * Sin(tafar + tdeita - tbeta)))

    ReDim pre(1 To uk - 1) As Double

    If ta1 = 0 Then

    For ti = 1 To uk - 1 Step 1

    pre(ti) = tn1a * ((1 - tkv) * Cos(tafar + tbeta) * tganma * (twh -
h) * Log((twh - h) / (twh - thc)) / (Cos(tyita) * Cos(tafar)) - tb1 *
h / twh - (1 - tkv) * (twh - h) * tq0 / (Cos(tyita) * twh)) + tn2a * tc1
- tn3a * tc

    h = h + pldis / 5

    Next ti

    ElseIf ta1 = -1 Then
```

```
For ti = 1 To uk - 1 Step 1
h = h + pldis / 5
pre(ti) = -tn1a * (tb1 / ta1 + (1 - tkv) * Cos(tafar - tbeta) * tganma
* (twh) / ((1 + ta1) * Cos(tyita) * Cos(tafar)) + (1 - tkv) * (tq0) /
Cos(tyita)) * ((twh) / (twh - h)) ^ ta1 + tn1a * (1 - tkv) * Cos(tafar
- tbeta) * tganma * (twh - h) / ((1 + ta1) * Cos(tyita) * Cos(tafar))
+ tn1a * tb1 / ta1 + tn2a * tc1 - tn3a * tc
Next ti
Else
For ti = 1 To uk - 1 Step 1                    '该循环用于计算各高度对应的应力
值的大小
pre(ti) = -tn1a * (tb1 / ta1 + (1 - tkv) * Cos(tafar - tbeta) * tganma
* (twh) / ((1 + ta1) * Cos(tyita) * Cos(tafar)) + (1 - tkv) * (tq0) /
Cos(tyita)) * ((twh) / (twh - h)) ^ ta1 + tn1a * (1 - tkv) * Cos(tafar
- tbeta) * tganma * (twh - h) / ((1 + ta1) * Cos(tyita) * Cos(tafar))
+ tn1a * tb1 / ta1 + tn2a * tc1 - tn3a * tc
h = h + pldis / 5
Next ti
End If
For ti = 1 To uk - 1 Step 1
If pre(ti) > 0 Then
h0 = pldis / 5 * ti
End If
Exit For
Next ti
premax = Abs(pre(1))
premax1 = Abs(pre(1))
premin = Abs(pre(1))
For ti = 1 To uk - 1 Step 1     '该循环用于求解最大应力值以及最小应力值
If ti < 0.95 * (uk - 1) Then
If Abs(pre(ti)) > premax Then
premax = Abs(pre(ti))
End If
Else
If Abs(pre(ti)) > premax1 Then
```

```
premax1 = Abs(pre(ti))
End If
End If
If Abs(pre(ti)) < premin Then
premin = Abs(pre(ti))
End If
Next ti
h = 0
h0 = 0
For ti = 1 To uk - 1 Step 1
If pre(ti) > 0 Then
h0 = ti * pldis / 5
Exit For
End If
Next ti
lengthmax = 80          '定义应力图线的最大长度，防止其超出 picturebox
For ti = 1 To (uk - 1) * 0.95 Step 1          '该循环开始绘制图形
spx = 2 * 8 + (ti - 1) * pldis * Tan(tafar) * 8 / twh: spy = 8 + (ti
- 1) * pldis * 8 / twh
epx = spx + lengthmax * pre(ti) / premax / scf * Cos(tafar + tdeita):
epy = spy - lengthmax * pre(ti) / premax / scf * Sin(tafar + tdeita)
lcol = RGB(255 * (Abs(pre(ti) / premax)), 255 * (1 - (Abs(pre(ti))
/ premax)) ^ 5, 255 * (1 - (Abs(pre(ti)) / premax)) ^ 20)
Pic.Line (spx, spy)-(epx, epy), lcol
Next ti
spx = 2 * 8 + lengthmax / 2.5 + 10: spy = 8 + 4 - 6
epx = spx + 1: epy = spy
Pic.CurrentX = (spx + epx) / 2 - 5
Pic.CurrentY = (spy + epy) / 2
precurrent = "主动土压力强度对照表"
Pic.Print precurrent
Pic.CurrentX = 2 * 8 + lengthmax / 2.5 + 3
Pic.CurrentY = 8 + 4 * 10 + 10
'precurrent = CStr("土压力方向与水平方向夹角为:" & Format((tafar +
tdeita) * 180 / 3.14159, "0.00") & "° ")
```

```
'pic.Print precurrent
'定义新的循环，用于标记不同的颜色对应不同的应力值
For ti = 0 To 10 Step 1
spx = 2 * 8 + lengthmax / 2.5 + 10: spy = 8 + 4 * ti + 6
epx = spx + 1: epy = spy
lcol = RGB(255 * (premin + (premax - premin) * (ti) / 10 / premax),
255 * (1 - (premin + (premax - premin) * (ti) / 10 / premax)) ^ 5, _
    255 * (1 - (premin + (premax - premin) * (ti) / 10 / premax)) ^ 20)
Pic.Line (spx, spy)-Step(10, 2), lcol, BF
Pic.CurrentX = spx + 11.2
Pic.CurrentY = spy - 0.5
precurrent = CStr(Format(premin + ti * (premax - premin) / 10, "0.00"))
Pic.Print precurrent
Next ti
'绘制坐标轴
Pic.Line (2 * 8 + 0.95 * 5 * 8 * Tan(tafar), 1 * 8 + 0.95 * 5 * 8)-(2
* 8 + 0.95 * 5 * 8 * Tan(tafar) + 1.2 * lengthmax * Cos(tafar + tdeita)
/ scf , 1 * 8 + 0.95 * 5 * 8 - lengthmax / scf * 1.2 * Sin(tafar + tdeita)),
vbBlue  '绘制坐标轴轴线
    'pic.Line (2 * 8 + 5 * 8 * Tan(tafar) * 0.95 + 1.1 * lengthmax * Cos(tafar
+ tdeita) / scf _
    , 1 * 8 + 5 * 8 * 0.95 - lengthmax / scf * 1.1 * Sin(tafar + tdeita))-(2
* 8 + 5 * 8 * Tan(tafar) + 1.1 * lengthmax * Cos(tafar + tdeita) / scf
- 10 * Cos(tafar + tdeita + 3.14159 / 45) _
    , 1 * 8 + 5 * 8 * 0.95 - lengthmax / scf * 1.1 * Sin(tafar + tdeita)
+ 10 * Sin(tafar + tdeita + 3.14159 / 45)), vbBlue '绘制箭头
    'pic.Line (2 * 8 + 5 * 8 * Tan(tafar) + 1.1 * lengthmax * Cos(tafar
+ tdeita) / scf _
    , 1 * 8 + 5 * 8 - lengthmax / scf * 1.1 * Sin(tafar + tdeita))-(2
* 8 + 5 * 8 * Tan(tafar) + 1.1 * lengthmax * Cos(tafar + tdeita) / scf
- 10 * Cos(tafar + tdeita - 3.14159 / 45) _
    , 1 * 8 + 5 * 8 - lengthmax / scf * 1.1 * Sin(tafar + tdeita) + 10
* Sin(tafar + tdeita - 3.14159 / 45)), vbBlue    '绘制箭头
        Dim Throw As Long
        RF.lfEscapement = (290 - tdeita - tafar) * 10
```

```
'设置文本倾斜度
'设置字体参数
NewFont = CreateFontIndirect(RF)
'创建新字体
OldFont = SelectObject(Me.Pic.hdc, NewFont)
'应用新字体
Dim x As Double, y As Double
For zbxh = 0 To 5 Step 1
x = 5.2 * 2 * 8 * 0.95 + 1.3 * (15 * 8 * Tan(tafar) + lengthmax
/ 5 * zbxh * Cos(1.2 * (tafar + tdeita)))
y = 18 * 1 * 8 + 5 * 8 * 0.95 - lengthmax / 5 * zbxh * Sin(1.3
* (tafar + tdeita))
'选择显示文本的起点
Throw = TextOut(Me.Pic.hdc, x, y, CStr(Format(premax / 5 * zbxh,
"0.00")), Len(CStr(Format(premax / 5 * zbxh, "0.00"))))          '不同的
坐标
'显示文本
'NewFont = SelectObject(Me.pic.hdc, OldFont)
'选择旧字体
Throw = DeleteObject(NewFont)
'删除新字体
Pic.Line (2 * 8 + 5 * 8 * Tan(tafar) * 0.95 + lengthmax / 5 /
scf * zbxh * Cos(tafar + tdeita), 1 * 8 + 5 * 8 * 0.95 - lengthmax / 5
/ scf * zbxh * Sin(tafar + tdeita))- (2 * 8 + 5 * 8 * Tan(tafar) * 0.95
+ lengthmax / 5 / scf * zbxh * Cos(tafar + tdeita) + zbxc * Cos(3.14159
/ 2 - tafar - tdeita), 1 * 8 + 5 * 8 * 0.95 - lengthmax / 5 / scf * zbxh
* Sin(tafar + tdeita) + zbxc * Sin(3.14159 / 2 - tafar - tdeita)), vbBlue
Next zbxh
'绘制网格状对照图形的代码
For ti = 1 To CInt(twh - h0)
Pic.Line (0.5 * 8, 1 * 8 + 5 * 8 - 5 * 8 / twh * ti)-(2 * 8 + (5 *
8 - 5 * 8 / twh * ti) * Tan(tafar), 1 * 8 + 5 * 8 - 5 * 8 / twh * ti),
vbBlue
pre(ti) = -tn1a * (tb1 / ta1 + (1 - tkv) * Cos(tafar - tbeta) * tganma
* (twh - thc) / ((1 + ta1) * Cos(tyita) * Cos(tafar)) + (1 - tkv) * (tq0
```

```
+ tganma * thc) / Cos(tyita)) * ((twh - thc) / (twh - (twh - ti))) ^ ta1
+ tn1a * (1 - tkv) * Cos(tafar - tbeta) * tganma * (twh - (twh - ti))
/ ((1 + ta1) * Cos(tyita) * Cos(tafar)) + tn1a * tb1 / ta1 + tn2a * tc1
- tn3a * tc
    spx = 2 * 8 + (5 * 8 - 5 * 8 / twh * ti) * Tan(tafar): spy = 1 * 8
+ 5 * 8 - 5 * 8 / twh * ti
    epx = spx + lengthmax * pre(ti) / premax / scf * Cos(tafar + tdeita):
epy = spy - lengthmax * pre(ti) / premax / scf * Sin(tafar + tdeita)
    Pic.Line (spx, spy)-(epx, epy), vbBlue
    spx = epx + 5 * 8 / twh * ti * Sin(tafar) - 0.05 * 5 * 8 * Sin(tafar):
spy = epy + 5 * 8 / twh * ti * Cos(tafar) - 0.05 * 5 * 8 * Cos(tafar)
    Pic.Line (epx, epy)-(spx, spy)
    Next ti
    Else        '考虑裂缝深度的情况绘制图线
    tsmall = 0.01
    pldis = 0.01
    thc = 0
    Do While tsmall >= 0.00001
    i1a = Cos(tafar + tdeita) / (Cos(tafar) * Cos(tafar + tdeita + tfai
- tbeta) ^ 2) * (0.5 * tganma * (twh - thc) * (1 - tkv) * Cos(tafar -
tbeta) * Sin(tfai - tbeta - tyita) / Cos(tyita) + (tq0 + tganma * thc)
* (1 - tkv) * Cos(tafar) * Sin(tfai - tbeta - tyita) / Cos(tyita) + tc
* Cos(tfai) * Cos(tafar))
    i2a = Cos(tafar - tbeta) * (twh - thc) ^ 2 / (Cos(tafar) ^ 3 * Cos(tafar
+ tdeita) * Cos(tafar + tdeita + tfai - tbeta) ^ 2) * (0.5 * tganma *
(twh - thc) * (1 - tkv) * Cos(tafar - tbeta) * Sin(tdeita + tfai) * Cos(tafar
+ tdeita + tyita) / Cos(tyita) + (tq0 + tganma * thc) * (1 - tkv) * Cos(tafar)
* Sin(tdeita + tfai) * Cos(tafar + tdeita + tyita) / Cos(tyita) + tc *
Cos(tafar) * Cos(tafar - tbeta) * Cos(tfai) + tc1 * Cos(tafar) *
Cos(tdeita) * Cos(tafar + tdeita + tfai - tbeta))
    i3a = (twh - thc) / (Cos(tafar) * Cos(tafar + tdeita + tfai - tbeta)
^ 2) * ((0.5 * tganma * (twh - thc) * (1 - tkv) * Cos(tafar - tbeta) /
(Cos(tyita) * Cos(tafar)) + (tq0 + tganma * thc) * (1 - tkv) / Cos(tyita))
* (Cos(tafar - tbeta) * Cos(tafar + tdeita + tyita) + Sin(tfai + tdeita)
* Sin(tfai - tbeta - tyita)) + 2 * tc * Cos(tfai) * Cos(tafar - tbeta)
```

```
* Sin(tafar + tdeita + tfai - tbeta) + tc1 * Sin(tafar + tfai - tbeta)
* Cos(tafar + tdeita + tfai - tbeta))
    tbn = Sqr(i2a / i1a)
    tsita = Atn((tbn * Cos(tafar + tdeita) * Cos(tafar) * Cos(tbeta) -
(twh - thc) * Sin(tfai + tdeita + tafar) * Cos(tafar - tbeta)) / ((twh
- thc) * Cos(tfai + tdeita + tafar) * Cos(tafar - tbeta) + Cos(tafar)
* Sin(tbeta) * Cos(tafar + tdeita) * tbn))
    tn1a = Cos(tfai + tsita - tyita) * (Cos(tbeta + tsita) * Sin(tafar
+ tyita) - Cos(tafar - tbeta) * Sin(tsita - tyita)) / (Cos(tsita + tbeta)
* (Cos(tafar + tdeita + tyita) * Sin(tfai + tsita + tbeta) - Cos(tfai
+ tsita - tyita) * Sin(tafar + tdeita - tbeta)))
    tn2a = (Cos(tfai + tsita - tyita) * Cos(tafar - tbeta) + Sin(tafar
+ tyita) * Sin(tfai + tsita + tbeta)) / (Cos(tafar + tdeita + tyita) *
Sin(tfai + tsita + tbeta) - Cos(tfai + tsita - tyita) * Sin(tafar + tdeita
- tbeta))
    tn3a = Cos(tafar - tbeta) * Cos(tbeta + tyita) * Cos(tfai) / (Cos(tsita
+ tbeta) * (Cos(tafar + tdeita + tyita) * Sin(tfai + tsita + tbeta) -
Cos(tfai + tsita - tyita) * Sin(tafar + tdeita - tbeta)))
    thc1 = thc
    thc = (tn2a * tc1 * Cos(tyita) - tn3a * tc * Cos(tyita) - tn1a * tq0
* (1 - tkv)) / (tn1a * tganma * (1 - tkv))
    tsmall = Abs(thc - thc1)
    Loop
    If thc < 0 Then
    thc = 0
    End If
    tq1 = tq0 + tganma * thc        '考虑裂缝深度的边界条件
    tE = -1 * 2 * Sqr(i1a * i2a) + i3a
    ta1 = 1 + tn1a * Cos(tbeta + tsita) * Sin(tafar + tsita + tfai + tdeita)
/ (Sin(tafar + tsita) * Cos(tfai + tsita - tyita))
    tb1 = 2 * (Sin(tafar + tdeita - tbeta) * Cos(tafar - tbeta) * Cos(tfai)
* tc - Cos(tbeta + tsita) * Sin(tbeta + tsita + tfai) * Cos(tdeita) *
tc1) / (Sin(tafar + tsita) * (Cos(tafar + tdeita + tyita) * Sin(tfai +
tsita + tbeta) - Cos(tfai + tsita - tyita) * Sin(tafar + tdeita - tbeta)))
    tz0h = (tn1a * tb1 / (4 - 2 * ta1) + tn1a * (1 - tkv) * Cos(tafar
```

```
- tbeta) * tganma * (twh - thc) / (3 * (2 - ta1) * Cos(tyita) * Cos(tafar))
+ tn1a * (1 - tkv) * tq1 / ((2 - ta1) * Cos(tyita)) - 0.5 * tn2a * tc1
+ 0.5 * tn3a * tc) * (twh - thc) / ((tn1a * tb1) / (1 - ta1) + tn1a *
(1 - tkv) * Cos(tafar - tbeta) * tganma * (twh - thc) / (2 * (1 - ta1)
* Cos(tyita) * Cos(tafar)) + tn1a * (1 - tkv) * tq1 / ((1 - ta1) * Cos(tyita))
- tn2a * tc1 + tn3a * tc)
    h = thc
    uk = 5 * (twh - thc) / pldis          '为循环变量上限赋值
    ReDim pre(1 To uk) As Double
    If ta1 = 0 Then
    For ti = 1 To uk - 1 Step 1
    h = h + pldis / 5
    pre(ti) = tn1a * (tb1 * Log((twh - h) / (twh - thc)) - (1 - tkv) *
(tq0 + tganma * thc) / Cos(tyita) - (1 - tkv) * Cos(tafar - tbeta) * tganma
* (twh - thc) / (Cos(tyita) * Cos(tafar))) + tn2a * tc1 - tn3a * tc
    Next ti
    ElseIf ta1 = -1 Then
    For ti = 1 To uk - 1 Step 1
    pre(ti) = tn1a * ((1 - tkv) * Cos(tafar - tbeta) * tganma * (twh -
h) * Log((twh - h) / (twh - thc)) / (Cos(tyita) * Cos(tafar)) - tb1 *
(h - thc) / (twh - thc) - (1 - tkv) * (twh - h) * tq1 / (Cos(tyita) *
(twh - thc))) + tn2a * tc1 - tn3a * tc
    Next ti
    Else
    For ti = 1 To uk - 1 Step 1
    h = h + pldis / 5
    pre(ti) = -tn1a * (tb1 / ta1 + (1 - tkv) * Cos(tafar - tbeta) * tganma
* (twh - thc) / ((1 + ta1) * Cos(tyita) * Cos(tafar)) + (1 - tkv) * (tq0
+ tganma * thc) / Cos(tyita)) * ((twh - thc) / (twh - h)) ^ ta1 + tn1a
* (1 - tkv) * Cos(tafar - tbeta) * tganma * (twh - h) / ((1 + ta1) * Cos(tyita)
* Cos(tafar)) + tn1a * tb1 / ta1 + tn2a * tc1 - tn3a * tc
    Next ti
    End If
    premax = Abs(pre(1))
    premax1 = Abs(pre(1))
```

```
premin = Abs(pre(1))
For ti = 1 To (uk - 1) * 0.95 Step 1  '该循环用于求解最大应力值以及最小
应力值
If Abs(pre(ti)) > premax Then
premax = Abs(pre(ti))
End If
Next ti
For ti = (uk - 1) * 0.95 To uk - 1 Step 1  '该循环用于求解最大应力值以
及最小应力值
If Abs(pre(ti)) > premax1 Then
premax1 = Abs(pre(ti))
End If
Next ti
Dim premaxm As Double
premaxm = premax1
If premaxm < premax Then
premaxm = premax
End If
h = 0
lengthmax = 80              '定义应力图线的最大长度，防止其超出picturebox
For ti = 1 To (uk - 1) * 0.95 Step 1        '该循环开始绘制图形
spx = 2 * 8 + (ti) * pldis * Tan(tafar) * 8 / twh + 5 * thc * 8 /
twh * Tan(tafar): spy = 8 + (ti) * pldis * 8 / twh + 5 * thc * 8 / twh
epx = spx + lengthmax * pre(ti) / premax / scf * Cos(tafar + tdeita):
epy = spy - lengthmax * pre(ti) / premax / scf * Sin(tafar + tdeita)
lcol = RGB(255 * (Abs(pre(ti) / premax)), 255 * (1 - (Abs(pre(ti))
/ premax)) ^ 5, 255 * (1 - (Abs(pre(ti)) / premax)) ^ 20)
Pic.Line (spx, spy)-(epx, epy), lcol
Next ti
spx = 2 * 8 + lengthmax / 2.5 + 10: spy = 8 + 4 - 6
epx = spx + 1: epy = spy
Pic.CurrentX = (spx + epx) / 2 - 5
Pic.CurrentY = (spy + epy) / 2
precurrent = "主动土压力强度对照表"
Pic.Print precurrent
```

```
Pic.CurrentX = 2 * 8 + lengthmax / 2.5 + 3
Pic.CurrentY = 8 + 4 * 10 + 10
'precurrent = CStr("土压力方向与水平方向夹角为:" & Format((tafar +
tdeita) * 180 / 3.14159, "0.00") & "° ")
'pic.Print precurrent
'定义新的循环，用于标记不同的颜色对应不同的应力值
For ti = 0 To 10 Step 1
spx = 2 * 8 + lengthmax / 2.5 + 10: spy = 8 + 4 * ti + 6
epx = spx + 1: epy = spy
lcol = RGB(255 * (premin + (premax - premin) * (ti) / 10 / premax),
255 * (1 - (premin + (premax - premin) * (ti) / 10 / premax)) ^ 5, _
    255 * (1 - (premin + (premax - premin) * (ti) / 10 / premax)) ^ 20)
Pic.Line (spx, spy)-Step(10, 2), lcol, BF
Pic.CurrentX = spx + 11.2
Pic.CurrentY = spy - 0.5
precurrent = CStr(Format(premin + ti * (premax - premin) / 10, "0.00"))
Pic.Print precurrent
Next ti
'绘制坐标轴
Pic.Line (2 * 8 + 0.95 * 5 * 8 * Tan(tafar), 1 * 8 + 5 * 0.95 * 8)-(2
* 8 + 0.95 * 5 * 8 * Tan(tafar) + 1.2 * lengthmax * Cos(tafar + tdeita)
/ scf , 1 * 8 + 5 * 8 * 0.95 - lengthmax / scf * 1.2 * Sin(tafar + tdeita)),
vbBlue  '绘制坐标轴轴线
'Pic.Line (2 * 8 + 5 * 8 * Tan(tafar) + 1.1 * lengthmax * Cos(tafar
+ tdeita) / scf , 1 * 8 + 5 * 8 * 0.95 - lengthmax / scf * 1.2 * Sin(tafar
+ tdeita))-(2 * 8 + 5 * 8 * Tan(tafar) * 0.95 + 1.2 * lengthmax * Cos(tafar
+ tdeita) / scf - 5 * Cos(tafar + tdeita + 3.14159 / 45) , 1 * 8 + 5 *
8 * 0.95 - lengthmax / scf * 1.2 * Sin(tafar + tdeita) + 10 * Sin(tafar
+ tdeita + 3.14159 / 45)), vbBlue '绘制箭头
'Pic.Line (2 * 8 + 5 * 8 * Tan(tafar) * 0.95 + 1.2 * lengthmax * Cos(tafar
+ tdeita) / scf _
    , 1 * 8 + 5 * 8 * 0.95 - lengthmax / scf * 1.2 * Sin(tafar + tdeita))-(2
* 8 + 0.95 * 5 * 8 * Tan(tafar) + 1.2 * lengthmax * Cos(tafar + tdeita)
/ scf - 5 * Cos(tafar + tdeita - 3.14159 / 45) , 1 * 8 + 5 * 8 * 0.95
- lengthmax / scf * 1.2 * Sin(tafar + tdeita) + 5 * Sin(tafar + tdeita
```

```
- 3.14159 / 45)), vbBlue '绘制箭头
    RF.lfEscapement = (290 - tdeita - tafar) * 10
    '设置文本倾斜度
    '设置字体参数
    NewFont = CreateFontIndirect(RF)
    '创建新字体
    OldFont = SelectObject(Me.Pic.hdc, NewFont)
    '应用新字体
    For zbxh = 0 To 5 Step 1
    x = 5.2 * 2 * 8 + 1.3 * (15 * 8 * Tan(tafar) + lengthmax / 5 * zbxh
* Cos(1.2 * (tafar + tdeita)))
    y = 18 * 1 * 8 + 5 * 8 - lengthmax / 5 * zbxh * Sin(1.3 * (tafar +
tdeita))
    '选择显示文本的起点
    Throw = TextOut(Me.Pic.hdc, x, y, CStr(Format(premax / 5 * zbxh,
"0.00")), Len(CStr(Format(premax / 5 * zbxh, "0.00"))))        '不同的
坐标
    '显示文本
    'NewFont = SelectObject(Me.pic.hdc, OldFont)
    '选择旧字体
    Throw = DeleteObject(NewFont)
    '删除新字体
    Pic.Line (2 * 8 + 5 * 8 * Tan(tafar) * 0.95 + lengthmax / 5 / scf
* zbxh * Cos(tafar + tdeita), 1 * 8 + 5 * 8 * 0.95 - lengthmax / 5 / scf
* zbxh * Sin(tafar + tdeita))-(2 * 8 + 5 * 8 * Tan(tafar) * 0.95 + lengthmax
/ 5 / scf * zbxh * Cos(tafar + tdeita) + zbxc * Cos(3.14159 / 2 - tafar
- tdeita), 1 * 8 + 5 * 8 * 0.95 - lengthmax / 5 / scf * zbxh * Sin(tafar
+ tdeita) + zbxc * Sin(3.14159 / 2 - tafar - tdeita)), vbBlue
    Next zbxh
    '绘制网格状对照图形的代码
    For ti = 1 To CInt(twh - thc)
    Pic.Line (0.5 * 8, 1 * 8 + 5 * 8 - 5 * 8 / twh * ti)-(2 * 8 + (5 *
8 - 5 * 8 / twh * ti) * Tan(tafar), 1 * 8 + 5 * 8 - 5 * 8 / twh * ti),
vbBlue
    If ta1 = 0 Then
```

```
    pre(ti) = tn1a * (tb1 * Log((ti) / (ti)) - (1 - tkv) * (tq0 + tganma
* thc) / Cos(tyita) - (1 - tkv) * Cos(tafar - tbeta) * tganma * (twh -
thc) / (Cos(tyita) * Cos(tafar))) + tn2a * tc1 - tn3a * tc
    ElseIf ta1 = -1 Then
    pre(ti) = tn1a * ((1 - tkv) * Cos(tafar - tbeta) * tganma * (ti) *
Log((ti) / (twh - thc)) / (Cos(tyita) * Cos(tafar)) - tb1 * (twh - ti
- thc) / (twh - thc) - (1 - tkv) * (ti) * tq1 / (Cos(tyita) * (twh - thc)))
+ tn2a * tc1 - tn3a * tc
    Else
    pre(ti) = -tn1a * (tb1 / ta1 + (1 - tkv) * Cos(tafar - tbeta) * tganma
* (twh - thc) / ((1 + ta1) * Cos(tyita) * Cos(tafar)) + (1 - tkv) * (tq0
+ tganma * thc) / Cos(tyita)) * ((twh - thc) / (ti)) ^ ta1 + tn1a * (1
- tkv) * Cos(tafar - tbeta) * tganma * (ti) / ((1 + ta1) * Cos(tyita)
* Cos(tafar)) + tn1a * tb1 / ta1 + tn2a * tc1 - tn3a * tc
    End If
    spx = 2 * 8 + (5 * 8 - 5 * 8 / twh * ti) * Tan(tafar): spy = 1 * 8
+ 5 * 8 - 5 * 8 / twh * ti
    epx = spx + lengthmax * pre(ti) / premax / scf * Cos(tafar + tdeita):
epy = spy - lengthmax * pre(ti) / premax / scf * Sin(tafar + tdeita)
    Pic.Line (spx, spy)-(epx, epy), vbBlue
    'spx = epx + 5 * 8 / twh * ti * Cos(3.14159 / 2 - tdeita): spy = epx
+ 5 * 8 / twh * ti * Sin(3.14159 / 2 - tdeita)
    spx = epx + 5 * 8 / twh * ti * Sin(tafar) - 0.05 * 5 * 8 * Sin(tafar):
spy = epy + 5 * 8 / twh * ti * Cos(tafar) - 0.05 * 5 * 8 * Cos(tafar)
    Pic.Line (epx, epy)-(spx, spy)
    Next ti
    End If
    End Sub
    Private Sub Option1_GotFocus() '考虑临界深度，使临界深度文本框不为灰色
    lfsd.BackColor = &H80000004
    End Sub
    Private Sub Option2_gotfocus()    '不考虑临界深度，使得临界深度文本框为灰色
    lfsd.BackColor = &H80000011
    End Sub
```

```
Private Sub spdzxs_lostfocus()   '检查水平地震系数是否是数据
If Not IsNumeric(spdzxs) Then
ti = MsgBox("输入错误", 5 + vbExclamation, "请重新输入水平地震系数")
If ti = 2 Then  '按了取消按钮
End
Else   '按了重试按钮
spdzxs.Text = ""
spdzxs.SetFocus
End If
End If
End Sub
Private Sub czdzxs_lostfocus()   '检查垂直地震系数是否输入数据
If Not IsNumeric(czdzxs) Then
ti = MsgBox("输入错误", 5 + vbExclamation, "请重新输入垂直地震系数")
If ti = 2 Then  '按了取消按钮
End
Else   '按了重试按钮
czdzxs.Text = ""
czdzxs.SetFocus
End If
End If
End Sub
Private Sub dqqg_lostfocus()  '检查挡墙墙高是否正确输入
If Not IsNumeric(dqqg) Then
ti = MsgBox("输入错误", 5 + vbExclamation, "请重新输入挡墙墙高")
If ti = 2 Then  '按了取消按钮
End
Else   '按了重试按钮
dqqg.Text = ""
dqqg.SetFocus
End If
End If
End Sub
Private Sub qbqj_lostfocus()   '检查墙背倾角是否正确输入
If Not IsNumeric(qbqj) Then
```

```
ti = MsgBox("输入错误", 5 + vbExclamation, "请重新输入墙背倾角")
If ti = 2 Then '按了取消按钮
End
Else '按了重试按钮
qbqj.Text = ""
qbqj.SetFocus
End If
End If
End Sub
Private Sub ttqj_lostfocus()  '检查填土面倾角是否正确输入
If Not IsNumeric(ttqj) Then
ti = MsgBox("输入错误", 5 + vbExclamation, "请重新输入填土面倾角")
If ti = 2 Then '按了取消按钮
End
Else '按了重试按钮
qbqj.Text = ""
qbqj.SetFocus
End If
End If
End Sub
Private Sub tlnjl_lostfocus()  '检查填土黏聚力是否输入正确
If Not IsNumeric(tlnjl) Then
ti = MsgBox("输入错误", 5 + vbExclamation, "请重新输入填土黏聚力")
If ti = 2 Then '按了取消按钮
End
Else '按了重试按钮
tlnjl.Text = ""
tlnjl.SetFocus
End If
End If
End Sub
Private Sub Text6_lostfocus()  '检查填土内摩擦角是否输入正确
If Not IsNumeric(tlnmcj) Then
ti = MsgBox("输入错误", 5 + vbExclamation, "请重新输入填料内摩擦角")
If ti = 2 Then '按了取消按钮
```

```
End
Else    '按了重试按钮
tlnmcj.Text = ""
tlnmcj.SetFocus
End If
End If
End Sub
Private Sub tlrz_lostfocus()  '检查填土重度是否输入正确
If Not IsNumeric(tlrz) Then
ti = MsgBox("输入错误", 5 + vbExclamation, "请重新输入填土重度")
If ti = 2 Then '按了取消按钮
End
Else    '按了重试按钮
tlrz.Text = ""
tlrz.SetFocus
End If
End If
End Sub
Private Sub qtnjl_lostfocus()  '检查每个文本框输入的是否是数据
If Not IsNumeric(qtnjl) Then
ti = MsgBox("输入错误", 5 + vbExclamation, "请重新输入墙土黏聚力")
If ti = 2 Then         '按了取消按钮
End
Else                   '按了重试按钮
qtnjl.Text = ""
qtnjl.SetFocus
End If
End If
End Sub
Private Sub qtwmcj_lostfocus()  '检查每个文本框输入的是否是数据
If Not IsNumeric(qtwmcj) Then
ti = MsgBox("输入错误", 5 + vbExclamation, "请重新输入墙土外摩擦角")
If ti = 2 Then '按了取消按钮
End
Else    '按了重试按钮
```

```
qtwmcj.Text = ""
qtwmcj.SetFocus
End If
End If
End Sub
```
'''被动土压力计算窗口
'''

```
Option Explicit
Dim tafar As Double, tfai As Double, tbeta As Double, tdeita As Double
'定义afar作为墙背与垂直方向的夹角，fai作为r与楔形土体背面法向的夹角
Dim tc As Double, tc1 As Double     '定义c，c1分别为土体之间的黏聚力，
土体与墙体之间的黏聚力
Dim tyita As Double          '定义地震角
Dim tganma As Double         '定义土体重度
Dim tsita As Double      '定义破裂角
Dim tkh As Double, tkv As Double   '定义水平，竖向地震荷载
Dim tn1a As Double, tn2a As Double, tn3a As Double '定义中间变量
Dim ta1 As Double, tb1 As Double    '定义中间变量
Dim thc, thc1 As Single     '定义裂缝深度
Dim twh As Single          '定义挡墙墙高
Dim i1a As Double, i2a As Double, i3a As Double
Dim k1a As Double, k2a As Double, k3a As Double, k4a As Double   '
定义中间变量
Dim tq0 As Single             '定义初始应力
Dim tE As Double          '定义土压力
Dim tbn As Double       '定义bn的长度
Dim tz0h As Single     '定义作用点的位置
Dim ti As Integer        '定义循环变量
Dim zbxh As Double       '定义循环变量
Dim zbxc As Double       '坐标线长
Private Declare Function CreateFontIndirect Lib "gdi32" _
Alias "CreateFontIndirectA" _
(lpLogFont As LOGFONT) _
As Long
Private Declare Function SelectObject Lib "gdi32" _
```

```
(ByVal hdc As Long, _
ByVal hObject As Long) _
As Long
Private Declare Function TextOut Lib "gdi32" _
Alias "TextOutA" _
(ByVal hdc As Long, _
ByVal x As Long, _
ByVal y As Long, _
ByVal lpString As String, _
ByVal nCount As Long) _
As Long
Private Declare Function DeleteObject Lib "gdi32" _
(ByVal hObject As Long) _
As Long
Private Declare Function SetBkMode Lib "gdi32" _
(ByVal hdc As Long, _
ByVal nBkMode As Long) _
As Long
Private Type LOGFONT
lfHeight As Long
lfWidth As Long
lfEscapement As Long
lfOrientation As Long
lfWeight As Long
lfItalic As Byte
lfUnderline As Byte
lfStrikeOut As Byte
lfCharSet As Byte
lfOutPrecision As Byte
lfClipPrecision As Byte
lfQuality As Byte
lfPitchAndFamily As Byte
lfFaceName As String * 50
End Type
Dim RF As LOGFONT
```

```
Dim NewFont As Long
Dim OldFont As Long
Private Sub Command1_Click() '赋初值命令按钮
Form3.spdzxs.Text = 0.1
Form3.czdzxs.Text = 0
Form3.dqqg.Text = 8
Form3.qbqj.Text = 5
Form3.tlnjl.Text = 5
Form3.tlnmcj.Text = 30
Form3.tlrz.Text = 16
Form3.qtnjl.Text = 0
Form3.qtwmcj.Text = 20
Form3.jbcz.Text = 10
Form3.ttqj.Text = 10
End Sub
Private Sub Command2_Click() '清除命令按钮
Form3.czdzxs.Text = ""
Form3.spdzxs.Text = ""
Form3.dqqg.Text = ""
Form3.qbqj.Text = ""
Form3.tlnjl.Text = ""
Form3.tlnmcj.Text = ""
Form3.tlrz.Text = ""
Form3.qtnjl.Text = ""
Form3.qtwmcj.Text = ""
Form3.jbcz.Text = ""
Form3.ljplj.Text = ""
Form3.bdtylhl.Text = ""
Form3.tylzydwz.Text = ""
Form3.ttqj.Text = ""
Form3.ljplj.Text = ""
Form3.bdtylhl.Text = ""
Form3.tylzydwz = ""
End Sub
Private Sub Command3_Click() '返回命令按钮
```

```
Form3.Hide
Form3.czdzxs.Text = ""
Form3.spdzxs.Text = ""
Form3.dqqg.Text = ""
Form3.qbqj.Text = ""
Form3.tlnjl.Text = ""
Form3.tlnmcj.Text = ""
Form3.tlrz.Text = ""
Form3.qtnjl.Text = ""
Form3.qtwmcj.Text = ""
Form3.jbcz.Text = ""
Form3.ljplj.Text = ""
Form3.bdtylhl.Text = ""
Form3.tylzydwz.Text = ""
Form3.ttqj.Text = ""
Form3.ljplj.Text = ""
Form3.bdtylhl.Text = ""
Form3.tylzydwz = ""
Form1.Show
End Sub
Private Sub Command4_Click()   '计算被动土压力命令按钮
Dim tsmall As Double
Dim tq1 As Double
Dim ss As String
tkh = Val(Form3.spdzxs.Text)        '读取文本框内数值,水平地震系数
tkv = Val(Form3.czdzxs.Text)        '垂直地震系数
twh = Val(Form3.dqqg.Text)          '挡墙墙高
tafar = Val(Form3.qbqj.Text)        '墙背倾角
tc = Val(Form3.tlnjl.Text)          '填土黏聚力
tfai = Val(Form3.tlnmcj.Text)       '填土内摩擦角
tganma = Val(Form3.tlrz.Text)       '填土重度
tc1 = Val(Form3.qtnjl.Text)         '墙土黏结力
tdeita = Val(Form3.qtwmcj.Text)     '墙土外摩擦角
tq0 = Val(Form3.jbcz.Text)          '均布超载
tbeta = Val(Form3.ttqj.Text)        '土体表面倾角
```

```
    tyita = Atn(tkh / (1 - tkv))         '地震角
    tafar = tafar * 3.14159 / 180
    tfai = tfai * 3.14159 / 180
    tdeita = tdeita * 3.14159 / 180
    tbeta = tbeta * 3.14159 / 180
    i1a = Cos(tafar - tdeita) / (Cos(tafar) * Cos(-tafar + tdeita + tfai
+ tbeta) ^ 2) * (0.5 * tganma * (twh) * (1 - tkv) * Cos(tafar - tbeta)
* Sin(tfai + tbeta - tyita) / Cos(tyita) + (tq0) * (1 - tkv) * Cos(tafar)
* Sin(tfai + tbeta - tyita) / Cos(tyita) + tc * Cos(tfai) * Cos(tafar))
    i2a = Cos(tafar - tbeta) * (twh) ^ 2 / (Cos(tafar) ^ 3 * Cos(tafar
- tdeita) * Cos(-tafar + tdeita + tfai + tbeta) ^ 2) * (0.5 * tganma *
(twh) * (1 - tkv) * Cos(tafar - tbeta) * Sin(tdeita + tfai) * Cos(-tafar
+ tdeita + tyita) / Cos(tyita) + (tq0) * (1 - tkv) * Cos(tafar) * Sin(tdeita
+ tfai) * Cos(-tafar + tdeita + tyita) / Cos(tyita) + tc * Cos(tafar)
* Cos(tafar - tbeta) * Cos(tfai) + tc1 * Cos(tafar) * Cos(tdeita) *
Cos(-tafar + tdeita + tfai + tbeta))
    i3a = (twh) / (Cos(tafar) * Cos(-tafar + tdeita + tfai + tbeta) ^
2) * ((0.5 * tganma * (twh) * (1 - tkv) * Cos(tafar - tbeta) / (Cos(tyita)
* Cos(tafar)) + (tq0) * (1 - tkv) / Cos(tyita)) * (Cos(tafar - tbeta)
* Cos(-tafar + tdeita + tyita) + Sin(tfai + tdeita) * Sin(tfai + tbeta
- tyita)) + 2 * tc * Cos(tfai) * Cos(tafar - tbeta) * Sin(-tafar + tdeita
+ tfai + tbeta) + tc1 * Sin(-tafar + tfai + tbeta) * Cos(-tafar + tdeita
+ tfai + tbeta))
    tbn = Sqr(i2a / i1a)
    tE = 2 * Sqr(i1a * i2a) + i3a
    tsita = Atn((tbn * Cos(tafar - tdeita) * Cos(tafar) * Cos(tbeta) +
(twh) * Sin(tfai + tdeita - tafar) * Cos(tafar - tbeta)) / ((twh) * Cos(tfai
+ tdeita - tafar) * Cos(tafar - tbeta) + Cos(tafar) * Sin(tbeta) *
Cos(tafar - tdeita) * tbn))
    tn1a = -Cos(-tfai + tsita + tyita) * (Cos(tbeta + tsita) * Sin(tafar
- tyita) - Cos(tafar - tbeta) * Sin(tsita + tyita)) / (Cos(tsita + tbeta)
* (Cos(-tafar + tdeita + tyita) * Sin(-tfai + tsita + tbeta) + Cos(-tfai
+ tsita + tyita) * Sin(-tafar + tdeita + tbeta)))
    tn2a = -(Cos(-tfai + tsita + tyita) * Cos(tafar - tbeta) + Sin(tafar
- tyita) * Sin(-tfai + tsita + tbeta)) / (Cos(-tafar + tdeita + tyita)
```

```
 * Sin(-tfai + tsita + tbeta) + Cos(-tfai + tsita + tyita) * Sin(-tafar
 + tdeita + tbeta))
    tn3a = -Cos(tafar - tbeta) * Cos(tbeta - tyita) * Cos(tfai) /
 (Cos(tsita + tbeta) * (Cos(-tafar + tdeita + tyita) * Sin(-tfai + tsita
 + tbeta) + Cos(-tfai + tsita + tyita) * Sin(-tafar + tdeita + tbeta)))
    ta1 = 1 - tn1a * Cos(tbeta + tsita) * Sin(tafar + tsita - tfai - tdeita)
 / (Sin(tafar + tsita) * Cos(-tfai + tsita + tyita))
    tb1 = 2 * (Sin(-tafar + tdeita + tbeta) * Cos(tafar - tbeta) * Cos(tfai)
 * tc + Cos(tbeta + tsita) * Sin(tbeta + tsita - tfai) * Cos(tdeita) *
 tc1) / (Sin(tafar + tsita) * (Cos(-tafar + tdeita + tyita) * Sin(-tfai
 + tsita + tbeta) + Cos(-tfai + tsita + tyita) * Sin(-tafar + tdeita +
 tbeta)))
    tz0h = (tn1a * tb1 / (4 - 2 * ta1) + tn1a * (1 - tkv) * Cos(tafar
 - tbeta) * tganma * twh / (3 * (2 - ta1) * Cos(tyita) * Cos(tafar)) +
 tn1a * (1 - tkv) * tq0 / ((2 - ta1) * Cos(tyita)) + 0.5 * tn2a * tc1 +
 0.5 * tn3a * tc) * twh / ((tn1a * tb1) / (1 - ta1) + tn1a * (1 - tkv)
 * Cos(tafar - tbeta) * tganma * twh / (2 * (1 - ta1) * Cos(tyita) *
 Cos(tafar)) + _
    tn1a * (1 - tkv) * tq0 / ((1 - ta1) * Cos(tyita)) + tn2a * tc1 + tn3a
 * tc) / twh
    tsita = tsita * 180 / 3.14159        '弧度转换为角度
    Form3.ljplj.Text = Format(tsita, "0.0")
    Form3.bdtylhl.Text = Format(tE, "0")
    Form3.tylzydwz.Text = Format(tz0h, "0.000")
    End Sub
    Private Sub Command5_Click()    '保存文件按钮
    Dim tspan As Single
    Dim tsmall As Single
    Dim tz0(1 To 21) As Single
    Dim tp(1 To 21) As Single
    tkh = Val(Form3.spdzxs.Text)          '读取文本框内数值，水平地震系数
    tkv = Val(Form3.czdzxs.Text)          '垂直地震系数
    twh = Val(Form3.dqqg.Text)            '挡墙墙高
    tafar = Val(Form3.qbqj.Text)          '墙背倾角
    tc = Val(Form3.tlnj1.Text)            '填土黏聚力
```

```
tfai = Val(Form3.tlnmcj.Text)        '填土内摩擦角
tganma = Val(Form3.tlrz.Text)        '填土重度
tc1 = Val(Form3.qtnjl.Text)          '墙土黏结力
tdeita = Val(Form3.qtwmcj.Text)      '墙土外摩擦角
tq0 = Val(Form3.jbcz.Text)           '均布超载
tbeta = Val(Form3.ttqj.Text)         '土体表面倾角
tafar = tafar * 3.14159 / 180
tfai = tfai * 3.14159 / 180
tdeita = tdeita * 3.14159 / 180
tbeta = tbeta * 3.14159 / 180
tyita = Atn(tkh / (1 - tkv))         '地震角
tspan = twh / 20
Dim a
On Error Resume Next
Err.Clear
'不能使err,因为err是系统内的一个对象
CommonDialog1.InitDir = App.Path
'调用commondialog控件,并使其初始化路径为当前路径
CommonDialog1.CancelError = True
CommonDialog1.Filter = "*.txt|*.txt" '文件类型为txt
CommonDialog1.ShowSave 'commondialog对话框的调用
If Err.Number = 0 Then
Open CommonDialog1.FileName For Output As #6
If Err.Number = 0 Then
i1a = Cos(tafar - tdeita) / (Cos(tafar) * Cos(-tafar + tdeita + tfai
+ tbeta) ^ 2) * (0.5 * tganma * (twh) * (1 - tkv) * Cos(tafar - tbeta)
* Sin(tfai + tbeta - tyita) / Cos(tyita) + (tq0) * (1 - tkv) * Cos(tafar)
* Sin(tfai + tbeta - tyita) / Cos(tyita) + tc * Cos(tfai) * Cos(tafar))
i2a = Cos(tafar - tbeta) * (twh) ^ 2 / (Cos(tafar) ^ 3 * Cos(tafar
- tdeita) * Cos(-tafar + tdeita + tfai + tbeta) ^ 2) * (0.5 * tganma *
(twh) * (1 - tkv) * Cos(tafar - tbeta) * Sin(tdeita + tfai) * Cos(-tafar
+ tdeita + tyita) / Cos(tyita) + (tq0) * (1 - tkv) * Cos(tafar) * Sin(tdeita
+ tfai) * Cos(-tafar + tdeita + tyita) / Cos(tyita) + tc * Cos(tafar)
* Cos(tafar - tbeta) * Cos(tfai) + tc1 * Cos(tafar) * Cos(tdeita) *
Cos(-tafar + tdeita + tfai + tbeta))
```

i3a = (twh) / (Cos(tafar) * Cos(-tafar + tdeita + tfai + tbeta) ^
2) * ((0.5 * tganma * (twh) * (1 - tkv) * Cos(tafar - tbeta) / (Cos(tyita)
* Cos(tafar)) + (tq0) * (1 - tkv) / Cos(tyita)) * (Cos(tafar - tbeta)
* Cos(-tafar + tdeita + tyita) + Sin(tfai + tdeita) * Sin(tfai + tbeta
- tyita)) + 2 * tc * Cos(tfai) * Cos(tafar - tbeta) * Sin(-tafar + tdeita
+ tfai + tbeta) + tc1 * Sin(-tafar + tfai + tbeta) * Cos(-tafar + tdeita
+ tfai + tbeta))

tbn = Sqr(i2a / i1a)

tsita = Atn((tbn * Cos(tafar - tdeita) * Cos(tafar) * Cos(tbeta) +
(twh) * Sin(tfai + tdeita - tafar) * Cos(tafar - tbeta)) / ((twh) * Cos(tfai
+ tdeita - tafar) * Cos(tafar - tbeta) + Cos(tafar) * Sin(tbeta) *
Cos(tafar - tdeita) * tbn))

tn1a = -Cos(-tfai + tsita + tyita) * (Cos(tbeta + tsita) * Sin(tafar
- tyita) - Cos(tafar - tbeta) * Sin(tsita + tyita)) / (Cos(tsita + tbeta)
* (Cos(-tafar + tdeita + tyita) * Sin(-tfai + tsita + tbeta) + Cos(-tfai
+ tsita + tyita) * Sin(-tafar + tdeita + tbeta)))

tn2a = -(Cos(-tfai + tsita + tyita) * Cos(tafar - tbeta) + Sin(tafar
- tyita) * Sin(-tfai + tsita + tbeta)) / (Cos(-tafar + tdeita + tyita)
* Sin(-tfai + tsita + tbeta) + Cos(-tfai + tsita + tyita) * Sin(-tafar
+ tdeita + tbeta))

tn3a = -Cos(tafar - tbeta) * Cos(tbeta - tyita) * Cos(tfai) /
(Cos(tsita + tbeta) * (Cos(-tafar + tdeita + tyita) * Sin(-tfai + tsita
+ tbeta) + Cos(-tfai + tsita + tyita) * Sin(-tafar + tdeita + tbeta)))

ta1 = 1 - tn1a * Cos(tbeta + tsita) * Sin(tafar + tsita - tfai - tdeita)
/ (Sin(tafar + tsita) * Cos(-tfai + tsita + tyita))

tb1 = 2 * (Sin(-tafar + tdeita + tbeta) * Cos(tafar - tbeta) * Cos(tfai)
* tc + Cos(tbeta + tsita) * Sin(tbeta + tsita - tfai) * Cos(tdeita) *
tc1) / (Sin(tafar + tsita) * (Cos(-tafar + tdeita + tyita) * Sin(-tfai
+ tsita + tbeta) + Cos(-tfai + tsita + tyita) * Sin(-tafar + tdeita +
tbeta)))

tz0h = (tn1a * tb1 / (4 - 2 * ta1) + tn1a * (1 - tkv) * Cos(tafar
- tbeta) * tganma * twh / (3 * (2 - ta1) * Cos(tyita) * Cos(tafar)) +
tn1a * (1 - tkv) * tq0 / ((2 - ta1) * Cos(tyita)) + 0.5 * tn2a * tc1 +
0.5 * tn3a * tc) * twh / ((tn1a * tb1) / (1 - ta1) + tn1a * (1 - tkv)
* Cos(tafar - tbeta) * tganma * twh / (2 * (1 - ta1) * Cos(tyita) *

```
Cos(tafar)) + tn1a * (1 - tkv) * tq0 / ((1 - ta1) * Cos(tyita)) + tn2a
* tc1 + tn3a * tc) / twh
    If ta1 = 0 Then
    For ti = 1 To 20 Step 1
    tz0(ti) = tspan + tspan * (ti - 1)
    tp(ti) = tn1a * (-tb1 * Log((twh - tz0(ti)) / (twh)) + (1 - tkv) *
(tq0) / Cos(tyita) + (1 - tkv) * Cos(tafar - tbeta) * tganma * (twh) /
(Cos(tyita) * Cos(tafar))) + tn2a * tc1 + tn3a * tc
    Next ti
    ElseIf ta1 = -1 Then
    For ti = 1 To 20 Step 1
    tz0(ti) = tspan + tspan * (ti - 1)
    tp(ti) = tn1a * (-(1 - tkv) * Cos(tafar - tbeta) * tganma * (twh -
tz0(ti)) * Log((twh - tz0(ti)) / (twh)) / (Cos(tyita) * Cos(tafar)) +
tb1 * tz0(ti) / twh + (1 - tkv) * (twh - tz0(ti)) * tq0 / (Cos(tyita)
* twh)) + tn2a * tc1 + tn3a * tc
    Next ti
    Else
    For ti = 1 To 19 Step 1
    tz0(ti) = tspan + tspan * (ti - 1)
    tp(ti) = tn1a * (tb1 / ta1 + (1 - tkv) * Cos(tafar - tbeta) * tganma
* (twh) / ((1 + ta1) * Cos(tyita) * Cos(tafar)) + (1 - tkv) * (tq0) /
Cos(tyita)) * ((twh) / (twh - tz0(ti))) ^ ta1 - tn1a * (1 - tkv) * Cos(tafar
- tbeta) * tganma * (twh - tz0(ti)) / ((1 + ta1) * Cos(tyita) * Cos(tafar))
- tn1a * tb1 / ta1 + tn2a * tc1 - tn3a * tc
    Next ti
    End If
    tsita = tsita * 180 / 3.14159
    tsita = Format(tsita, "0.0")
    tE = Format(tE, "0")
    tz0h = Format(tz0h, "0.000")
    ''''''''''''''''''''''''''''''''''''''''''''''''''''''''
    Dim fn As String
    fn = FreeFile   '取得未使用的文件号
    Open "d:\LYL_PEP.txt" For Output As #fn
```

```
    Print #6, "###########地震作用下被动土压力计算###############"
    Print #6,
    Print #6, "水平地震系数   ", Form3.spdzxs.Text
    Print #6, "垂直地震系数   ", Form3.czdzxs.Text
    Print #6, "挡墙墙高/m     ", Form3.dqqg.Text
    Print #6, "墙背倾角/°     ", Form3.qbqj.Text
    Print #6, "土体倾角/°     ", Form3.ttqj.Text
    Print #6, "填土黏聚力/kPa ", Form3.tlnjl.Text
    Print #6, "填土内摩擦角/° ", Form3.tlnmcj.Text
    Print #6, "填土重度/kN.m-3", Form3.tlrz.Text
    Print #6, "墙土黏聚力/kPa ", Form3.qtnjl.Text
    Print #6, "墙土外摩擦角/° ", Form3.qtwmcj.Text
    Print #6, "均布超载/kPa    ", Form3.jbcz.Text
    Print #6,
    Print #6, "###################计算结果输出###################"
    Print #6, "被动土压力临界破裂角/° ", tsita
    Print #6, "被动土压力合力/kN.m-1   ", tE
    Print #6, "被动土压力作用点位置z0/H", tz0h
    Print #6,
    Print #6, "#############被动土压力分布强度输出###############"
    Write #6, "距墙顶高度z0/m", "被动土压力强度"
    For ti = 1 To 19 Step 1
    Print #6, tz0(ti), tp(ti)
    Next ti
    Close fn
    Form3.Command5.Caption = "保存成功"
    'Label22.Caption = "保存在 D:\LYL_PEP.txt"
    Close #6
    End If
    End If
    Err.Clear
End Sub
Private Sub Command6_Click()
    pic.Cls
    DrawWidth = 2
```

```
pic.Line (2 * 8, 1 * 8)-(2 * 8 + 5 * 8 * Tan(tafar), 1 * 8 + 5 * 8),
vbBlack         '绘制挡土墙轮廓，将其扩大五倍便于显示
    pic.Line (2 * 8, 1 * 8)-(2 * 8 - 1.5 * 8, 1 * 8), vbBlack
    pic.Line (2 * 8 - 1.5 * 8, 1 * 8)-(0.5 * 8, 6 * 8), vbBlack
    pic.Line (0.5 * 8, 6 * 8)-(2 * 8 + 5 * 8 * Tan(tafar), 1 * 8 + 5 *
8), vbBlack
    Dim k As Integer           '定义用于绘制土压力分布的循环变量
    Dim uk As Integer          '定义循环变量 k 的上限 uk
    Dim pldis As Double         '定义 pldis 作为压力线之间的竖直间距
    Dim spx As Single           '定义绘制压力线的起点 x 坐标
    Dim spy As Single           '定义绘制压力线的起点的 y 坐标
    Dim epx As Single           '定义绘制压力线的终点的 x 坐标
    Dim epy As Single           '定义绘制压力线的终点的 y 坐标
    Dim h As Double             '定义 h 为土体深度
    Dim hpie As Double          '定义 hpie 用于作为深度转换的中间变量
    Dim pre() As Double          '定义 pre 作为土压力强度
    Dim premax As Double        '定义该变量用于存储应力的最大值便于颜色控制
    Dim premin As Double        '定义该变量用于存储应力的最小值便于颜色控制
    Dim lengthmax As Double      '防止图形过大，为限制线长定义该变量
    Dim linescf As Single       '用于缩放最大线长的变量
    Dim scf As Integer          '定义用于缩放 pre 长度的变量
    Dim tsmall As Single
    Dim tq1 As Double        '考虑裂缝深度的新的边界条件
    Dim lcol As Long
    Dim precurrent As String       '定义变量用于输出文字时调用
    tkh = Val(Form3.spdzxs.Text)      '读取文本框内数值,水平地震系数
    tkv = Val(Form3.czdzxs.Text)      '垂直地震系数
    twh = Val(Form3.dqqg.Text)        '挡墙墙高
    tafar = Val(Form3.qbqj.Text)      '墙背倾角
    tc = Val(Form3.tlnjl.Text)        '填土黏聚力
    tfai = Val(Form3.tlnmcj.Text)     '填土内摩擦角
    tganma = Val(Form3.tlrz.Text)      '填土重度
    tc1 = Val(Form3.qtnjl.Text)       '墙土黏结力
    tdeita = Val(Form3.qtwmcj.Text)   '墙土外摩擦角
    tq0 = Val(Form3.jbcz.Text)        '均布超载
```

```
    tbeta = Val(Form3.ttqj.Text)        '土体表面倾角
    tafar = tafar * 3.14159 / 180
    tfai = tfai * 3.14159 / 180
    tdeita = tdeita * 3.14159 / 180
    tbeta = tbeta * 3.14159 / 180
    tyita = Atn(tkh / (1 - tkv))          '地震角
    pldis = 0.01
    h = 0          '定义 h 的初始值
    scf = 3          '缩放因子, 防止应力值太小显示不明显
    uk = 5 * twh * 0.95 / pldis          '为循环变量的上限赋值
    zbxc = 3
    ReDim pre(1 To uk - 1) As Double
    i1a = Cos(tafar - tdeita) / (Cos(tafar) * Cos(-tafar + tdeita + tfai
+ tbeta) ^ 2) * (0.5 * tganma * (twh) * (1 - tkv) * Cos(tafar - tbeta)
* Sin(tfai + tbeta - tyita) / Cos(tyita) + (tq0) * (1 - tkv) * Cos(tafar)
* Sin(tfai + tbeta - tyita) / Cos(tyita) + tc * Cos(tfai) * Cos(tafar))
    i2a = Cos(tafar - tbeta) * (twh) ^ 2 / (Cos(tafar) ^ 3 * Cos(tafar
- tdeita) * Cos(-tafar + tdeita + tfai + tbeta) ^ 2) * (0.5 * tganma *
(twh) * (1 - tkv) * Cos(tafar - tbeta) * Sin(tdeita + tfai) * Cos(-tafar
+ tdeita + tyita) / Cos(tyita) + (tq0) * (1 - tkv) * Cos(tafar) * Sin(tdeita
+ tfai) * Cos(-tafar + tdeita + tyita) / Cos(tyita) + tc * Cos(tafar)
* Cos(tafar - tbeta) * Cos(tfai) + tc1 * Cos(tafar) * Cos(tdeita) *
Cos(-tafar + tdeita + tfai + tbeta))
    i3a = (twh) / (Cos(tafar) * Cos(-tafar + tdeita + tfai + tbeta) ^
2) * ((0.5 * tganma * (twh) * (1 - tkv) * Cos(tafar - tbeta) / (Cos(tyita)
* Cos(tafar)) + (tq0) * (1 - tkv) / Cos(tyita)) * (Cos(tafar - tbeta)
* Cos(-tafar + tdeita + tyita) + Sin(tfai + tdeita) * Sin(tfai + tbeta
- tyita)) + 2 * tc * Cos(tfai) * Cos(tafar - tbeta) * Sin(-tafar + tdeita
+ tfai + tbeta) + tc1 * Sin(-tafar + tfai + tbeta) * Cos(-tafar + tdeita
+ tfai + tbeta))
    tbn = Sqr(i2a / i1a)
    tsita = Atn((tbn * Cos(tafar - tdeita) * Cos(tafar) * Cos(tbeta) +
(twh) * Sin(tfai + tdeita - tafar) * Cos(tafar - tbeta)) / ((twh) * Cos(tfai
+ tdeita - tafar) * Cos(tafar - tbeta) + Cos(tafar) * Sin(tbeta) *
Cos(tafar - tdeita) * tbn))
```

```
    tn1a = -Cos(-tfai + tsita + tyita) * (Cos(tbeta + tsita) * Sin(tafar
- tyita) - Cos(tafar - tbeta) * Sin(tsita + tyita)) / (Cos(tsita + tbeta)
* (Cos(-tafar + tdeita + tyita) * Sin(-tfai + tsita + tbeta) + Cos(-tfai
+ tsita + tyita) * Sin(-tafar + tdeita + tbeta)))
    tn2a = -(Cos(-tfai + tsita + tyita) * Cos(tafar - tbeta) + Sin(tafar
- tyita) * Sin(-tfai + tsita + tbeta)) / (Cos(-tafar + tdeita + tyita)
* Sin(-tfai + tsita + tbeta) + Cos(-tfai + tsita + tyita) * Sin(-tafar
+ tdeita + tbeta))
    tn3a = -Cos(tafar - tbeta) * Cos(tbeta - tyita) * Cos(tfai) /
(Cos(tsita + tbeta) * (Cos(-tafar + tdeita + tyita) * Sin(-tfai + tsita
+ tbeta) + Cos(-tfai + tsita + tyita) * Sin(-tafar + tdeita + tbeta)))
    ta1 = 1 - tn1a * Cos(tbeta + tsita) * Sin(tafar + tsita - tfai - tdeita)
/ (Sin(tafar + tsita) * Cos(-tfai + tsita + tyita))
    tb1 = 2 * (Sin(-tafar + tdeita + tbeta) * Cos(tafar - tbeta) * Cos(tfai)
* tc + Cos(tbeta + tsita) * Sin(tbeta + tsita - tfai) * Cos(tdeita) *
tc1) / (Sin(tafar + tsita) * (Cos(-tafar + tdeita + tyita) * Sin(-tfai
+ tsita + tbeta) + Cos(-tfai + tsita + tyita) * Sin(-tafar + tdeita +
tbeta)))
    tz0h = (tn1a * tb1 / (4 - 2 * ta1) + tn1a * (1 - tkv) * Cos(tafar
- tbeta) * tganma * twh / (3 * (2 - ta1) * Cos(tyita) * Cos(tafar)) +
tn1a * (1 - tkv) * tq0 / ((2 - ta1) * Cos(tyita)) + 0.5 * tn2a * tc1 +
0.5 * tn3a * tc) * twh / ((tn1a * tb1) / (1 - ta1) + tn1a * (1 - tkv)
* Cos(tafar - tbeta) * tganma * twh / (2 * (1 - ta1) * Cos(tyita) *
Cos(tafar)) + tn1a * (1 - tkv) * tq0 / ((1 - ta1) * Cos(tyita)) + tn2a
* tc1 + tn3a * tc) / twh
    If ta1 = 0 Then
    For ti = 1 To uk Step 1
    pre(ti) = tn1a * (tb1 / ta1 + (1 - tkv) * Cos(tafar - tbeta) * tganma
* (twh) / ((1 + ta1) * Cos(tyita) * Cos(tafar)) + (1 - tkv) * (tq0) /
Cos(tyita)) * ((twh) / (twh - h)) ^ ta1 - tn1a * (1 - tkv) * Cos(tafar
- tbeta) * tganma * (twh - h) / ((1 + ta1) * Cos(tyita) * Cos(tafar))
- tn1a * tb1 / ta1 + tn2a * tc1 + tn3a * tc
    h = h + pldis / 5
    Next ti
    ElseIf ta1 = -1 Then
```

```
For ti = 1 To uk - 1 Step 1
pre(ti) = tn1a * (-(1 - tkv) * Cos(tafar - tbeta) * tganma * (twh
- h) * Log((twh - h) / (twh)) / (Cos(tyita) * Cos(tafar)) + tb1 * h /
twh + (1 - tkv) * (twh - h) * tq0 / (Cos(tyita) * twh)) + tn2a * tc1 +
tn3a * tc
h = h + pldis / 5
Next ti
Else
For ti = 1 To uk - 20 Step 1          '该循环用于计算各高度对应的应力值的
大小
h = h + pldis / 5
pre(ti) = tn1a * (tb1 / ta1 + (1 - tkv) * Cos(tafar - tbeta) * tganma
* (twh) / ((1 + ta1) * Cos(tyita) * Cos(tafar)) + (1 - tkv) * (tq0) /
Cos(tyita)) * ((twh) / (twh - h)) ^ ta1 - tn1a * (1 - tkv) * Cos(tafar
- tbeta) * tganma * (twh - h) / ((1 + ta1) * Cos(tyita) * Cos(tafar))
- tn1a * tb1 / ta1 + tn2a * tc1 - tn3a * tc
Next ti
End If
premax = Abs(pre(1))
premin = Abs(pre(1))
For ti = 1 To uk - 1 Step 1     '该循环用于求解最大应力值以及最小应力值
If Abs(pre(ti)) > premax Then
premax = Abs(pre(ti))
End If
Next ti
h = 0
lengthmax = 80          '定义应力图线的最大长度，防止其超出 picturebox
For ti = 1 To uk - 1 Step 1              '该循环开始绘制图形
spx = 2 * 8 + (ti - 1) * pldis * Tan(tafar) * 8 / twh: spy = 8 + (ti
- 1) * pldis * 8 / twh
epx = spx + lengthmax * pre(ti) / premax / scf * Cos(tafar - tdeita):
epy = spy - lengthmax * pre(ti) / premax / scf * Sin(tafar - tdeita)
lcol = RGB(255 * (Abs(pre(ti) / premax) ^ 2), 255 * (1 - (Abs(pre(ti))
/ premax)) ^ 5, 255 * (1 - (Abs(pre(ti)) / premax)) ^ 20)
pic.Line (spx, spy)-(epx, epy), lcol
```

```
Next ti
'定义新的循环，用于标记不同的颜色对应不同的应力值
spx = 2 * 8 + lengthmax / 2.5 + 10: spy = 8 + 4 - 6
epx = spx + 1: epy = spy
pic.CurrentX = (spx + epx) / 2 - 5
pic.CurrentY = (spy + epy) / 2
precurrent = "被动土压力强度对照表"
pic.Print precurrent
pic.CurrentX = 2 * 8 + lengthmax / 2.5 + 10
pic.CurrentY = 8 + 4 * 10 + 10
'precurrent = CStr("土压力与水平面夹角为:" & Format((tafar - tdeita) *
180 / 3.14159, "0.00") & "° ")
'pic.Print precurrent
For ti = 0 To 10 Step 1
spx = 2 * 8 + lengthmax / 2.5 + 10: spy = 8 + 4 * ti + 6
epx = spx + 1: epy = spy
lcol = RGB(255 * (premin + (premax - premin) * (ti) / 10) / premax,
255 * (1 - ((premin + (premax - premin) * (ti) / 10) / premax)) ^ 5, _
    255 * (1 - ((premin + (premax - premin) * (ti)) / 10 / premax)) ^
20)
pic.Line (spx, spy)-Step(10, 2), lcol, BF
pic.CurrentX = spx + 11.2
pic.CurrentY = spy - 0.5
precurrent = CStr(Format(premin + ti * (premax - premin) / 10, "0.00"))
pic.Print precurrent
Next ti
'绘制坐标轴
pic.Line (2 * 8 + 0.95 * 5 * 8 * Tan(tafar), 1 * 8 + 0.95 * 5 * 8)-(2
* 8 + 0.95 * 5 * 8 * Tan(tafar) + 1.2 * lengthmax * Cos(tafar - tdeita)
/ scf , 1 * 8 + 0.95 * 5 * 8 - lengthmax / scf * 1.2 * Sin(tafar - tdeita)),
vbBlue   '绘制坐标轴轴线
'pic.Line (2 * 8 + 5 * 8 * Tan(tafar) * 0.95 + 1.1 * lengthmax * Cos(tafar
+ tdeita) / scf , 1 * 8 + 5 * 8 * 0.95 - lengthmax / scf * 1.1 * Sin(tafar
+ tdeita))-(2 * 8 + 5 * 8 * Tan(tafar) + 1.1 * lengthmax * Cos(tafar +
tdeita) / scf - 10 * Cos(tafar + tdeita + 3.14159 / 45) , 1 * 8 + 5 *
```

```
8 * 0.95 - lengthmax / scf * 1.1 * Sin(tafar + tdeita) + 10 * Sin(tafar
+ tdeita + 3.14159 / 45)), vbBlue '绘制箭头
    'pic.Line (2 * 8 + 5 * 8 * Tan(tafar) + 1.1 * lengthmax * Cos(tafar
+ tdeita) / scf , 1 * 8 + 5 * 8 - lengthmax / scf * 1.1 * Sin(tafar +
tdeita))-(2 * 8 + 5 * 8 * Tan(tafar) + 1.1 * lengthmax * Cos(tafar + tdeita)
/ scf - 10 * Cos(tafar + tdeita - 3.14159 / 45) , 1 * 8 + 5 * 8 - lengthmax
/ scf * 1.1 * Sin(tafar + tdeita) + 10 * Sin(tafar + tdeita - 3.14159
/ 45)), vbBlue    '绘制箭头
    Dim Throw As Long
    RF.lfEscapement = (255 + tdeita - tafar) * 10
    '设置文本倾斜度
    '设置字体参数
    NewFont = CreateFontIndirect(RF)
    '创建新字体
    OldFont = SelectObject(Me.pic.hdc, NewFont)
    '应用新字体
    Dim x As Double, y As Double
    For zbxh = 0 To 5 Step 1
    x = 5.2 * 2 * 8 * 0.95 + 1.3 * (15 * 8 * Tan(tafar) + lengthmax /
5 * zbxh * Cos(1.2 * (tafar - tdeita))) - 10
    y = 18 * 1 * 8 + 5 * 8 * 0.95 - lengthmax / 5 * zbxh * Sin(1.3 * (tafar
- tdeita)) + 8
    '选择显示文本的起点
    Throw = TextOut(Me.pic.hdc, x, y, CStr(Format(premax / 5 * zbxh,
"0.00")), Len(CStr(Format(premax / 5 * zbxh, "0.00"))))        '不同的
坐标
    '显示文本
    'NewFont = SelectObject(Me.pic.hdc, OldFont)
    '选择旧字体
    Throw = DeleteObject(NewFont)
    '删除新字体
    pic.Line (2 * 8 + 5 * 8 * Tan(tafar) * 0.95 + lengthmax / 5 / scf
* zbxh * Cos(tafar - tdeita), 1 * 8 + 5 * 8 * 0.95 - lengthmax / 5 / scf
* zbxh * Sin(tafar - tdeita))-(2 * 8 + 5 * 8 * Tan(tafar) * 0.95 + lengthmax
/ 5 / scf * zbxh * Cos(tafar - tdeita) + zbxc * Cos(3.14159 / 2 - tafar
```

```
+ tdeita), 1 * 8 + 5 * 8 * 0.95 - lengthmax / 5 / scf * zbxh * Sin(tafar
- tdeita) + zbxc * Sin(3.14159 / 2 - tafar + tdeita)), vbBlue
    Next zbxh
    '绘制网格状对照图形的代码
    For ti = 1 To CInt(twh - 1)
    pic.Line (0.5 * 8, 1 * 8 + 5 * 8 - 5 * 8 / twh * ti)-(2 * 8 + (5 *
8 - 5 * 8 / twh * ti) * Tan(tafar), 1 * 8 + 5 * 8 - 5 * 8 / twh * ti),
vbBlue
    If ta1 = 0 Then
    pre(ti) = tn1a * (tb1 / ta1 + (1 - tkv) * Cos(tafar - tbeta) * tganma
* (twh) / ((1 + ta1) * Cos(tyita) * Cos(tafar)) + (1 - tkv) * (tq0) /
Cos(tyita)) * ((twh) / (ti)) ^ ta1 - tn1a * (1 - tkv) * Cos(tafar - tbeta)
* tganma * (ti) / ((1 + ta1) * Cos(tyita) * Cos(tafar)) - tn1a * tb1 /
ta1 + tn2a * tc1 + tn3a * tc
    ElseIf ta1 = -1 Then
    pre(ti) = tn1a * (-(1 - tkv) * Cos(tafar - tbeta) * tganma * (ti)
* Log((twh - h) / (twh)) / (Cos(tyita) * Cos(tafar)) + tb1 * (twh - ti)
/ twh + (1 - tkv) * (ti) * tq0 / (Cos(tyita) * twh)) + tn2a * tc1 + tn3a
* tc
    Else
    pre(ti) = tn1a * (tb1 / ta1 + (1 - tkv) * Cos(tafar - tbeta) * tganma
* (twh) / ((1 + ta1) * Cos(tyita) * Cos(tafar)) + (1 - tkv) * (tq0) /
Cos(tyita)) * ((twh) / (ti)) ^ ta1 - tn1a * (1 - tkv) * Cos(tafar - tbeta)
* tganma * (ti) / ((1 + ta1) * Cos(tyita) * Cos(tafar)) - tn1a * tb1 /
ta1 + tn2a * tc1 - tn3a * tc
    End If
    spx = 2 * 8 + (5 * 8 - 5 * 8 / twh * ti) * Tan(tafar): spy = 1 * 8
+ 5 * 8 - 5 * 8 / twh * ti
    epx = spx + lengthmax * pre(ti) / premax / scf * Cos(tafar - tdeita):
epy = spy - lengthmax * pre(ti) / premax / scf * Sin(tafar - tdeita)
    pic.Line (spx, spy)-(epx, epy), vbBlue
    spx = epx + 5 * 8 / twh * ti * Sin(tafar) - 0.05 * 5 * 8 * Sin(tafar):
spy = epy + 5 * 8 / twh * ti * Cos(tafar) - 0.05 * 5 * 8 * Cos(tafar)
    pic.Line (epx, epy)-(spx, spy)
    Next ti
```

```
    End Sub
    Private Sub Form_Load()
    Form3.czdzxs.Text = ""
    Form3.spdzxs.Text = ""
    Form3.dqqg.Text = ""
    Form3.qbqj.Text = ""
    Form3.tlnjl.Text = ""
    Form3.tlnmcj.Text = ""
    Form3.tlrz.Text = ""
    Form3.qtnjl.Text = ""
    Form3.qtwmcj.Text = ""
    Form3.jbcz.Text = ""
    Form3.ljplj.Text = ""
    Form3.bdtylhl.Text = ""
    Form3.tylzydwz.Text = ""
    Form3.ttqj.Text = ""
    Form3.ljplj.Text = ""
    Form3.bdtylhl.Text = ""
    Form3.tylzydwz = ""
    Form3.Command5.Caption = "保存至文件"
    'Label22.Caption = ""
End Sub


Private Sub Text1_lostfocus()  '检查每个文本框输入的是否是数据
    If Not IsNumeric(spdzxs) Then
    ti = MsgBox("有非数字字符错误", 5 + vbExclamation, "输入水平地震系数")
    If ti = 2 Then '按了取消按钮
    End
    Else  '按了重试按钮
    spdzxs.Text = ""
    spdzxs.SetFocus
    End If
    End If
End Sub


Private Sub Text2_lostfocus()  '检查每个文本框输入的是否是数据
```

```
If Not IsNumeric(czdzxs) Then
ti = MsgBox("有非数字字符错误", 5 + vbExclamation, "输入垂直地震系数")
If ti = 2 Then '按了取消按钮
End
Else  '按了重试按钮
czdzxs.Text = ""
czdzxs.SetFocus
End If
End If
End Sub
Private Sub dqqg_lostfocus()  '检查每个文本框输入的是否是数据
If Not IsNumeric(dqqg) Then
ti = MsgBox("有非数字字符错误", 5 + vbExclamation, "输入挡墙墙高")
If ti = 2 Then '按了取消按钮
End
Else  '按了重试按钮
dqqg.Text = ""
dqqg.SetFocus
End If
End If
End Sub
Private Sub qbqj_lostfocus()  '检查每个文本框输入的是否是数据
If Not IsNumeric(qbqj) Then
ti = MsgBox("有非数字字符错误", 5 + vbExclamation, "输入墙背倾角")
If ti = 2 Then '按了取消按钮
End
Else  '按了重试按钮
qbqj.Text = ""
qbqj.SetFocus
End If
End If
End Sub
Private Sub ttqj_lostfocus()  '检查每个文本框输入的是否是数据
    If Not IsNumeric(ttqj) Then
    ti = MsgBox("有非数字字符错误", 5 + vbExclamation, "输入填土黏聚力")
```

```
    If ti = 2 Then  '按了取消按钮
    End
    Else   '按了重试按钮
    ttqj.Text = ""
    ttqj.SetFocus
    End If
    End If
End Sub
Private Sub tlnjl_lostfocus()   '检查每个文本框输入的是否是数据
    If Not IsNumeric(tlnjl) Then
    ti = MsgBox("有非数字字符错误", 5 + vbExclamation, "输入填土内摩擦角")
    If ti = 2 Then  '按了取消按钮
    End
    Else   '按了重试按钮
    tlnjl.Text = ""
    tlnjl.SetFocus
    End If
    End If
End Sub
Private Sub tlnmcj_lostfocus()   '检查每个文本框输入的是否是数据
    If Not IsNumeric(tlnmcj) Then
    ti = MsgBox("有非数字字符错误", 5 + vbExclamation, "输入填土重度")
    If ti = 2 Then  '按了取消按钮
    End
    Else   '按了重试按钮
    tlnmcj.Text = ""
    tlnmcj.SetFocus
    End If
    End If
End Sub
Private Sub tlrz_lostfocus()   '检查每个文本框输入的是否是数据
    If Not IsNumeric(tlrz) Then
    ti = MsgBox("有非数字字符错误", 5 + vbExclamation, "输入墙土黏结力")
    If ti = 2 Then  '按了取消按钮
    End
```

```
        Else   '按了重试按钮
        tlrz.Text = ""
        tlrz.SetFocus
        End If
        End If
End Sub
Private Sub qtwmcj_lostfocus() '检查每个文本框输入的是否是数据
        If Not IsNumeric(qtwmcj) Then
        ti = MsgBox("有非数字字符错误", 5 + vbExclamation, "输入墙土摩擦角")
        If ti = 2 Then '按了取消按钮
        End
        Else   '按了重试按钮
        qtwmcj.Text = ""
        qtwmcj.SetFocus
        End If
        End If
End Sub
Private Sub jbcz_lostfocus()   '检查每个文本框输入的是否是数据
        If Not IsNumeric(jbcz) Then
        ti = MsgBox("有非数字字符错误", 5 + vbExclamation, "输入均布超载")
        If ti = 2 Then '按了取消按钮
        End
        Else   '按了重试按钮
        jbcz.Text = ""
        jbcz.SetFocus
        End If
        End If
End Sub
Private Sub qtnjl_lostfocus()   '检查每个文本框输入的是否是数据
        If Not IsNumeric(qtnjl) Then
        ti = MsgBox("有非数字字符错误", 5 + vbExclamation, "输入墙土外摩擦角")
        If ti = 2 Then '按了取消按钮
        End
        Else   '按了重试按钮
        qtnjl.Text = ""
```

```
qtnj1.SetFocus
End If
End If
End Sub
```